親子で観察する
身近な生きもの図鑑

観音崎自然博物館 監修

生きもの散歩案内人

ヤマダ先生

博物館の学芸員。専門は海洋生物で、貝やイカ・タコから海獣まで幅は広い。鳥の調査もやるほか、最近は陸貝にも手を出している。

サノ先生

博物館の学芸員。寝ても覚めても採集に行くことを考えている。専門は水生昆虫で、ほかにトンボ類や両生類の調査や保全活動、外来種問題にも取り組んでいる。

ナツメ社

季節の生きもの散歩

私たちのまわりには、鳥や昆虫など、
たくさんの生きものが暮らしているよ。
生きものたちは季節や場所によって、
さまざまな姿を見せてくれるよ。
散歩の途中、立ち止まって、
周囲を見回してみよう。
足元の石のかげや街路樹の葉の裏側、
草むらなどを探してみると、
きっといろいろな生きものたちに
出会うことができるよ。
じっくり観察してみると、
思わぬ発見もあるかもしれないね。
そして、気になった生きものは、
この本で調べてみよう！
名前を知っている生きものが増えると、
さらに散歩が楽しくなるよ。

春
ツバメ▶P.46
卵がいっせいにふ化して
おたまじゃくしがいっぱい。
アズマヒキガエル▶P.248
モンシロチョウ▶P.77
セイヨウミツバチ▶P.163
池の
中にいるのは
何かな？

日当たりのよい池のまわり

生きものたちが活発に！

暖かくなってきて、あちこちで生きものが活動をはじめているよ。花に集まる生きものや、水の中を動いている生きもの、空を飛ぶ生きものを探してみよう。

公園の木々

昆虫採集を楽しもう！

公園のあちこちに昆虫がいるよ。樹液が出ているところには、たくさんの昆虫が集まっているかも。

夏

うす暗くなった帰り道

かくれていた生きものが活動

夜行性の生きものたちが現れる時間。空を飛ぶのは鳥ではないかも。飛び方をじっくり観察してみよう。

稲刈(いねか)りがすんだ田んぼ

虫の鳴く声がきこえるよ！

稲刈りがすんだ田んぼの草むらには、鳴く昆虫があちこちにいるよ。耳をすましてみよう！

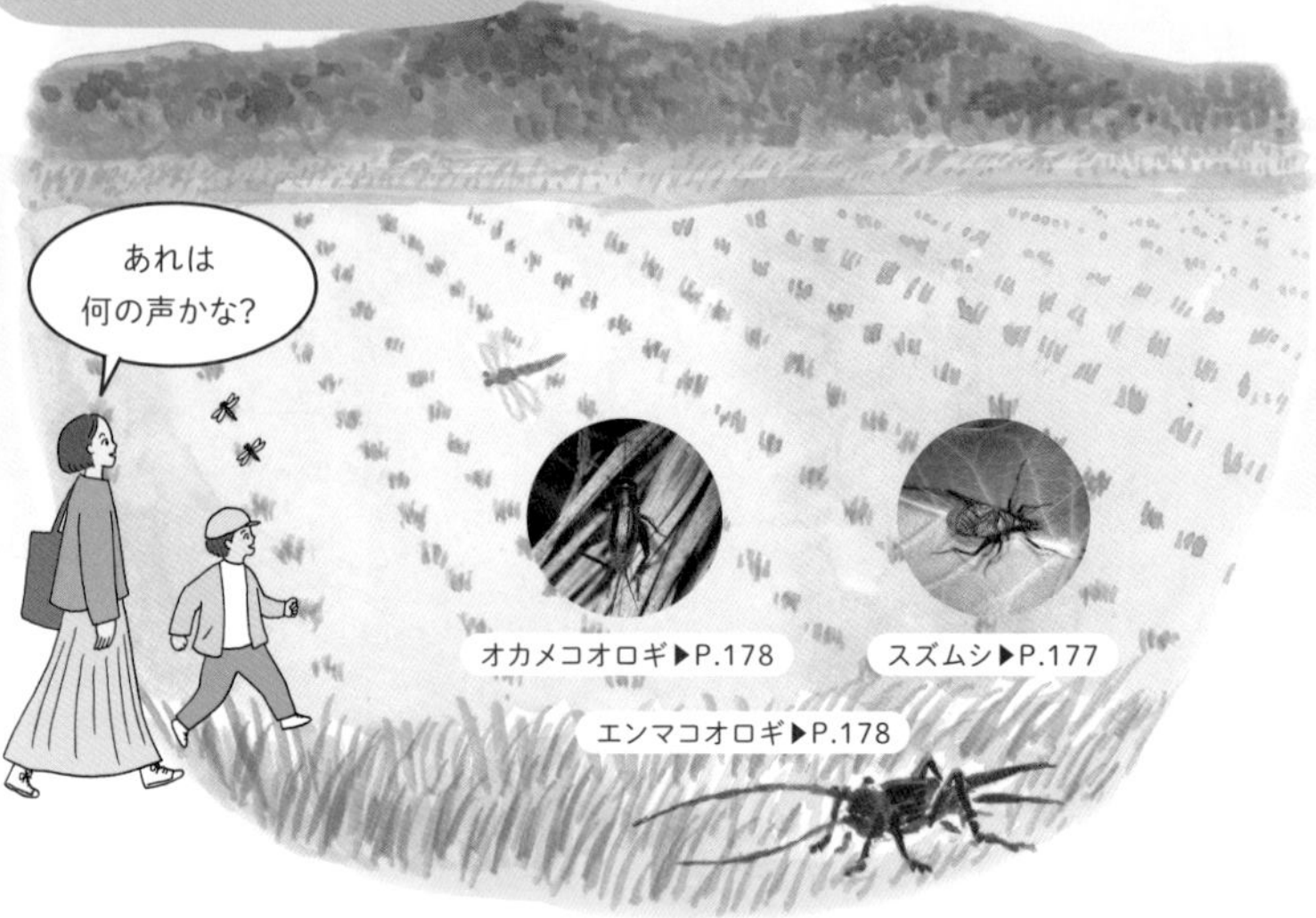

秋

秋の雑木林

生きものたちも食欲の秋

木の実を食べにやってきた鳥や動物たち。食べものが少ない冬を前に、たくさん食べておくよ。

冬

冬の公園の池

冬鳥でにぎやか！

越冬《えっとう》するために日本にはたくさんの鳥がやって来るよ。どんな鳥が来ているか、双眼鏡《そうがんきょう》で見てみよう。

冬の林の中

ひっそりと冬眠

姿を見せなくなった生きものたちは、土の中や落ち葉の裏、朽《く》ち木《き》の中などで春をじっとまっているよ。

もくじ

生きものインデックス

名前が分からなくても、姿形で検索できるようにしました。

鳥

スズメ
▶ P.24

ウグイス
▶ P.25

メジロ
▶ P.26

シジュウカラ
▶ P.27

ヤマガラ
▶ P.28

ムクドリ
▶ P.29

ハシブトガラス
▶ P.30

オナガ
▶ P.31

ヒヨドリ
▶ P.32

モズ
▶ P.33

ヒバリ
▶ P.34

アオジ
▶ P.35

エナガ
▶ P.36

ハクセキレイ
▶ P.37

セグロセキレイ
▶ P.38

ジョウビタキ
▶ P.39

イソヒヨドリ
▶ P.40

カワラヒワ
▶ P.41

シメ
▶ P.42

ウソ
▶ P.42

ツグミ
▶ P.43

ホオジロ
▶ P.44

キジバト
▶ P.45

ツバメ
▶ P.46

カッコウ
▶ P.47

トビ
▶ P.48

ノスリ
▶ P.49

オオタカ
▶ P.49

アオバズク
▶ P.49

キジ
▶ P.50

コジュケイ
▶ P.51

コゲラ
▶ P.52

カワセミ
▶ P.53

カルガモ
▶ P.54

オナガガモ
▶ P.55

マガモ
▶ P.56

コガモ
▶ P.57

ヒドリガモ
▶ P.58

カイツブリ
▶ P.59

カワウ
▶ P.60

ウミウ
▶ P.60

ダイリギ
▶ P.61

コサギ
▶ P.62

アオサギ
▶ P.63

ゴイサギ
▶ P.63

バン
▶ P.64

オオバン
▶ P.65

ユリカモメ
▶ P.66

イソシギ
▶ P.67

コチドリ
▶ P.67

コブハクチョウ
▶ P.68

ホンセイインコ
▶ P.68

ガビチョウ
▶ P.68

ソウシチョウ
▶ P.68

昆虫

ナミアゲハ
▶ P.74

キアゲハ
▶ P.75

クロアゲハ
▶ P.76

ジャコウアゲハ
▶ P.76

ナガサキアゲハ
▶ P.76

モンシロチョウ
▶ P.77

モンキチョウ
▶ P.78

キタキチョウ
▶ P.78

ツマグロヒョウモン
▶ P.79

ルリタテハ
▶ P.80

キタテハ
▶ P.80

アカタテハ
▶ P.81

ヒカゲチョウ
▶ P.82

ヒメウラナミジャノメ
▶ P.83

ヤマトシジミ
▶ P.84

ムラサキシジミ
▶ P.85

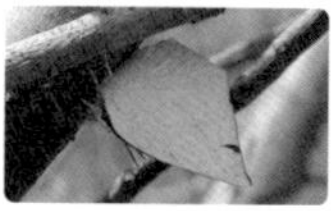
ウラギンシジミ
▶ P.86

ベニシジミ
▶ P.87

イチモンジセセリ
▶ P.88

クロメンガタスズメ
▶ P.89

セスジスズメ
▶ P.89

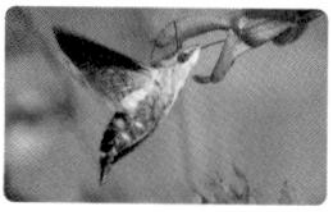
ホシホウジャク
▶ P.90

オオスカシバ
▶ P.90

ベニスズメ
▶ P.91

モモスズメ
▶ P.91

ヒロヘリアオイラガ
▶ P.92

チャドクガ
▶ P.93

アメリカシロヒトリ
▶ P.94

クワゴマダラヒトリ
▶ P.95

カノコガ
▶ P.95

オオミノガ
▶ P.96

オオミズアオ
▶ P.97

フクラスズメ
▶ P.98

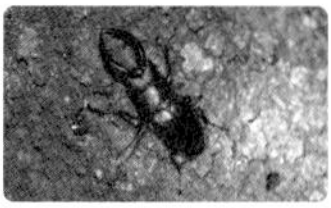
ノコギリクワガタ
▶ P.99

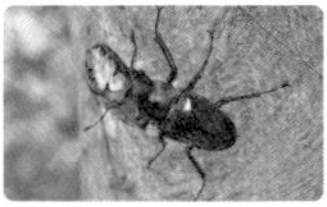
ミヤマクワガタ
▶ P.100

ヒラタクワガタ
▶ P.101

コクワガタ
▶ P.102

スジクワガタ
▶ P.102

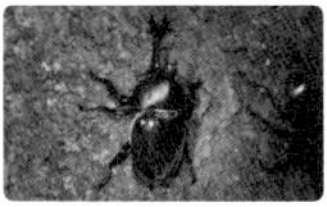
カブトムシ
▶ P.103

コアオハナムグリ
▶ P.104

シロテンハナムグリ
▶ P.105

アオドウガネ
▶ P.106

カナブン
▶ P.107

マメコガネ
▶ P.108

センチコガネ
▶ P.109

ゴマダラカミキリ
▶ P.110

キボシカミキリ
▶ P.110

シロスジカミキリ
▶ P.111

ノコギリカミキリ
▶ P.112

ウスバカミキリ
▶ P.113

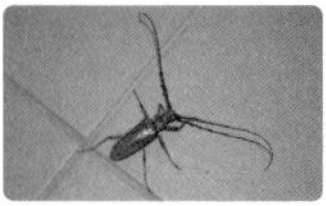
ミヤマカミキリ
▶ P.113

ヨツスジトラカミキリ
▶ P.114

ジョウカイボン
▶ P.115

ハンミョウ
▶ P.116

アオオサムシ
▶ P.117

ヒメマイマイカブリ
▶ P.118

オオヒラタシデムシ
▶ P.119

ナナホシテントウ
▶ P.120

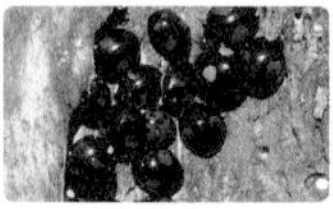

ナミテントウ
▶ P.121

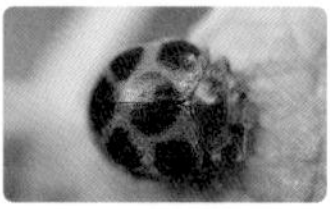

トホシテントウ
▶ P.121

ニジュウヤホシテントウ
▶ P.121

オオニジュウヤホシテントウ
▶ P.121

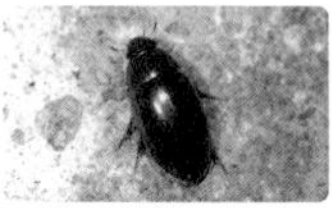

ヒメガムシ
▶ P.122

コガムシ
▶ P.122

キイロヒラタガムシ
▶ P.123

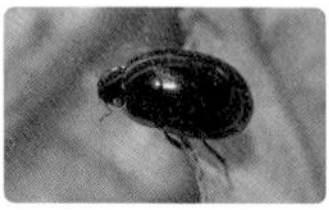

キベリヒラタガムシ
▶ P.123

ヒメゲンゴロウ
▶ P.124

マメゲンゴロウ
▶ P.124

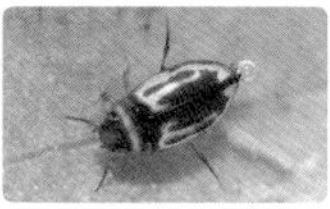

チビゲンゴロウ
▶ P.125

コシマゲンゴロウ
▶ P.125

カシノナガキクイムシ
▶ P.126

ウリハムシ
▶ P.127

コガタルリハムシ
▶ P.128

ヨモギハムシ
▶ P.128

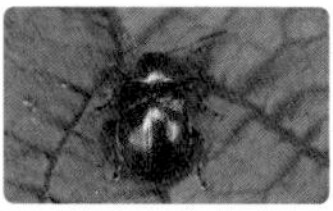

アカガネサルハムシ
▶ P.129

ジンガサハムシ
▶ P.129

ヤマトタマムシ
▶ P.130

ゲンジボタル
▶ P.131

ヘイケボタル
▶ P.131

オオカマキリ
▶ P.134

チョウセンカマキリ
▶ P.134

ハラビロカマキリ
▶ P.135

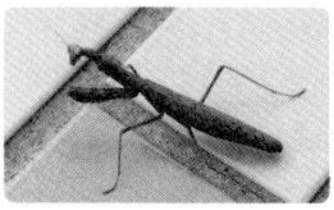

コカマキリ
▶ P.136

ヒナカマキリ
▶ P.136

チャバネアオカメムシ
▶ P.137

クサギカメムシ
▶ P.138

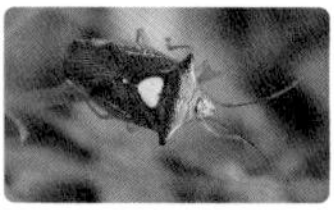

エサキモンキツノカメムシ
▶ P.138

アカスジキンカメムシ
▶ P.139

ヨコヅナサシガメ
▶ P.139

アブラゼミ
▶ P.140

ニイニイゼミ
▶ P.140

クマゼミ
▶ P.141

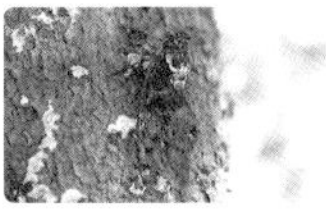

ミンミンゼミ
▶ P.141

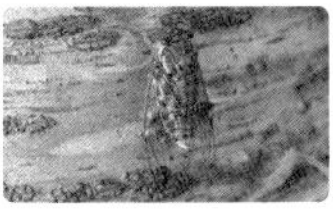

ヒグラシ
▶ P.142

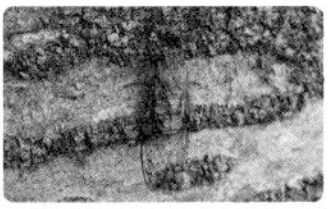

ツクツクボウシ
▶ P.142

アオバハゴロモ
▶ P.143

ツマグロオオヨコバイ
▶ P.143

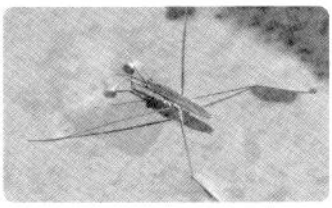

アメンボ
▶ P.144

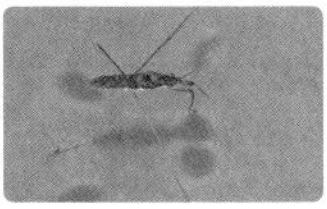

コセアカアメンボ
▶ P.145

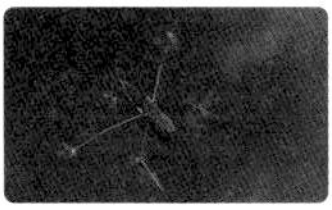

ヤスマツアメンボ
▶ P.145

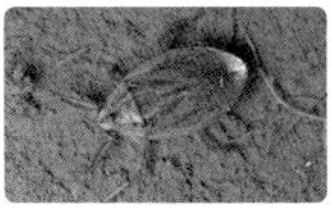

コオイムシ
▶ P.146

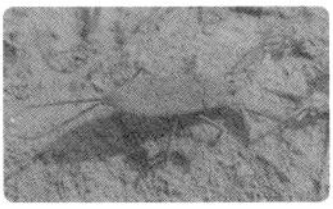

タイコウチ
▶ P.147

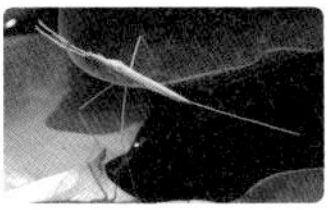

ミズカマキリ
▶ P.147

マツモムシ
▶ P.148

シオカラトンボ
▶ P.149

アキアカネ
▶ P.150

ノシメトンボ
▶ P.151

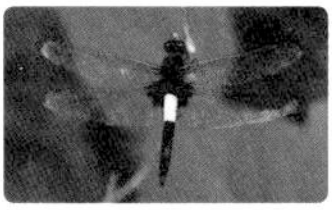

コシアキトンボ
▶ P.152

ウスバキトンボ
▶ P.152

マルタンヤンマ
▶ P.153

ヤブヤンマ
▶ P.153

ギンヤンマ
▶ P.154

オニヤンマ
▶ P.155

アオモンイトトンボ
▶ P.156

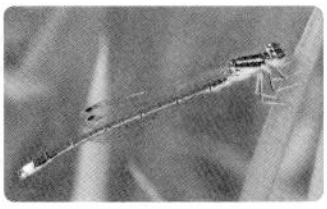

アジアイトトンボ
▶ P.156

ハグロトンボ
▶ P.157

コオニヤンマ
▶ P.158

ヤマサナエ
▶ P.158

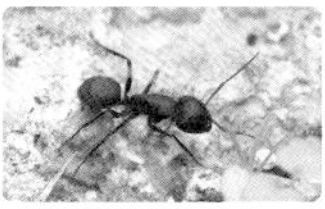

クロヤマアリ
▶ P.159

クロオオアリ
▶ P.159

オオスズメバチ
▶ P.160

キイロスズメバチ
▶ P.161

コガタスズメバチ
▶ P.161

セグロアシナガバチ
▶ P.162

ニホンミツバチ
▶ P.163

セイヨウミツバチ
▶ P.163

クマバチ
▶ P.164

トノサマバッタ
▶ P.165

ツチイナゴ
▶ P.166

コバネイナゴ
▶ P.166

ショウリョウバッタ
▶ P.167

クルマバッタ
▶ P.168

オンブバッタ
▶ P.169

カネタタキ
▶ P.170

クビキリギス
▶ P.171

カヤキリ
▶ P.171

ウマオイ
▶ P.172

ヤブキリ
▶ P.173

サトクダマキモドキ
▶ P.174

クツワムシ
▶ P.174

カンタン
▶ P.175

アオマツムシ
▶ P.176

マツムシ
▶ P.177

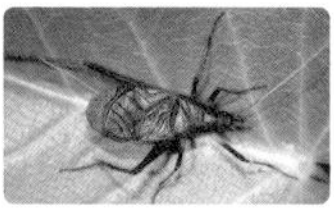

スズムシ
▶ P.177

エンマコオロギ
▶ P.178

オカメコオロギ
▶ P.178

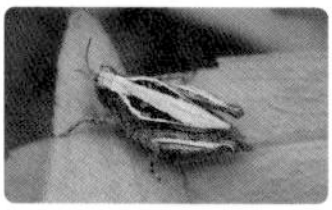

ハラヒシバッタ
▶ P.179

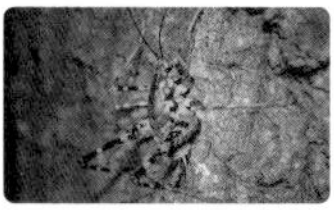

マダラカマドウマ
▶ P.180

ナナフシ
▶ P.181

トゲナナフシ
▶ P.182

ヒトスジシマカ
▶ P.183

ヨツボシクサカゲロウ
▶ P.184

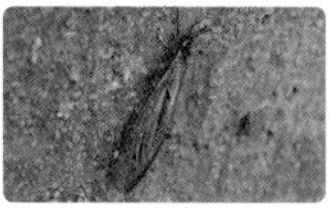

ウスバカゲロウ
▶ P.184

ヤマトシリアゲ
▶ P.185

ハサミムシ
▶P.186

クモ

コガネグモ
▶P.190

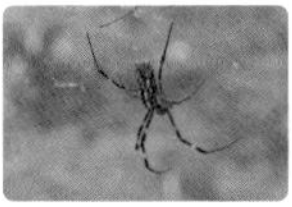
ジョロウグモ
▶P.191

オニグモ
▶P.192

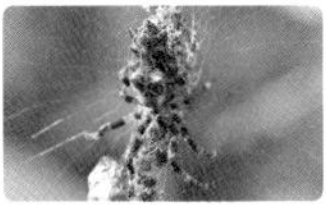
ゴミグモ
▶P.192

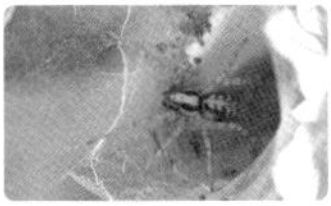
クサグモ
▶P.193

ジグモ
▶P.194

ハナグモ
▶P.195

ネコハエトリ
▶P.196

アリグモ
▶P.197

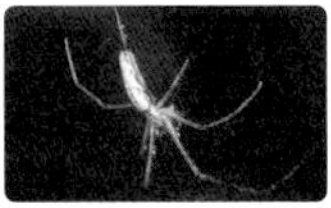
アシナガグモ
▶P.198

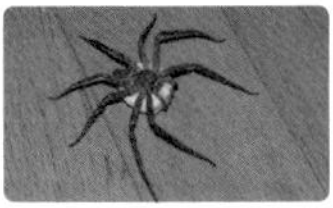
アシダカグモ
▶P.199

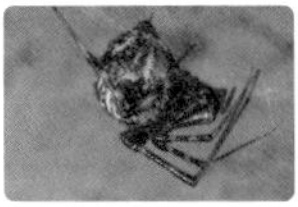
オオヒメグモ
▶P.200

ニホンヒメグモ
▶P.200

そのほかの生き物

ミミズ
▶P.203

ムカデの仲間
▶P.204

ヤスデの仲間
▶P.205

オカダンゴムシ
▶P.206

ワラジムシ
▶P.207

ミスジマイマイ
▶P.209

ヒダリマキマイマイ
▶P.210

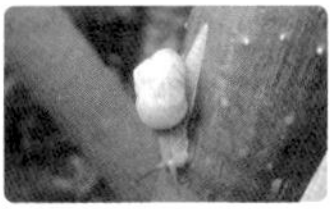
ウスカワマイマイ
▶P.211

オナジマイマイ
▶P.212

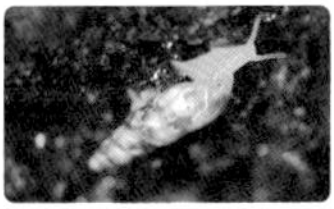
オカチョウジガイ
▶P.213

ニッポンマイマイ
▶P.214

ナミギセル
▶P.215

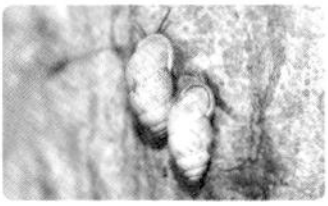
アズキガイ
▶P.216

コハクガイ
▶P.217

ナメクジ
▶P.218

ほ乳類

タヌキ
▶P.221

ニホンノウサギ
▶P.222

アカネズミ
▶P.223

ドブネズミ
▶ P.224

ハツカネズミ
▶ P.225

アズマモグラ
▶ P.226

アブラコウモリ
▶ P.227

アライグマ
▶ P.228

タイワンリス
▶ P.228

ハクビシン
▶ P.228

は虫類・両生類

ミシシッピアカミミガメ
▶ P.231

クサガメ
▶ P.232

ニホンイシガメ
▶ P.232

アオダイショウ
▶ P.233

シマヘビ
▶ P.234

ヤマカガシ
▶ P.235

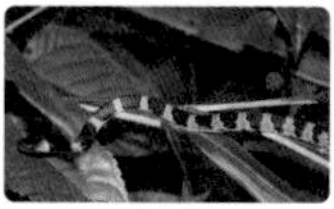
シロマダラ
▶ P.235

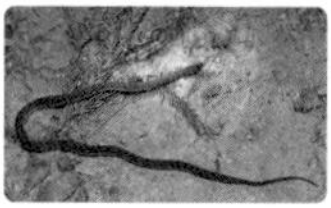
タカチホヘビ
▶ P.236

ヒバカリ
▶ P.236

マムシ
▶ P.237

ヒガシニホントカゲ
▶ P.238

ニホンカナヘビ
▶ P.239

ニホンヤモリ
▶ P.240

トウキョウダルマガエル
▶ P.242

ウシガエル
▶ P.243

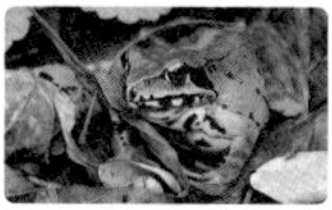
ヤマアカガエル
▶ P.244

ニホンアカガエル
▶ P.245

ニホンアマガエル
▶ P.245

ヌマガエル
▶ P.246

シュレーゲルアオガエル
▶ P.247

モリアオガエル
▶ P.247

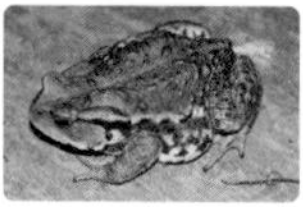
アズマヒキガエル
▶ P.248

アカハライモリ
▶ P.249

トウキョウサンショウウオ
▶ P.250

水辺の生きもの

メダカ
▶ P.255

フナ
▶ P.256

モツゴ
▶ P.257

カワムツ
▶ P.258

オイカワ
▶ P.259

アブラハヤ
▶ P.260

ドジョウ
▶ P.261

アユ
▶ P.262

ウキゴリ
▶ P.263

チチブ
▶ P.264

シマヨシノボリ
▶ P.265

カダヤシ
▶ P.266

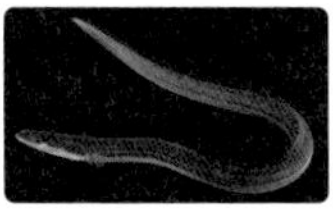
ニホンウナギ
▶ P.267

ナマズ
▶ P.268

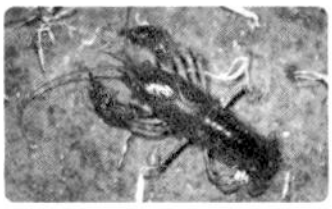
アメリカザリガニ
▶ P.269

モクズガニ
▶ P.270

サワガニ
▶ P.271

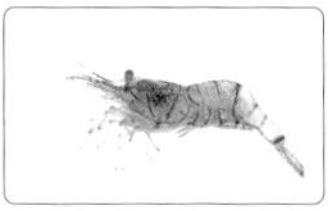
スジエビ
▶ P.272

テナガエビ
▶ P.273

ミナミテナガエビ
▶ P.274

ヒラテテナガエビ
▶ P.274

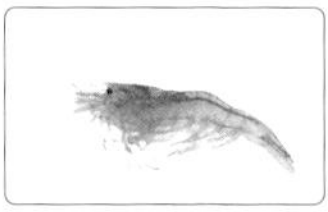
ヌカエビ
▶ P.275

ヌマエビ
▶ P.275

ミゾレヌマエビ
▶ P.276

トゲナシヌマエビ
▶ P.277

カワリヌマエビ属
▶ P.277

マルタニシ
▶ P.278

ヒメタニシ
▶ P.279

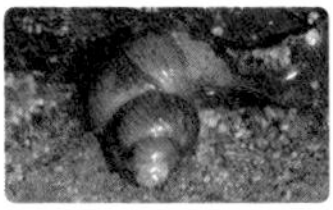
オオタニシ
▶ P.279

サカマキガイ
▶ P.280

モノアラガイ
▶ P.281

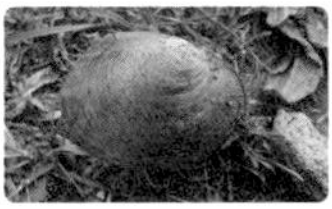
ドブガイ
▶ P.282

イシガイ
▶ P.282

この図《ず》鑑《かん》の使い方

市街地や里山で見かける身近な生きもの304種を種類ごとに並べて、写真と文章で解説しています。観察するときのポイントや、よく似た生きものとの見分け方についても紹介しています。

※掲載種《けいさいしゅ》は、関東地方でよく見る生きものを中心に構成しました。

鳴き声

留

ふわふわと丸い体に長い尾羽《おばね》

エナガ

鳥

コロコロした体つきが愛らしい。

〔分　類〕
スズメ目
エナガ科
〔大きさ〕
14cm
〔分　布〕
北海道～九州
〔時　期〕
通年

出会い率
★★★☆☆
平地や山地、公園の林など

街の公園にも生息地を拡大

丸い体に、小さいくちばしが特徴《とくちょう》のエナガは、尾羽が体長の半分を占めるほど長く、「長い柄《え》」が名前の由来。平地や山地の林のほか、公園の林でも見られます。早春から巣をつくり、子だくさんで、先に産まれた子が子育てを手伝います。秋冬にはシジュウカラ（P.27）やメジロ（P.26）と一緒《いっしょ》の群れで行動。小さな昆虫やクモ、植物の実を食べ、冬は樹液もなめます。「ジュルリ、ジュルリ」「チーチー」など小さな声で鳴きます。

1 2 3 4 5 6 7 8 9 10 11 12

もっと知りたい

北の森のアイドル「シマエナガ」

北海道に生息するシマエナガは、エナガの亜種のひとつ。頭にエナガのような黒い部分（眉《び》斑《はん》）がなく真っ白です。ふわふわと丸い体に、つぶらな目と小さなくちばしが、ぬいぐるみのようにかわいらしいと話題に。写真集が出版されるなど、大人気です。

雪の妖精と呼ばれるシマエナガ。

まだ寒い早春から繁殖するエナガは、クモの糸やコケ、羽毛で、温かい巣をつくります。

36

❶生きものの名前

標準和名を紹介しています。一部、グループの名前のものもあります。

❷生きものの分類

■鳥、■昆虫、■クモ、■そのほかの生きもの、■ほ乳類、■は虫類・両生類、■水辺の生きものを色分けしてあります。

❸メイン写真

色や形など、解説する生きものの特徴《とくちょう》を写真で紹介しています。

❹本文

生きものの姿や見られる場所、食べもの、鳴き声など、特徴を分かりやすく紹介しています。

❺生きものカレンダー

生きものの成体が見られるおもな季節がひと目で分かります。

大きさ

生きものの大きさは、それぞれ測る部分が異なります。この本では、種類別に以下のものをしめしています。

鳥
くちばしから尾《お》の先までの長さ。

昆虫
頭部から腹部までの長さ。
チョウの仲間は前翅《ぜんし》の長さ。
※がの仲間ははねを広げた長さ。

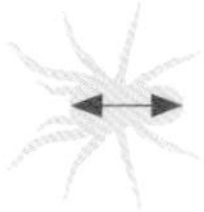

クモ
頭胸部《とうきょうぶ》から腹部までの長さ。

カタツムリ
殻《から》のいちばん長い部分。

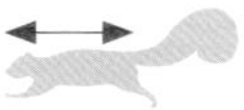

ほ乳類
頭から尾のつけ根までの長さ。

カエル
口の先からおしりの先までの長さ。

カメ
甲羅《こうら》のいちばん長い部分の長さ。

トカゲ・ヤモリ・イモリ・サンショウウオ
頭の先から尾の先までの長さ。

魚
口先から尾の先までの長さ。

カニ
甲羅の幅《はば》。

貝
殻のいちばん長い部分。

ザリガニ・エビ
頭の先から尾の先までの長さ。

❻アイコン

- 固 日本固有種
- 外 外来種
- 毒 毒をもつ生きもの
- 危 危険な生きもの

鳥

- 留 留鳥
- 夏 夏鳥
- 冬 冬鳥
- 漂 漂鳥

昆虫

- 完 完全変態
- 不 不完全変態

❼鳴き声二次元バーコード

この二次元バーコードがついている鳥は、スマートフォンで読みこむと鳴き声をきくことができます。

❽生きものデータ

分類：何の仲間かをしめしています。

大きさ：同じ種類でも個体差があるため、成体の大きさの目安をしめしています。

分布・時期：日本で見られる場所と時期の目安をしめしていますが、変化することがあります。

出会い率：大まかに5段階で評価し、★の数が多いほどよく見られる生きものです。出会える場所も紹介しています。

❾観察のポイント・もっと知りたい

本文では紹介しきれなかった生きものの生態や、似ている生きものなどについてくわしく解説しています。

❿豆知識

知っていると楽しい生きものの雑学をとりあげます。

生きものを観察するときに注意したいこと

□ 命を大切にしよう!

どんなに小さな生きものでも、毒をもった生きものでも、そこに宿る命は私たちと同じものです。苦手な生きものがいたとしても、同じ命をもつものとして観察してみると、これまで気づけなかった何かおもしろい発見をするかもしれません。

□ 自然を大切にしよう!

生きものは自然のなかで暮らしているので、自然をこわさないようにすることが大切です。ゴミは残さずもち帰りましょう。観察のために木や石を動かしたりするときはなるべく最小限にして、観察したあとはもとにもどしましょう。

□ まわりに注意しよう!

生きものを観察するときには、入ってよい場所かどうか必ず確認しましょう。また、夢中になると危険に気づかないことがあります。周囲の安全をよく確認し、森や林、川などは、絶対にひとりでは行かないようにしましょう。

□ ちがう場所に放してはダメ!

生きものを観察し終えたら、もといた場所にもどしましょう。もち帰るなら、最後まで育てること。途中で飼えなくなったからといってむやみに放すと、その場所の生きものの生態系をこわしてしまうので、絶対やめましょう。

□ 生きもののことを知ろう!

生きもののなかには、毒をもつものや攻撃的《こうげきてき》なもの、寄生虫がいるものがいます。知らない生きものに不用意にさわることはひかえましょう。ふだんからこの本を読んで、生きもののことを知っておくとよいでしょう。

鳥

いつもいる鳥や、外国から日本に
やって来る渡り鳥など、
季節や場所によって、
さまざまな鳥に出会えるよ。

鳥観察の楽しみ方

散歩の途中、あちこちで出会う鳥たちをよく見てみると、とても個性的な姿や声をしています。少し立ち止まって、今何をしているのか観察してみましょう。あたらしい発見があるかもしれません!

おどかさないで!

鳥はとてもこわがりです。近づきすぎたり、急に動いたり、大きな音をたてたりすると、にげてしまいます。とくに子育て中の鳥を見つけたときには要注意。おどろいた親鳥が巣にもどってこなくなることがあります。

ひなにえさを与えるツバメ(P.46)。

えさはあげないで!

えさをあたえると、自分でえさをとらなくなるだけでなく、警戒心《けいかいしん》がうすれてしまい鳥にとって危険です。また、えさで集まった鳥の落とすふんが問題になることも。自然に暮らす生きものは、自然のまま楽しみましょう。

えさに集まるスズメ(P.24)。

双眼鏡《そうがんきょう》でじっくり観察

双眼鏡があれば鳥をおどかさずにじっくり観察できます。双眼鏡でまず鳥の近くにある目印を見つけてから、お目当ての鳥を探すと見つけやすいです。使うときには、安全な場所か確認するのを忘れずに。人の家の庭や私有地に入ったり、双眼鏡で家の中をのぞいたりしてはいけません。

遠くの鳥もバッチリ!

記録を残してみよう!

散歩をするときに、筆記用具をもち歩いてみましょう。鳴き声やはねの色など、気づいたことをすぐにメモしておけるので、あとで見た鳥を調べるのに役立ちます。また、写真を撮ったり、スマートフォンの録音機能を使って、鳥のさえずりを録音するのもおすすめです。

何でもメモしよう!

鳥の季節性を知ろう

空を飛べる鳥は、子育てや越冬《えっとう》のため、よりよい環境《かんきょう》を求めて移動（渡り）をするものがいます。そのような鳥を「渡り鳥」といいます。渡り鳥は、移動の季節《きせつ》や範囲《はんい》などによって「夏鳥」「冬鳥」「漂鳥《ひょうちょう》」「旅鳥」に分けることができます。渡りをせずに、一年中同じ場所にとどまる鳥を「留鳥《りゅうちょう》」といいます。

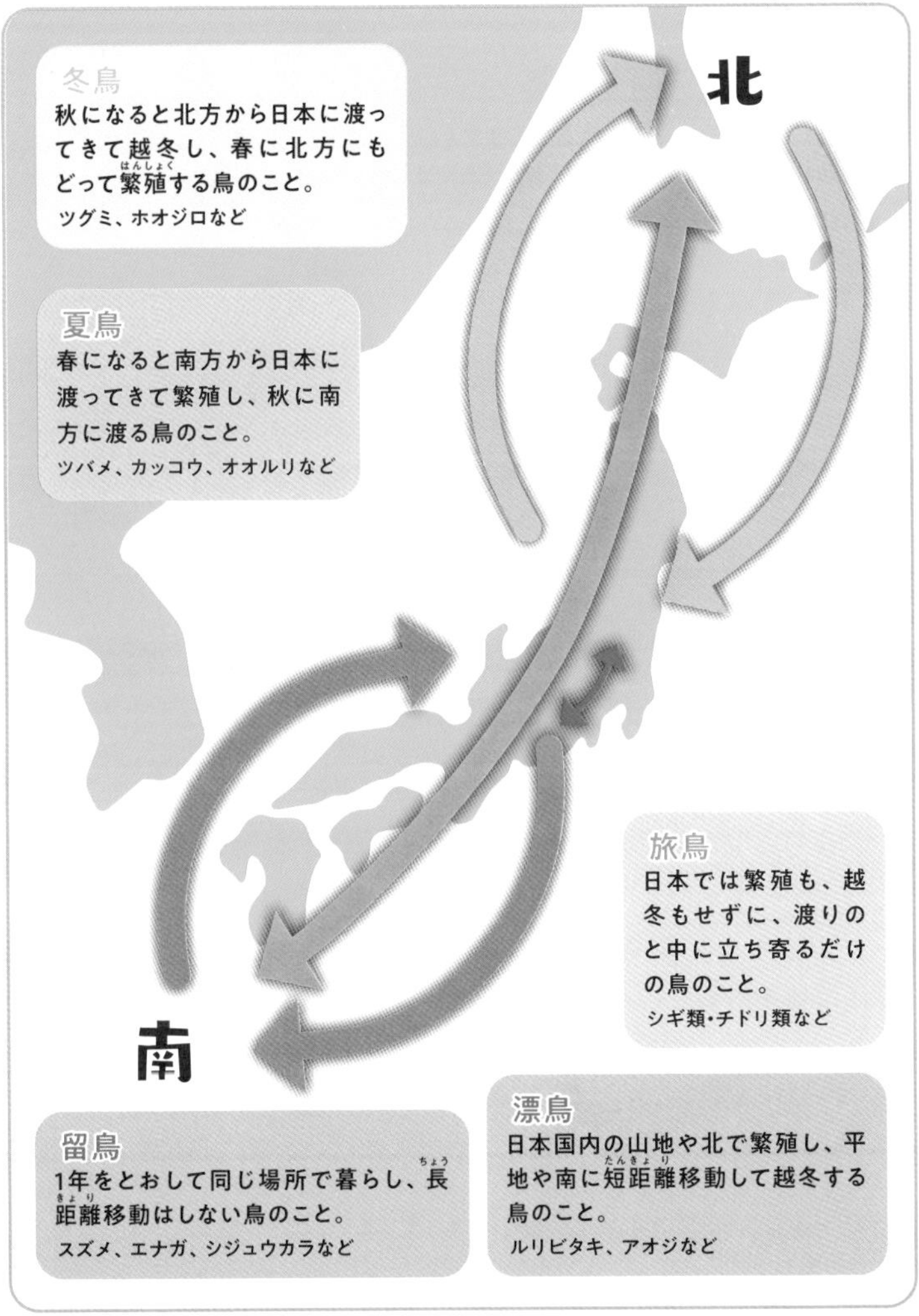

冬鳥

秋になると北方から日本に渡ってきて越冬し、春に北方にもどって繁殖《はんしょく》する鳥のこと。

ツグミ、ホオジロなど

夏鳥

春になると南方から日本に渡ってきて繁殖し、秋に南方に渡る鳥のこと。

ツバメ、カッコウ、オオルリなど

旅鳥

日本では繁殖も、越冬もせずに、渡りのと中に立ち寄るだけの鳥のこと。

シギ類・チドリ類など

留鳥

1年をとおして同じ場所で暮らし、長《ちょう》距離《きょり》移動はしない鳥のこと。

スズメ、エナガ、シジュウカラなど

漂鳥

日本国内の山地や北で繁殖し、平地や南に短距離《たんきょり》移動して越冬する鳥のこと。

ルリビタキ、アオジなど

鳥の見分け方

鳥を見分けるには、よく観察することがいちばんです。でも、鳥は姿を見つけてもすぐに飛んでいってしまったり、声はするのに姿が見えなかったりで、じっくり観察できないこともしばしば。次のポイントを押さえておくと、後から名前を調べたりするときにも役立ちますよ。

「ものさし鳥」を基準にする

身近に見慣れている鳥の大きさを基準(ものさし)として、同じくらいの大きさの鳥を覚える方法です。基準となる鳥を「ものさし鳥」といい、スズメ、ムクドリ、キジバト、ハシブトガラスがいます。

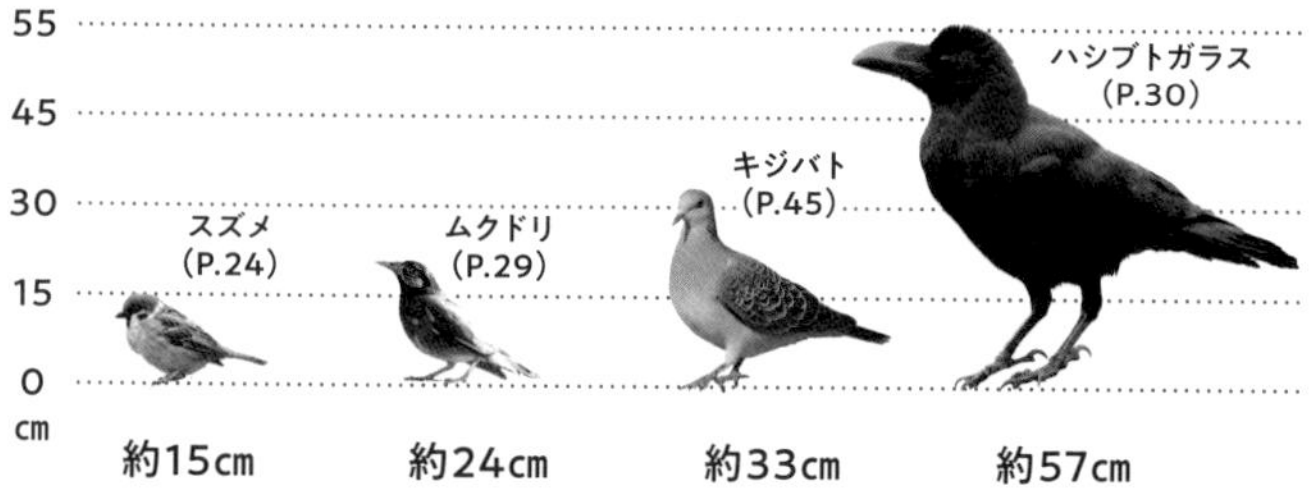

スズメ大
メジロ、コガラ、エナガ、ウグイス、シジュウカラ、コゲラなど

ムクドリ大
ヒバリ、ツバメ、ホオジロ、モズ、イワヒバリ、カワセミなど

キジバト大
ヒヨドリ、ドバト、ホトトギス、バン、カイツブリ、アオバズクなど

ハシブトガラス大
カッコウ、オナガ、コガモ、オオバン、ハシボソガラス、ユリカモメなど

ハシブトガラス大以上
キジ、マガモ、コサギ、カワウ、アオサギなど

動きの特徴《とくちょう》を覚えよう!

鳥のなかには、独特な動きをするものがいます。特徴的な動きを覚えておくと、実際に会ったときに何の仲間かすぐ分かるようになります。

歩き方

ツグミ(P.43)

ちょこちょこと歩いては、立ち止まって胸を張ります。

ハクセキレイ(P.37)

尾羽《おばね》を上下にふりながら歩きます。

「聞きなし」を覚えよう!

「聞きなし」とは、鳥のさえずり(※)を意味のある言葉やフレーズに当てはめて、覚えやすくしたものです。代表的なものには、次のようなものがあります。

ホオジロ(P.44)

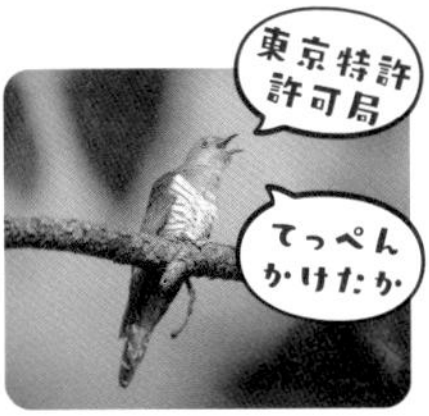

ホトトギス(P.47)

ウグイス(P.25)

※「さえずり」とは、繁殖期(はんしょくき)に発する美しい鳴き声のこと。それ以外を「地鳴き」といいます。

見た目の特徴《とくちょう》を覚えよう!

鳥は、生活のしかたに適した体をもっています。特徴を覚えておくと、似た姿をしたほかの鳥のことについても、えさの食べ方やとり方など想像できます。

ダイサギ(P.61)
脚《あし》と首、くちばしが長いので、歩いて水の中にいる生きものをつかまえることができます。

シメ(P.42)
太くて短いくちばしで、好物である植物のかたい種を割って食べることができます。

ウミウ(P.60)
脚《あし》に立派な水かきが付いているので、泳ぐのが得意。水の中を泳ぎまわって魚をつかまえます。

飛び方

ヒヨドリ(P.32)　**キジバト**(P.45)

ヒヨドリは、数回羽ばたくと、はねをたたんで滑空《かっくう》し、再び羽ばたくことをくり返します。ハクセキレイ、コゲラなども同じです。

ハトの仲間は、まっすぐ飛びます。スズメも同じような飛び方をします。

留

日本でいちばん身近な野鳥

スズメ

よく知られるスズメは鳥の大きさの目安になります。

〔分　類〕
スズメ目スズメ科

〔大きさ〕
15cm

〔分　布〕
全国（小笠原諸島を除く）

〔時　期〕
通年

出会い率
★★★★★
市街地、公園、農耕地など

昔話の時代から人里にいた鳥

スズメはもっとも身近にいる野鳥で、昔話や童謡《どうよう》でもおなじみ。小笠原諸島をのぞく全国で、人が暮らす住宅地や農村などで見られます。頭は茶色で、上面は茶褐色《ちゃかっしょく》に黒のしま模様。目のまわりと喉《のど》が黒く、頬《ほお》に黒い斑《ぶち》があります。家の屋根やビルなどのすき間に巣をつくります。小さな群れで生活し、秋から冬には大群になることも。好物は植物の種や昆虫です。「チュン、チュン」「チュチュチュ」とかわいい声で鳴きます。

観察のポイント

水浴びをするように砂を浴びます。

砂遊びが大好き

スズメは体をふるわせて乾いた砂地にくぼみをほり、砂をはね上げながら、砂を浴びます。これは、はねについた寄生虫などを取りのぞき、体をきれいにするための行動です。群れでいっせいに砂浴びをする様子がよく見られます。同じ目的で、水浴びもします。

童謡「すずめの学校」は、群れで暮らすスズメの様子をあらわしているようです。

「ホーホケキョ」と春を告げる

ウグイス

鳴き声

留　漂

声はすれども、姿を見つけるのはむずかしい。

さかんに鳴いてメスにアピール

「ホーホケキョ」というさえずりで有名ですが、警戒心《けいかいしん》が強いので、あまり姿を見せません。一夫多妻制《いっぷたさいせい》で、オスは春先になると、次々と新しいメスにアピールするために、さえずり続けます。全身は褐色《かっしょく》で、「ウグイス色」はじつはメジロ（P.26）の色です。「梅にウグイス」は春の風物詩とされますが、ウグイスは花の蜜《みつ》は吸わないので、これもメジロと取りちがえて伝えられたようです。昆虫やクモを食べ、冬は木の実も食べます。

〔分　類〕
スズメ目
ウグイス科

〔大きさ〕
オス16cm
メス14cm

〔分　布〕
全国（北海道では夏鳥）

〔時　期〕
通年

出会い率
★★★☆☆
市街地、平地から亜高山帯の林など

観察のポイント

力をふり絞って鳴くウグイス。

さえずりのちがいには意味がある

「ホーホケキョ」とさえずるのは、繁殖《はんしょく》期のオスだけ。「ホー、ホホホケキョ」と鳴くのは、なわばりに入ってきたほかのオスを威嚇《いかく》するためです。「ケキョケキョ」と早く鳴く「谷渡り」と呼ばれる声は、天敵が近づいたときの警戒音だと考えられています。

ウグイスは、やぶの中などでは「チャッ、チャッ」と、「笹鳴き」と呼ばれる地鳴きをします。

鳴き声

留

花に集まる「ウグイス色」の小鳥

メジロ

ウグイスにかんちがいされるメジロ。

目のまわりが白いのが特徴《とくちょう》

花の蜜《みつ》を目当てに集まるので、お花見のときによく見かけます。体がウグイス色なので、メジロをウグイス（P.25）とかんちがいされることも多いようです。目のまわりが白く、喉《のど》は黄色。春には「チュー、チュチュン」「チュルチュル」とさえずる声がよく聞かれます。秋冬は群れになり、シジュウカラ（P.27）やコゲラ（P.52）、エナガ（P.36）の群れと混じることもあります。昆虫や植物の実を食べますが、花の蜜や樹液も好物です。

〔分　類〕
スズメ目メジロ科

〔大きさ〕
12cm

〔分　布〕
全国（北海道は道南以外では夏鳥）

〔時　期〕
通年

出会い率
★★★★☆

平地から山地の林、市街地など

観察のポイント

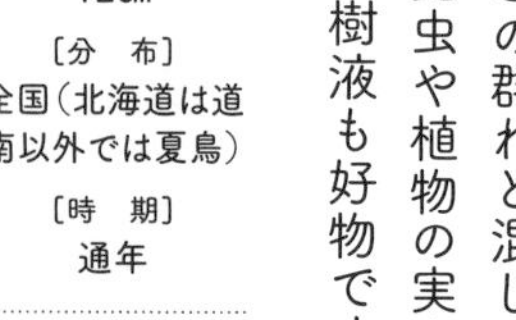

花に顔をつっこんで蜜をなめる。

花の蜜をなめて花粉を運ぶ

メジロの舌は、先が筆のようになっていて、花の蜜や樹液をなめ取るのに向いています。花のなかでも、とくにウメやサクラ、サザンカやツバキの蜜が好物。蜜をなめるときに花粉が顔につくので、花から花へ花粉を運んで受粉させる役割もはたしています。

サクラの蜜はヒヨドリ（P.32）も好むので、メジロが追い散らされてしまうこともあります。

黒いネクタイと黒い帽子《ぼうし》が目印

シジュウカラ

留

鳴き声

樹上を活発に動いてえさ探し。

〔分　類〕
スズメ目
シジュウカラ科

〔大きさ〕
15cm

〔分　布〕
全国（小笠原諸島を除く）

〔時　期〕
通年

出会い率
★★★★☆
市街地、山地林、草原など

胸の黒線が太いほうがオス

黒いネクタイのように見える胸の線と、光沢《こうたく》のある黒い頭が特徴《とくちょう》。ネクタイの幅《はば》が太いほうがオス、細いほうがメスです。山地から住宅地まで幅広い場所でよく見られます。枝から枝へよく動きまわり、昆虫やクモ、木の実などを食べます。春先に鳴くウグイス（P.25）よりも早く、年末から鳴きはじめ、よくとおる声でさえずります。「ツツピー、ツツピー」と強い調子で鳴くのはオスで、「チチチチー」と鳴くのはメスです。

観察のポイント

鳴き声をきいて、会話を想像してみよう。

鳴き声でコミュニケーション

シジュウカラは、鳴き声を組み合わせて会話をすることが、最近の研究で分かってきています。天敵を追い払いたいときは、仲間に警戒《けいかい》を知らせる「ピーツピ」という鳴き声と、仲間を集める「ヂヂヂヂ」を組みあわせて、「警戒しながら、集まれ」と知らせます。

秋冬は、エナガ（P.36）やコゲラ（P.52）などちがう種類の鳥と群れ（混群）をつくることもあります。

鳴き声　留

「山にすむカラ」が名の由来
ヤマガラ

黒い帽子にオレンジのベストがお似合い。

〔分　類〕
スズメ目
シジュウカラ科
〔大きさ〕
14cm
〔分　布〕
全国（小笠原諸島を除く）
〔時　期〕
通年

出会い率
★★★☆☆
平地から山地の森林、公園など

灰色のはねとオレンジ色の腹

翼《つばさ》と尾羽《おばね》が青みがかった灰色で、胸から腹はオレンジ色。頭は黒く、後頭部に黄色がかった白色の縦斑《たてはん》があります。おもに常緑広葉樹《じょうりょくこうようじゅ》の森林に暮らし、昆虫やクモを捕食《ほしょく》します。木の実も好物で、冬にそなえて、土の中や、木の皮の裏にたくわえます。そこから発芽して木が育つこともあり、森を育てる役割もはたしている鳥です。「ニーニーニー」という地鳴きが特徴的《とくちょうてき》で、オスは「ツツピー、ツツピー」とさえずります。

もっと知りたい

エゴノキの実を食べるヤマガラ。

木の実の皮をむいて食べる

ヤマガラは、木の実のなかでも、エゴノキやハクウンボクのほか、スダジイやコナラなどのドングリの実が大好き。実にぶらさがるようにしてもぎとります。両足で実をおさえ、くちばしで毒のある果皮を器用につついて取りのぞき、種子を取り出して、その中身を食べます。

シジュウカラやヤマガラのように「〇〇カラ」という名前の鳥を「カラ類」といいます。

橙色《だいだいいろ》のくちばしと足が目印

ムクドリ

留

鳴き声

えさを探して、地面を歩くムクドリ。

〔分　類〕
スズメ目
ムクドリ科

〔大きさ〕
24cm

〔分　布〕
全国（南西諸島では冬鳥）

〔時　期〕
通年

出会い率 ★★★★★

市街地、公園、農耕地など

鳥の大きさの目安になる鳥

スズメ（P.24）とハトの中間くらいの大きさを「ムクドリ大」といいます。鳥の大きさの目安になるほど、一年をとおして人里近くでよく見らます。黒いはねに、橙色のくちばしと足が目立ちます。春の繁殖期《はんしょくき》にそなえて、年末くらいから屋根のすき間や巣箱などに巣づくり。初夏には昆虫やミミズ（P.203）をさかんに捕食《ほしょく》して、ひなに与えます。秋冬には群れで生活し、竹やぶや市街地の樹木に大きな集団ねぐらをつくります。

もっと知りたい

電線に集まったムクドリ。

集団ねぐらが環境問題に？

子育てが終わる秋から冬には、ひとり立ちした若鳥も加わって大集団で暮らします。最近では、駅前や公園など市街地の樹木に何千羽、何万羽というムクドリが集団ねぐらをつくることもあり、鳴き声による騒音《そうおん》や、ふん害《がい》が問題になっています。

「集団ねぐら」とは、夜に集まってねむる場所のこと。

留

「カァー」とすんだ声で鳴く
ハシブトガラス

都会でよく見るハシブトガラス。

ゴミに集まる都会派のカラス

同じくカラスの代表格のハシボソガラスよりくちばしが太めで、体も大きめ。額が出っ張っているのも大きな特徴《とくちょう》です。さまざまな環境《かんきょう》にすみ、何でも食べますが、都市部では、ゴミをあさる姿が多く見られます。「カァー」とすんだ声で鳴き、「アーアー」「アハハ」と人のような声も出します。繁殖期《はんしょくき》の春夏はつがいで生活してなわばりをもち、高い木に巣をつくります。初夏には、幼鳥を守るために人を攻撃《こうげき》することがあります。

〔分　類〕
スズメ目カラス科
〔大きさ〕
57cm
〔分　布〕
全国
〔時　期〕
通年

出会い率
★★★★★
市街地、平地や亜高山帯の林など

もっと知りたい

くちばしが細いハシボソガラス。

「ガァー」とにごった鳴き声のハシボソガラス

ハシボソガラスは、ハシブトガラスより細めのくちばしが名の由来。平地から山地まで、とくに林に近い農村部に多く、大都市では少数派です。ゴミもあさりますが、木の実や昆虫が好み。頭を上下に動かしながら「ガァー、ガァー」と鳴き、「カララ」「カポン」という声も出します。

ハシボソガラスは、夕方には、ねぐらのある林や山の方に帰っていきます。

青い尾羽《おばね》と黒い帽子《ぼうし》がおしゃれ

オナガ

留

鳴き声

写真:飯田信義/アフロ

尾が長いことから名がついたオナガ。

〔分　類〕
スズメ目カラス科

〔大きさ〕
37cm

〔分　布〕
北海道〜本州（中部地方）

〔時　期〕
通年

出会い率
★★★☆☆
市街地の公園、平地の林など

仲間で協力して外敵を撃退《げきたい》

青灰色《せいかいしょく》の長い尾羽と、帽子をかぶったような黒い頭が特徴《とくちょう》。スマートな外見ですが、カラスの仲間で、「ギューイ、ギュッギュッ」とにごった声で鳴きます。繁殖期《はんしょくき》には、いくつかのつがいがまとまって巣をつくり、繁殖期が終わると数十羽にもなる群れで暮らします。公園や住宅地では、樹木やアンテナに止まる群れがよく見られます。雑食性で、昆虫や木の実などのほか、ほかの小鳥の巣を襲《おそ》い、卵やひなを食べることもあります。

もっと知りたい

仲間や家族が協力して子育て

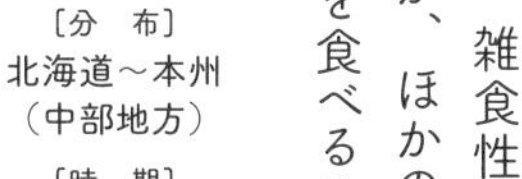

群れをつくって暮らすオナガ。

オナガは、繁殖期には数組のつがいが集まった小さな群れで子育てをします。巣にカラスやネコなどの外敵が近づくと、気づいた1羽が鳴きさわいで仲間を呼び集め、協力して敵を追い立てる習性があります。先に産まれた若い鳥が、ひなの世話を手伝うこともあります。

オナガの巣に、カッコウ（P.47）が卵を産む「托卵（たくらん）」をされることがあります。

鳴き声

留 漂

にぎやかに鳴く食いしん坊

ヒヨドリ

ボサボサ頭が目印。

〔分　類〕
スズメ目
ヒヨドリ科

〔大きさ〕
28㎝

〔分　布〕
全国

〔時　期〕
通年

出会い率
★★★★★
市街地、平地から山地の林など

ほかの鳥を追い立てて食事

ヒヨドリは一年中、「ヒーヨ」「ヒッヒッ」と大きな声でよく鳴き、その声が名前の由来だとされています。全身が灰色で、目の後ろは赤褐色《せきかっしょく》。頭にボサボサとした毛があります。カマキリやコガネムシなどの大きな昆虫も食べるほか、なわばり意識が強く、ほかの鳥を追い立てて、果実や木の実を食べる様子がよく見られます。丸のみした実は、ふんとともに種が排泄《はいせつ》されるので、植物の種を遠くに運ぶ役割もはたしています。

観察のポイント

ヒヨドリの羽ばたき。

飛翔《ひしょう》時のはねの使い方が特徴的《とくちょうてき》

飛ぶときには、数回羽ばたいたあとに、はねをたたんで下がりながら滑空《かっくう》し、再び羽ばたくというパターンをくり返します。そのため、上下に波形を描いて飛ぶように見えます。これは「波状飛行」と呼ばれ、ハクセキレイ(P.37)やコゲラ(P.52)も同じような飛び方をします。

ヒヨドリは、植物の新芽やつぼみを食べつくして、植物にとっては迷惑になることもあります。

かぎ状のくちばしでハンティング

モズ

留 漂

鳴き声

メスは全体に茶色っぽい色が特徴。

「高鳴き」は秋の風物詩

モズの頭は赤茶色で、オスは目の前後にとおる線が黒く、メスはあわい茶色です。オスがいろいろな鳥の鳴きまねをすることから、「百舌《モズ》」と名づけられました。どう猛《もう》なハンターで、猛禽類《もうきんるい》のようにかぎ状になったくちばしで、昆虫やカエル、トカゲ、ときには小鳥も捕食《ほしょく》します。繁殖期《はんしょくき》を終えた秋からは単独で生活し、高いところに止まって「キーキーキー」「キョンキョン」など「高鳴き」と呼ばれる鳴き方をし、なわばりを主張します。

〔分　類〕
スズメ目モズ科
〔大きさ〕
20cm
〔分　布〕
全国
〔時　期〕
通年

出会い率
★★★☆☆
農耕地、草原、河川敷、公園など

もっと知りたい

保存食になる「はやにえ」

はやにえにされたカエル。

モズはとらえた獲物《えもの》を、なわばり内の小枝や鉄条網《てつじょうもう》にさしておき、あとで食べにくる習性があります。これを「モズのはやにえ」といいます。春や夏にもおこないますが、秋にははやにえの数が増え、えさの少ない冬にそなえる保存食になると考えられています。

オスは「チュルチュル」と鳴いたり、ほかの鳥の鳴きまねでメスにアピールします。

鳴き声

留

春のさえずりで「なわばり宣言」

ヒバリ

長い脚は地上を歩くのに便利。

〔分　類〕
スズメ目ヒバリ科
〔大きさ〕
17cm
〔分　布〕
北海道～九州
（北海道では
夏鳥）
〔時　期〕
通年

出会い率
★★★★☆
草原、河川敷、
農耕地など

食事も巣づくりも地上が中心

ヒバリは春から初夏にかけて、空高く飛びながら「チュピチュピ」「チュルチュル」とさかんにさえずり、なわばりを主張します。はねは褐色《かっしょく》で、腹は白っぽく、頭に冠羽《かんう》（赤矢印）があります。飛んでいる印象が強い鳥ですが、長めの脚《あし》は地面を歩くのに適しており、行動の中心は地上です。畑や草原を歩きながら、草の種や昆虫を食べます。巣も草の根元など地上に浅い穴をほってつくり、ひなは飛べるようになる前に巣立っていきます。

観察のポイント

上空でさえずるヒバリ。

高らかに春をうたう「揚《あ》げ雲雀《ひばり》」

春から初夏にかけて、ヒバリが早口でにぎやかにさえずりながら上空を長時間飛び続け、なわばりを宣言する様子が見られます。これは「さえずり飛翔《ひしょう》」と呼ばれ、春の風物詩となっています。「揚げ雲雀」とも呼ばれ、俳句などに使われる春の季語にもなっています。

地上を歩くときや飛び立つときは、「ピルッ、ピルッ」という地鳴きをします。

スズメに似たお腹が黄色い小鳥

アオジ

漂

鳴き声

アオジのメス。

〔分　類〕
スズメ目
ホオジロ科

〔大きさ〕
16cm

〔分　布〕
北海道～本州
（中部地方）

〔時　期〕
通年

出会い率
★★★☆☆
平地林、草原、公園など

冬は都市公園で群れる

スズメ（P. 24）に似ていますが、オスは頭が暗い緑色で、目のまわりが黒く、喉《のど》から腹にかけては黄色。メスは頭が褐色《かっしょく》で、腹はオスよりあわい黄色です。本州では山地、北海道では平地の林などで繁殖《はんしょく》し、地上や低い木の枝に巣をつくります。秋には平地や南方に移動し、都市の公園でも小さな群れが見られるようになります。春夏の繁殖期はおもに昆虫やクモを食べ、冬期は公園の植えこみなどで植物の種をついばみます。

観察のポイント

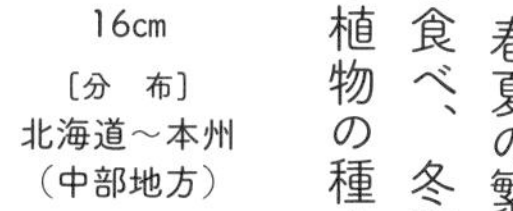

冬のアオジのオス。

いろいろな越冬《えっとう》スタイル

アオジの生態はさまざま。春夏に国内の高原や山地で繁殖して、秋に低地や暖かい地方に移動して越冬するものや、シベリアやサハリンなど北方から秋に日本に渡ってくるものもいます。そのほか、一年中一カ所に留まる群れも確認されています。

ホオジロ属には冠羽（かんう）が目立つ種がありますが、アオジも冠羽を立てることがあります。

鳴き声

留

ふわふわと丸い体に長い尾羽《おばね》

エナガ

コロコロした体つきが愛らしい。

〔分　類〕
スズメ目
エナガ科

〔大きさ〕
14cm

〔分　布〕
北海道〜九州

〔時　期〕
通年

出会い率
★★★☆☆
平地や山地、
公園の林など

街の公園にも生息地を拡大

丸い体に、小さいくちばしが特徴《とくちょう》のエナガは、尾羽が体長の半分を占めるほど長く、「長い柄《え》」が名前の由来。平地や山地の林のほか、公園の林でも見られます。早春から巣をつくり、子だくさんで、先に産まれた子が子育てを手伝います。秋冬にはシジュウカラ（P.27）やメジロ（P.26）と一緒《いっしょ》の群れで行動。小さな昆虫やクモ、植物の実を食べ、冬は樹液もなめます。「ジュルリ、ジュルリ」「チーチー」など小さな声で鳴きます。

もっと知りたい

北の森のアイドル「シマエナガ」

雪の妖精と呼ばれるシマエナガ。

北海道に生息するシマエナガは、エナガの亜種のひとつ。頭にエナガのような黒い部分（眉《び》斑《はん》）がなく真っ白です。ふわふわと丸い体に、つぶらな目と小さなくちばしが、ぬいぐるみのようにかわいらしいと話題に。写真集が出版されるなど、大人気です。

まだ寒い早春から繁殖するエナガは、クモの糸やコケ、羽毛で、温かい巣をつくります。

尾をふりながら歩く姿でおなじみ

ハクセキレイ

留

鳴き声

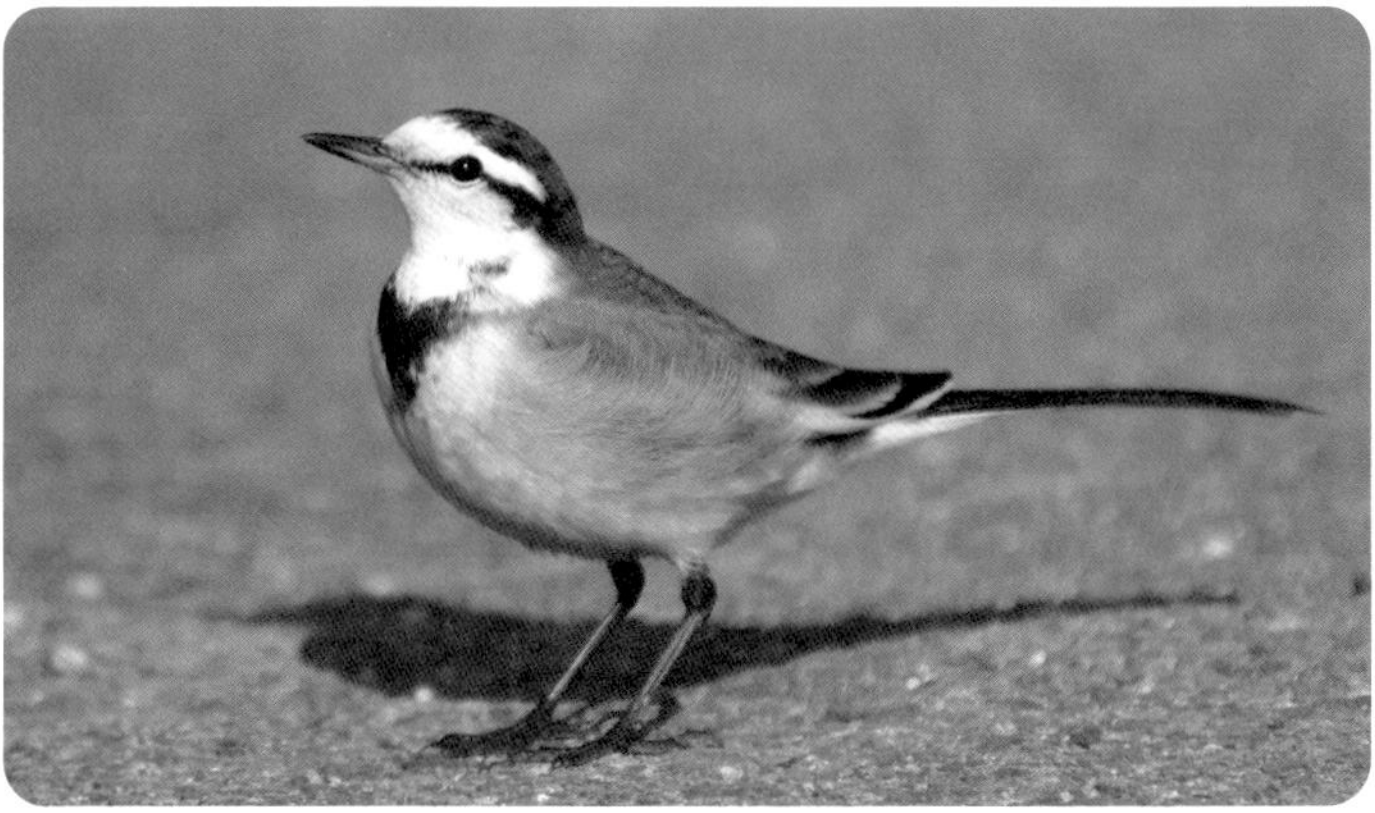

長い尾をもつハクセキレイ。

〔分　類〕
スズメ目
セキレイ科

〔大きさ〕
21cm

〔分　布〕
全国

〔時　期〕
通年

出会い率 ★★★★★
市街地、公園、
農耕地など

飛び上がって虫をキャッチ

街中で尾羽《おばね》を上下にふりながら歩く姿がよく見られます。額と頬《ほお》、体の下面は白く、頭と、喉《のど》から胸にかけては黒色。目の前後に黒い線があります。背の色は、オスの夏羽《なつばね》は黒、オスの冬羽《ふゆばね》とメスは灰色です。歩きながら地上の昆虫を食べたり、飛び上がって空中の昆虫をとらえたりします。さえずりは「チュピチュピ」「ジュイ」など複雑な声で、地鳴きは空を飛ぶときなどに細い声で「チチン、チチン」「チチチッ」と鳴きます。

もっと知りたい

ハクセキレイの巣とひな。

なわばり意識が強く負けずぎらい

ハクセキレイは、夏はつがいで行動し、草地のくぼみや石の間、建物のすき間などに、おわん型の巣をつくります。なわばり意識が強く、同じ種やセグロセキレイ(P.38)などと追い立てあって激しく争います。繁殖期《はんしょくき》以外は、夕方に街路樹などに集団ねぐらをつくることがあります。

もとは北海道にいた鳥ですが、徐々に南下し、ほぼ全国で見られるようになりました。

留 固

水辺や湿地《しっち》を好む日本固有種
セグロセキレイ

背中が黒いのがその名の由来。

〔分　類〕
スズメ目
セキレイ科
〔大きさ〕
21cm
〔分　布〕
北海道～九州
〔時　期〕
通年

出会い率
★★★☆☆
平地から山地の
河川や湖沼など

背が黒く腹が白いツートーン

セキレイの仲間で、日本固有種。額と腹は白く、頬《ほお》は黒ですが、ハクセキレイ（P.37）は頬も白なので、見分けるポイントになります。喉《のど》から胸、背から尾羽《おばね》は深い黒色で、メスの背は灰色がかっています。おもに川や湖沼《こしょう》の水辺にすみ、川岸の草むらや岩の下に巣をつくります。尾をふって歩きながら、水生昆虫や小魚を捕《ほ》食《しょく》します。「ツィツィツィ」「ジョイジョイ」などとさえずり、地鳴きでは「ジジジ」「ジュー」といった声を出します。

観察のポイント

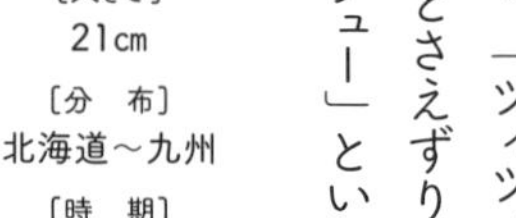

えさをつかまえたセグロセキレイ。

浅瀬《あさせ》を活発に歩くハンター

セグロセキレイは、川や湖沼の浅瀬、湿地や田んぼなどをあちこち歩きまわり、脚《あし》とくちばしで、水中のえさを探る様子がよく見られます。水生昆虫や小魚、両生類などを、くちばしで器用につかまえます。ハクセキレイと同じく、空中の虫をフライングキャッチすることもあります。

最近はおもな生息地である川の中流域から、下流域に進出する個体が観察されています。

橙色《だいだいいろ》の腹が目立つ人気の冬鳥

ジョウビタキ

冬

鳴き声

あざやかな色が青空に映える。

〔分　類〕
スズメ目ヒタキ科

〔大きさ〕
14cm

〔分　布〕
全国

〔時　期〕
10〜3月

出会い率
★★★☆☆

河川敷、農耕地、公園など

尾をふりながら何度もおじぎ

秋に日本へ渡り、住宅地にも現れる身近な冬鳥ですが、最近は北海道や長野県、岐阜県などの高地で繁殖《はんしょく》例《れい》が確認されています。「ヒッヒッヒッ」「カタカタ」と鳴いて尾をふるわせ、おじぎをするように何度も頭を下げる様子がよく見られます。胸から腹は、オスは橙色が目立ち、メスは灰色。翼《つばさ》はオスは黒く、メスは茶褐色《ちゃかっしょく》で、オスメスとも白い斑《ぶち》があります。昆虫やミミズ（P.203）のほか、ハナミズキやナンテンなどの実も好物です。

観察のポイント

なわばりを主張するメス。

目立つ場所でなわばりを宣言

オスもメスも冬場は自分のなわばりをもち、車のドアミラーにうつる自分の姿を攻撃《こうげき》するなど、ジョウビタキはなわばり意識がとても強い鳥です。杭《くい》や低い枝の上、家のアンテナなど見とおしのよい場所に止まって、「ヒッヒッヒッ」とよく鳴いてさかんになわばりを主張します。

「カタカタ」と鳴く声が火打ち石をたたく音に似ていることが「ヒタキ」の名の由来です。

鳴き声

留

海辺が好きな青と橙色《だいだいいろ》の野鳥

イソヒヨドリ

姿はヒヨドリに似ているがヒタキの仲間。

〔分　類〕
スズメ目ヒタキ科

〔大きさ〕
25cm

〔分　布〕
全国

〔時　期〕
通年

出会い率
★★★☆☆

海岸の岩場、漁港、市街地など

長いくちばしで大物をゲット

ヒヨドリ（P.32）に似ているためこの名がありますが、ツグミ（P.43）と同じヒタキの仲間です。オスは頭から上面が青色で、腹が橙色。メスは全体に灰色がかった褐色《かっしょく》です。海岸の岩場やがけのすき間に巣をつくり、長いくちばしでフナムシやトカゲ、甲殻《こうかく》類《るい》などをとらえます。オスは繁殖期《はんしょくき》後も、なわばりを維持《いじ》するので、「ツツ、ピー」「ヒュヒュヒュ」など、よく通《とお》る声で複雑に鳴くさえずりが年中よく聞かれます。

観察のポイント

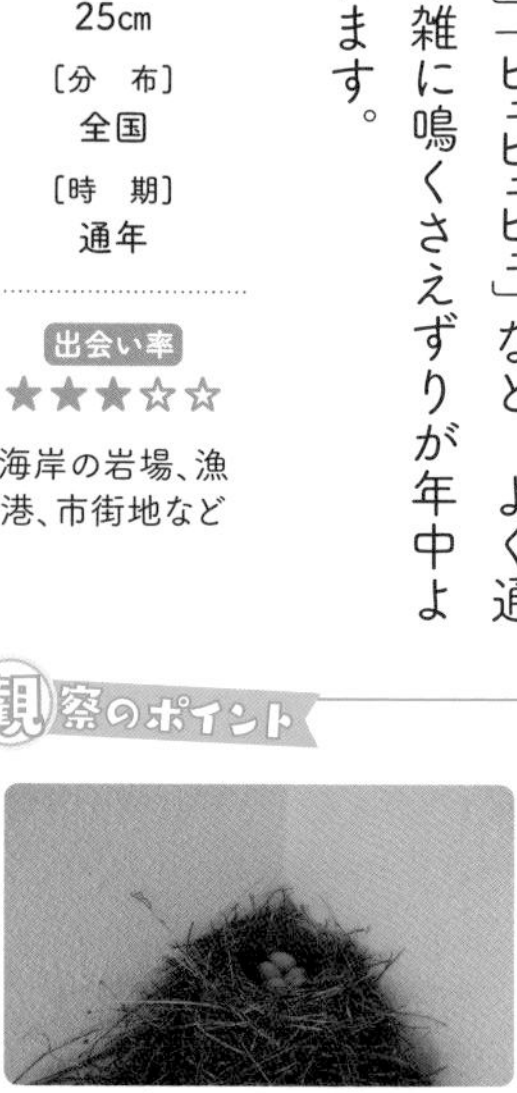

ビルの一角につくられた巣。

海辺から内陸の市街地に進出中

イソヒヨドリは、名前にも「磯《いそ》」とあるように、もともとは海岸の岩場や漁港など海辺にすむ鳥ですが、最近は内陸の市街地へも分布域が広がっています。街中では、岩場のかわりに高いビルや橋げたのすき間に巣をつくったり、ゴミをあさったりするようになっています。

北海道で繁殖するイソヒヨドリは、冬は本州まで南下して越冬します。

「河原」で「ヒワ」を食べる鳥

カワラヒワ

留

鳴き声

かたい種子をかみくだく太いくちばしをもつ。タネを食べるメス（左）。

〔分　類〕
スズメ目アトリ科
〔大きさ〕
15cm
〔分　布〕
全国（北海道では夏鳥）
〔時　期〕
通年

出会い率
★★★☆☆
平地から山地、農耕地、市街地など

植物の種子や穀物《こくもつ》が好物

河原でよく見られることからこの名がありますが、山地から市街地まで広く分布します。くちばしは太く肌色で、オスは頭から胸は茶色がかった緑色で、背と腹は茶色。メスは全体にオスよりあわい色合いです。翼《つばさ》（風切羽《かざきりばね》）の一部に黄色い部分があります。「ヒワ」とは穀物の「ヒエとアワ」の意味です。実際には、ヒマワリやタンポポなど植物の種子や果実を好みます。「キリキリ、コロコロ」「ピィー、ピィー」とさえずります。

観察のポイント

争うカワラヒワのオス。

飛ぶときに目立つ「黄色の帯」

カワラヒワは全体にしぶい色合いですが、風切羽の根元（基部）と尾羽《おばね》の根元はあざやかな黄色です。翼《つばさ》をたたんでいるときには斑紋《はんもん》のように見えますが、飛翔《ひしょう》するときには帯状に広がるのが特徴《とくちょう》です。遠目でも目立つため、カワラヒワと分かります。

秋冬にユーラシア大陸から飛来する少し大きい個体は、亜種のオオカワラヒワです。

鳴き声

冬

するどい目つきで気性もあらい小鳥

シメ

あまりさえずらない冬鳥

頭は明るい褐色《かっしょく》で、翼《つばさ》は白と黒、こげ茶で、腹はベージュです。太いくちばしをもち、目の先が黒いため目つきがするどく見えますが、実際に気性もあらい小鳥。好物の木の実をほかの鳥と争って食べる様子がよく見られます。ほとんどさえずりません。

［分類］スズメ目アトリ科　［大きさ］19㎝
［分布］北海道～本州中部地方　［時期］10～4月

出会い率 ★★☆☆☆ 平地から山地の林、公園など

鳴き声

漂

黒い頭に橙色《だいだいいろ》の頬《ほお》

ウソ

口笛のような鳴き声が名の由来

頭と翼《つばさ》、尾羽《おばね》は黒く、背は青灰色《せいかいしょく》。オスの頬は赤みのある橙色が目立ち、メスはあわい赤色です。太いくちばしで、かたい木の実もすりつぶして食べます。「フィーフィー」と口笛のような声で鳴くことから、口笛を意味する「ウソ」と名づけられました。

［分類］スズメ目アトリ科　［大きさ］16㎝
［分布］北海道～本州（中部地方）［時期］10～4月

出会い率 ★☆☆☆☆ 平地から亜高山帯の林

1 2 3 4 5 6 7 8 9 10 11 12

サハリンなどから冬に渡来する亜種アカウソのオスは、腹もあわい赤色です。

胸を反らせる立ち姿が印象的

ツグミ

冬

鳴き声

ムクドリ大の冬鳥の代表。

〔分　類〕
スズメ目ヒタキ科

〔大きさ〕
24cm

〔分　布〕
全国

〔時　期〕
10〜5月

出会い率
★★★☆☆

平地林、農耕地、公園など

春はえさを探して草原へ

翼《つばさ》の赤茶色と、目の上（眉斑《びはん》）と喉《のど》のクリーム色が目立ちます。秋に飛来しておもに樹上で木の実を食べ、落葉すると地上で昆虫やミミズ（P.203）などを探します。春には、芝生《しばふ》や畑など開けた場所に出て、えさを探す姿をよく見かけるようになります。地上を4、5歩ちょこちょこと歩いては、胸を反らせた姿勢で立ち止まるという動作をくり返すのが特《とく》徴《ちょう》です。春から夏には群れになって、繁殖地《はんしょくち》のシベリアに渡ります。

もっと知りたい

腹の橙色《だいだいいろ》がきれいなツグミの仲間

お腹の真ん中は、じつは白い。

ツグミの仲間であるアカハラは、胸からわき腹が橙色で、頭から背は茶褐色《ちゃかっしょく》。メスはオスよりあわい色合いです。春に高原や山地林で繁殖し、「キョロンキョロン」と夜明け前からさえずります。秋には平地の林や公園に飛来し、落ち葉をひっくり返して、昆虫やミミズなどを食べます。

ツグミは、干潟（ひがた）でチドリのようにゴカイ類を泥から取り出して食べることもあります。

鳴き声

留

「チチチッ」という地鳴きが特徴《とくちょう》

ホオジロ

その名のとおり、頬の白がとても際立つ。

〔分　類〕
スズメ目
ホオジロ科

〔大きさ〕
17㎝

〔分　布〕
北海道〜九州
（北海道では
夏鳥）

〔時　期〕
通年

出会い率
★★★☆☆

林のへりや農耕地、河川敷など

目の下と尾羽《おばね》の白色が目立つ

ホオジロのオスは目の前後から頬《ほお》にかけて黒色ですが、目の下と喉《のど》が白いことが名前の由来です。背と腹は赤みのある褐色《かっしょく》で、メスはオスよりあわい色合い。尾羽《おばね》は長めで、白い部分が飛ぶときに目立ちます。繁殖期《はんしょくき》の春夏には、つがいでなわばりをもって昆虫やクモを食べ、秋冬はつがいが小さな群れになり、地面に落ちた植物の種を食べます。「チチッ」「チチチッ」といった地鳴きに特徴があり、早春によくさえずります。

観察のポイント

大きな口を開けてさえずる。

バリエーション豊かなさえずり

オスは早春から木や杭《くい》などの一番高い場所に止まり、上を向いてさかんにさえずります。大きくすんだ声で「チョッチョチョ」「ピピロピィー」など変化に富む鳴き方をし、「一筆啓上仕《いっぴつけいじょうつかまつ》り候《そうろう》」や「源平つつじ、茶《ちゃ》つつじ」など、さまざまな聞きなしがあります。

ホオジロは春だけでなく、秋、10〜11月ごろにさえずる様子も観察されています。

メスのキジに似たうろこ模様

キジバト

留

鳴き声

首に青と白のしま模様がある。

〔分　類〕
ハト目ハト科

〔大きさ〕
33cm

〔分　布〕
全国

〔時　期〕
通年

出会い率
★★★★☆
住宅地、里山、亜高山帯など

「デデッポッポー」と鳴く

背の赤褐色《せきかっしょく》と黒のうろこ模様が、キジ（P.50）のメスに似ていることが名前の由来。「ヤマバト」とも呼ばれます。ハトの仲間は、体内から、ひなのえさになる「ピジョンミルク」と呼ばれる物質を分泌《ぶんぴつ》するので、えさが少ない季節でも、一年中繁殖《はんしょく》できます。山地の林や市街地の公園などに巣をつくり、「デデッポッポー」と鳴く声をよく耳にします。ドバトのように大きな群れはつくらず、単独やつがい、または小さな群れで行動します。

もっと知りたい

ドバトのつがい。

飼い鳥が野生化したハト

ドバトは、寺社の境内や公園などに群れているいちばん身近なハトで、野生のカワラバトを、伝書バトや愛玩《あいがん》用として飼った鳥が野生化したものです。はねの色はさまざまですが、全体に青っぽい灰色で、首のわきに光沢《こうたく》のある緑色の部分がある個体が多く見られます。

猛禽類（もうきんるい）のえさになるハトは、オオタカ（P.49）が都市に進出した要因のひとつ。

人の近くで子育てする夏鳥
ツバメ

夏

鳥

春の訪れを告げる鳥のひとつ。

〔分　類〕
スズメ目ツバメ科

〔大きさ〕
17cm

〔分　布〕
北海道〜九州

〔時　期〕
4〜9月

出会い率
★★★★☆
市街地、農耕地、草原など

機《き》敏《びん》に飛びまわり虫を捕《ほ》食《しょく》

東南アジアなどの南の国から春に飛来し、家の軒先《のきさき》やビルで巣づくりをする様子がよく見られます。子育てが終わると河川敷《かせんじき》などに大きな集団でねぐらをつくり、秋には南方に渡って越冬《えっとう》します。額と喉《のど》が赤く、頭から背、尾羽《おばね》までは光沢《こうたく》のある濃《のう》紺《こん》で、腹は白色。尾羽の外側の2枚が細長く、飛ぶときによく観察できます。脚《あし》が短いため地面を歩くのは苦手で、空中を機敏《きびん》に飛びまわりながら虫をキャッチして食べます。

もっと知りたい

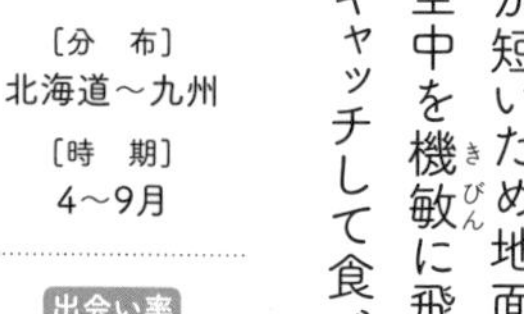

人家の軒先につくられたツバメの巣。

人間を利用して敵から身を守る

春に日本に渡ってくると、人家の軒先やビル、歩道橋などさまざまな建造物に、泥《どろ》と枯《か》れ草《くさ》で巣をつくります。垂直の壁《かべ》や高いところで、人が近くにいるところであれば、卵やひなを襲《おそ》う天敵であるカラスや、巣を乗っ取ろうとするスズメが近づきにくいというメリットがあります。

空中で急旋回（きゅうせんかい）することを「燕返し」といい、剣術の技の名前にもなっています。

「カッコー」の鳴き声でおなじみ

カッコウ

夏

鳴き声

日本に生息するカッコウのなかでいちばん大きい。

〔分　類〕
カッコウ目
カッコウ科

〔大きさ〕
35cm

〔分　布〕
北海道～九州

〔時　期〕
5～9月

出会い率
★★☆☆☆
草原、明るい林、農耕地など

托卵《たくらん》するホトトギスの仲間

5月ごろに渡来《とらい》する夏鳥で、単独行動が多く、草原の高木の上などで「カッコー」と鳴く姿をよく目にします。頭から背は青灰色《せいかいしょく》で、翼《つばさ》は濃《こ》い灰色。下尾筒《かびとう》に横紋《おうもん》があり、腹に10本ほどの横じまがあります。ホオジロ（P.44）やモズ（P.33）、セキレイなどほかの鳥の巣に産卵し、ひなを育てさせる「托卵」の習性があります。最近は市街地でも見られるようになり、オナガ（P.31）に托卵する例も確認されています。

もっと知りたい

カッコウに似ているホトトギス

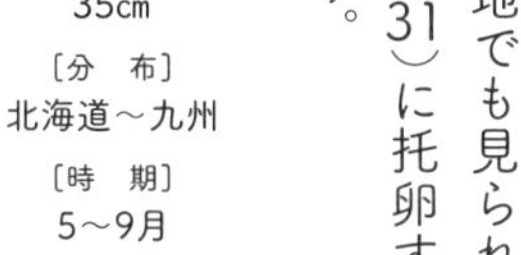

カッコウよりも腹の横じまが少ない。

ホトトギスはカッコウに似ていますが、下尾筒に横紋がなく、腹の横じまは少なく、体は小さめです。「キョッキョッ、キョキョキョ」とさかんにさえずり、「東京特許許可局」や「てっぺんかけたか」と聞きなします。単独行動をし、おもにウグイス（P.25）の巣に托卵します。

ホトトギスは春によく鳴いて、田植えの季節を告げる鳥とされ、「時鳥」とも書きます。

鳴き声

留

よく鳴くもっとも身近な猛禽類《もうきんるい》

トビ

上空から地上に降り立つトビ。

〔分　類〕
タカ目タカ科

〔大きさ〕
オス59cm
メス69cm

〔分　布〕
全国

〔時　期〕
通年

出会い率
★★★★☆
海岸の岩場、漁港、市街地など

バチ状に広がる尾羽《おばね》が特徴《とくちょう》

一般に「トンビ」と呼ばれるタカの仲間です。全身が明るい茶褐色《ちゃかっしょく》で、あわい褐色《かっしょく》の斑《ぶち》があります。飛翔《ひしょう》時に尾羽が三味線《しゃみせん》のバチ状に広がるのは、猛禽類のなかでトビだけなので、見分けるポイントになります。肉食で、上空高く飛びながら、動物の死がいや残飯のほか、ネズミやカエルなどの小動物を探し、急降下して足でとらえます。「ピーヒョロロロ」と一年をとおしてよく鳴きますが、もっともさかんに鳴くのは繁殖期《はんしょくき》の春です。

観察のポイント

大きく翼を広げたトビ。

上昇気流に乗り羽ばたかずに飛翔

上昇気流を利用して、ほとんど羽ばたかずに輪を描くようにして上空を飛びまわります。この様子が凧《たこ》のようであることから、トビの英名は凧を意味する「kite」です。飛翔時は、翼《つばさ》の先端が下がり、翼の下にある白い斑《ぶち》がよく見えます。尾羽の中央が浅くへこむのも特徴です。

「トンビが鷹（たか）を産む」「トンビに油揚げをさらわれる」などの慣用句でも知られる鳥です。

個性豊かな そのほかの猛禽類《もうきんるい》

[分類]タカ目タカ科 [大きさ]オス52cm、メス57cm
[分布]全国 [時期]通年

出会い率 ★☆☆☆☆ 平地から山地の林、農耕地など

ノスリ

漂

ずんぐりした体型と黒目がちな目が特徴《とくちょう》。やさしそうに見えますが気性はあらく、ネズミや小鳥を襲《おそ》い、オオタカと獲物《えもの》を争ったりします。「野原」などで地面を「擦《す》る」ように低空飛行する様子からこの名があります。

[分類]タカ目タカ科 [大きさ]オス50cm、メス59cm
[分布]北海道～九州 [時期]通年

出会い率 ★☆☆☆☆ 平地から山地の林、市街地など

オオタカ

留

鷹狩《たかが》りに使われ、里山などで食物連鎖《れんさ》のトップにいる身近なタカです。近年は都心の公園にも進出し、ドバト(P.45)やムクドリ(P.29)を捕食《ほしょく》し、数を増やしています。すばやく羽ばたいたり、翼《つばさ》を広げて滑空《かっくう》しながら直線的に飛びます。

[分類]フクロウ目フクロウ科 [大きさ]29cm
[分布]北海道～九州 [時期]5～10月

出会い率 ★★★☆☆ 平地から山地の林、公園など

アオバズク

市街地の公園でも見られる身近なフクロウです。頭部は坊主頭のように丸く、目は黄色の虹彩《こうさい》が目立ちます。夜行性で、暗くなると「ホーホー」「ホッホッ」と鳴き、カブトムシ(P.103)などの昆虫や小鳥、小動物を狩《か》ります。

鳴き声

留

昔話でもおなじみの日本の国鳥《こくちょう》

キジ

メスに比べて鮮やかなキジのオス。

〔分　類〕
キジ目キジ科

〔大きさ〕
オス81cm
メス58cm

〔分　布〕
本州～九州

〔時　期〕
通年

出会い率
★★★☆☆
河川敷、農耕地など

草地で「ケンケーン」と鳴く

昔話『桃太郎』に登場するなど、日本人になじみの深い日本の国鳥です。オスは赤い顔と、光沢《こうたく》のある緑色の腹がカラフルで、メスは全体に地味な茶褐色《ちゃかっしょく》です。長い尾羽《おばね》には黒いしま模様があります。農耕地や河川《かせん》敷《じき》の草地にかくれるように生活し、春先には「ケンケーン」という鳴き声で存在が分かります。繁殖期《はんしょくき》の春夏は1匹のオスのなわばりに1～数羽のメスがすみつき、秋冬はオスとメスが別々の群れになってすごします。

もっと知りたい

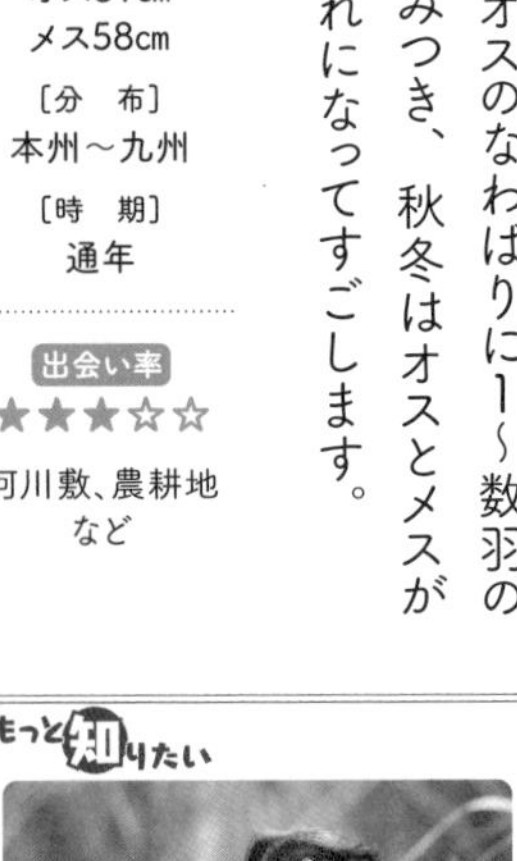

肉垂にははねがない。

オスのあざやかな色合いの秘密

オスの顔には、「肉垂《にくすい》」と呼ばれるハート形を横にしたような赤い部分があります。この部分ははねがなく、血管の赤色が透《す》けて見えています。体の鮮《あざ》やかな緑色は「構造色《こうぞうしょく》」と呼ばれるもので、はねの構造に光が複雑に反射することによってかがやいて見えます。

繁殖期には、オス同士が、なわばりを守るために激しく争う様子が見られます。

「ちょっとこい」と鳴くキジの仲間

コジュケイ

留 外

鳴き声

赤茶色の顔が特徴。

〔分　類〕
キジ目キジ科

〔大きさ〕
27cm

〔分　布〕
本州～九州

〔時　期〕
通年

出会い率
★★☆☆☆
平地から丘陵地の林、竹林など

大正時代に放された帰化鳥《きかちょう》

中国南部原産のキジの仲間で、大正時代に東京都と神奈川県で放鳥されたものが、自然繁殖《はんしょく》して広がりました。現在、積雪の少ない本州の太平洋側を中心に、九州まで分布していることが確認されています。顔の赤茶色が目立ち、体上面《たいじょうめん》に赤褐色《せきかっしょく》の斑《ぶち》があります。おもに地上にいますが、木にも止まります。大きな声で「ピッピッ、ピーチョホイ」とくり返しさえずります。この声は「ちょっとこい」と聞きなすことで知られています。

観察のポイント

コジュケイの親子。

家族そろって歩きながら食事

コジュケイは1年に2回繁殖するので、秋には先に産まれた若鳥と小さなひなを連れた群れが見られます。草やぶや雑木林を歩きまわり、くちばしや脚《あし》で器用に落ち葉をけちらしながら、昆虫やミミズ(P.203)などの土壌《どじょう》生物や、落ちている植物の種子を食べます。

ひなを連れているメスは「コッコッコッ」とおだやかに鳴いて、ひなを導きます。

鳴き声

留

スズメより小さい最小のキツツキ

コゲラ

木をつついて虫を食べる。

〔分　類〕
キツツキ目
キツツキ科

〔大きさ〕
15cm

〔分　布〕
全国

〔時　期〕
通年

出会い率
★★★☆☆

平地から山地の林、公園など

体に合わない大きな声で鳴く

スズメ（P.24）ほどの大きさで、キツツキの仲間のなかで最小です。山地の林に生息しますが、最近は平地でも繁殖《はんしょく》しており、都市公園でも「ギーッ、キッキキ」と大きな鳴き声を耳にします。翼《つばさ》は黒褐色《こっかっしょく》で、白い斑《ぶち》があり、オスの後頭には赤いはねがあります。木の幹から幹へちょこちょこと移動しながら、木の実を食べたり、幹をつついて木の肌に隠《かく》れている昆虫を捕食《ほしょく》します。枯《か》れ木《き》に穴をほって巣をつくります。

もっと知りたい

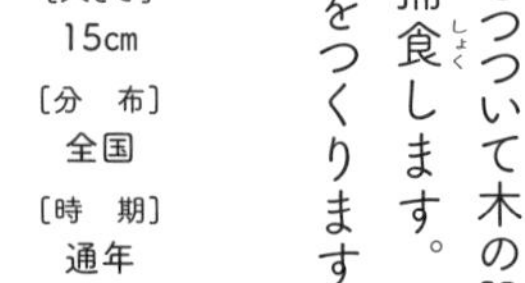

小刻みに木をつつくコゲラ。

「トロロロ」と小刻みにドラミング

キツツキ類が木をつつく習性は、「ドラミング」と呼ばれ、なわばりを主張したり、メスに求愛したりするためにおこないます。コゲラのドラミングの音は、ほかのキツツキ類に比べて小刻みで、「コロコロコロコロ」「カラカラカラ」「トロロロ」などと聞こえます。

繁殖用の巣のほかに、単独でねぐらにするための巣も枯れ木をほってつくります。

水辺に現れる青い宝石

カワセミ

留

あざやかな色から「青い宝石」と呼ばれるカワセミ。

〔分　類〕
ブッポウソウ目
カワセミ科
〔大きさ〕
17㎝
〔分　布〕
全国（冬期は本州以南）
〔時　期〕
通年

出会い率
★★☆☆☆
湖沼、川、公園の池などの水辺

長いくちばしで小魚をハント

あざやかで目立つコバルトブルーは「構造色《こうぞうしょく》」と呼ばれる発色で、光によって青や緑にかがやくため、「青い宝石」と呼ばれます。胸から腹はオレンジ色です。湖沼《こしょう》や川など淡水域《たんすいいき》の水辺で、細長いくちばしで小魚や水生昆虫をとらえます。3月ごろからつがいになり、水辺の土壁《つちかべ》に横穴をほって巣をつくります。飛びながら「チー」と鳴くほか、メスは「ジャジャジャ」とセミのような声で鳴くため、この名になったとされます。

観察のポイント

大きな魚をつかまえたカワセミ。

ねらいを定めて獲物《えもの》をキャッチ

カワセミは水辺の狩《か》りが大の得意。渓流《けいりゅう》や池に近い岩場や木の枝に止まり、じっと水中を見張って小魚やカニなどを待ちぶせます。見つけるやいなや、水中にダイブして、くちばしで捕獲《ほかく》します。空中でホバリングしながら、ねらいを定めることもあります。

オスもメスもほぼ同色ですが、メスはくちばしの下側が赤いので見分けられます。

全国で一年中見られる身近なカモ
カルガモ

留

くちばしは黒く先端のみ黄色。

〔分　類〕
カモ目カモ科

〔大きさ〕
61cm

〔分　布〕
本州～南西諸島

〔時　期〕
通年

出会い率
★★★★★

湖沼、池、川、
海岸などの水辺

先が黄色いくちばしが特徴《とくちょう》

全国に広く分布している身近なカモです。カモ類はオスがはなやかでメスが地味な色合いであることが多いのですが、カルガモはオスもメスもほぼ同色です。全体に茶褐色《ちゃかっしょく》で、目の前後と頭に黒い線があり、くちばしの先は黄色です。また、カモ類は冬鳥が多いなか、カルガモは一年中見られるのも特徴です。水上に浮かんで泳ぎながら、水草や、植物の葉や種子、水生昆虫などを食べます。「グェッ、グェッ」とにごった声で鳴きます。

観察のポイント

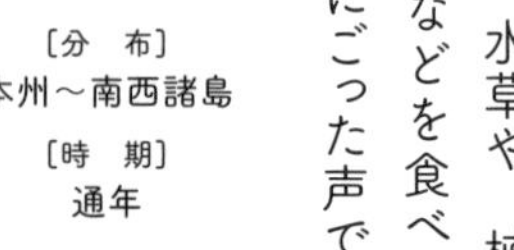

母鳥の後を追うひな。

街中を歩く親子の行列が話題に

カルガモは水辺近くの草むらや竹やぶに巣をつくります。ひなはふ化してすぐに歩くことができ、母鳥の後を追います。これはふ化して最初に見たものを追う習性があるためです。都心でも繁《はん》殖《しょく》し、ひなを連れて歩く様子が報道などで話題になります。

カルガモはマガモ（P.56）と交雑することがあります。

長く目立つ尾羽《おばね》が名の由来

オナガガモ

冬

ピンと長くのびた黒くて長い尾羽をもつオス。

〔分　類〕
カモ目カモ科

〔大きさ〕
オス75cm
メス53cm

〔分　布〕
全国

〔時　期〕
10～3月

出会い率
★★★★★

湖沼、池、川、
海岸などの水辺

水底のえさにも届く長い首

名前の由来になった長い尾羽は黒く、中央の2枚がとくに長く目立ちます。首も長く、ほかのカモより体形が細め。オスは頭部がこげ茶で、胸から腹の白い部分が後頭部にのびています。メスは全体に褐色《かっしょく》で、頭部は赤みがあります。水上で水草や植物の種子を食べ、ときどき逆立ちをするように水中に長い首をつっこみ、浅い水底にあるえさも食べます。オスは「ニーニーニー」や「プリプリプリ」、メスは「グエグエ」と鳴きます。

もっと知りたい

つがいのオナガガモ。

冬に婚活《こんかつ》し夏には北の繁殖地《はんしょくち》へ

マガモ(P.56)やコガモ(P.57)は、越冬期《えっとうき》に数羽のオスが1、2羽のメスを取り巻き、追いかけたり、背のびをするように体を反らしたりして、さかんにアピールします。春には、つがいができて北方へ渡り、夏にシベリアなどユーラシア大陸北部の繁殖地で子育てをします。

秋に渡ってきたばかりの若いオスの色合いは、メスにそっくりです。

頭の緑とくちばしの黄が美しい

冬

マガモ

あざやかな色の頭をもつマガモのオス(上)とメス(下)。

〔分　類〕
カモ目カモ科
〔大きさ〕
59cm
〔分　布〕
全国
〔時　期〕
10〜3月

出会い率
★★★★★
湖沼、池、川、
海岸などの水辺

夜間に水上や地上で食事

冬に飛来するカモ類のなかで、もっとも多く、日本各地でよく見られる代表的なカモです。オスは光沢《こうたく》のある緑の頭部と黄色いくちばしが目印。頭部の色から「青首《あおくび》」とも呼ばれます。メスは褐色《かっしょく》で黒い紋《もん》があり、くちばしは橙色《だいだいいろ》です。日中は水面で休み、夜間に水上で水草を食べたり、地上で植物の種をついばんだりします。早春にシベリア南部へ渡って繁殖《はんしょく》しますが、一部、北海道や本州の高地に残るものもいます。

もっと知りたい

アヒルの代表シロアヒル。

飼われていたマガモが野生化

アヒルは、食用や愛玩《あいがん》用に飼われていたマガモが野生化したもの。人にえさをあたえられて飼われるうちに体は大きく翼《つばさ》は小さくなり、数メートルしか飛べなくなりました。白い体と黄色いくちばしのシロアヒルや、マガモに似たアオクビアヒル、頭が黒いクロアヒルなどがいます。

アヒルの卵はニワトリの卵より大きめ。発酵(はっこう)させて中華材料のピータンをつくります。

赤褐色《せきかっしょく》の頭が目立つ小型のカモ

コガモ

冬

オスは、はねの後ろのクリーム色の三角斑（さんかくはん）が特徴。

こぢんまりした水辺が好み

名前のとおり、日本で見られるカモのなかでもっとも小さく、オスの頭の赤褐色と、目のまわりの緑のコントラストがあざやかです。目の下に白く細い線があり、メスは褐色《かっしょく》で黒い斑《ぶち》があります。開けた水辺よりも、入り江やせまい水路のような場所を好む傾向《けいこう》があります。水辺を歩きながら、おもにイネ科の植物の小さい種や、水中の藻《も》を食べます。オスは「ピリッピリッ」と笛のような声で、メスは「クェックェッ」と鳴きます。

〔分　類〕
カモ目カモ科
〔大きさ〕
38cm
〔分　布〕
全国
〔時　期〕
10～3月

出会い率
★★★★★
湖沼、池、川、海岸などの水辺

観察のポイント

コガモのメス。

のけ反ったり平伏《ひれふ》したりして求愛

11～1月には、複数のコガモのオスが1羽のメスを囲んで、求愛行動をする様子が見られます。水上から立ち上がるように全身をのけ反らせて、下尾筒《かびとう》にある三角形のうすい黄色の部分をメスに見せつけます。また、水面に沿うように首を低くしたりもします。

おもに水面のえさを食べますが、頭を水につっこんでえさを食べる個体もいます。

よく鳴く「緋色《ひいろ》」のカモ

ヒドリガモ

オス（右）の頭部の色が名の由来。

〔分　類〕
カモ目カモ科
〔大きさ〕
49㎝
〔分　布〕
全国
〔時　期〕
10〜3月

出会い率
★★☆☆☆
湖沼、池、川、
海岸などの水辺

赤褐色《せきかっしょく》の頭に黄白色《おうはくしょく》のライン

オスの頭やメスの体が赤っぽい褐色であることから、緋色（赤色）のカモという意味で「緋鳥鴨《ひどりがも》」の名があります。オスの頭の黄白色の縦線《たてせん》が目立ち、くちばしは青灰色《せいかいしょく》で先端《せんたん》が黒く、短めです。ほかのカモより海上でもよく見られます。水草や植物の種のほか、海藻《かいそう》も食べます。オスは口を大きく開けて「ピューイ、ピューイ」と口笛のような声でよく鳴き、メスは「グヮー、グヮー」とにごった低い声で鳴きます。

もっと知りたい

干潟でえさを食べるヒドリガモ。

短いくちばしで草を食いちぎる

ヒドリガモは、カモのなかでも陸上の草を好むのが特徴《とくちょう》です。短めのくちばしは、草をひきちぎって食べるのに向いていて、あごの力も強力です。海辺でもよく見られるカモで、海藻も食べます。漁港などに干してある海藻を食べてしまうこともあります。

ヒドリガモの群れのなかには、アメリカヒドリガモが混ざっていることがあります。

潜水《せんすい》が得意な小型の水鳥

カイツブリ

留

鳴き声

枯れ草や水草でつくった「浮き巣」に産卵。

しずまない浮《う》き巣《す》で子育て

水中に潜《もぐ》り、はなれた場所に浮き上がる様子が見られます。首も尾も短く、くちばしはほかのカモのように平たくなく、短くとがっています。全体に褐色《かっしょく》で、オスは後頭から頬《ほお》が赤っぽく、繁殖期《はんしょくき》には赤みが増します。「ケレケレケレ」と高い鳴き声でメスの気を引きます。巣を水辺の木などにひっかけ、増水してもしずまない「浮き巣」をつくります。ひなはふ化後すぐに泳げますが、親鳥が背にのせて運ぶこともあります。

〔分　類〕
カイツブリ目
カイツブリ科

〔大きさ〕
26cm

〔分　布〕
本州（中部地方）
～南西諸島

〔時　期〕
通年

出会い率
★★★☆☆

湖沼、池、川、
海岸などの水辺

観察のポイント

水上を自由自在に泳ぐカイツブリ。

潜水上手の秘密は脚《あし》にあり！

カイツブリの水かきは、ほかのカモが指の間にあるのに対し、脚の指についている（弁足《べんそく》）ので、水中を器用に泳ぎまわり、えさをとらえることができます。また、脚は体の後方についていて、地上を歩くのは苦手ですが、水面を進むのに適しています。

最近は、頭に飾り羽があるカンムリカイツブリもよく見られます。

鳴き声

留

川だけでなく海でも増加中

カワウ

木の上で巣づくりをするウ

ほぼ全身が黒色ですが、背が茶褐色《ちゃかっしょく》で、口角《こうかく》の黄色の部分に丸みがあります。川だけでなく、海辺にも生息し、木の上に巣をつくります。一時は激減《げきげん》しましたが、環境改善《かんきょうかいぜん》により個体数が増えています。器用に潜水《せんすい》しながら、魚やカニなどの甲殻類《こうかくるい》を食べます。

［分類］カツオドリ目ウ科　［大きさ］82cm
［分布］全国　［時期］通年

出会い率 ★★★☆☆ 川や湿地・公園の池などの水辺

1
2
3
4
5
6
7
8
9
10
11
12

鵜飼《うかい》に使われるウ

ウミウ

留

背が黒く木には止まらない

海辺に生息しますが、川でおこなう鵜飼に使われるウです。カワウより大きめで背が黒く、口角《こうかく》の黄色の部分がとがる傾向《けいこう》があることで見分けられます。岩《がん》壁《ぺき》に巣をつくり、木に止まる姿はあまり見られません。カワウと同様、潜水《せんすい》して魚や甲殻類《こうかくるい》を捕食《ほしょく》します。

［分類］カツオドリ目ウ科　［大きさ］84cm
［分布］北海道～九州　［時期］通年

出会い率 ★☆☆☆☆ 海辺の岩場、海岸など

1
2
3
4
5
6
7
8
9
10
11
12

カワウもウミウも繁殖期には、頭から喉（のど）にかけてと、脚のつけ根が白くなります。

「シラサギ」のなかで最大級

ダイサギ

留

魚をねらうダイサギ。

〔分　類〕
ペリカン目サギ科

〔大きさ〕
80～90cm

〔分　布〕
全国

〔時　期〕
通年
（亜種チュウダイサギは夏鳥、亜種ダイサギは冬鳥）

出会い率
★☆☆☆☆
川、湖沼、池、田んぼ、海岸など

長い首と脚《あし》を生かして捕食《ほしょく》

一般に「シラサギ」と呼ばれるサギのなかで最大級です。日本には冬鳥の亜種《あしゅ》ダイサギと、夏鳥の亜種チュウダイサギが飛来します。亜種ダイサギのくちばしは、冬は黄色で夏は黒。亜種チュウダイサギは夏に胸や頭に飾《かざ》り羽《ばね》が出ます。長い脚で浅瀬《あさせ》をゆっくりと歩き、時折じっと立ち止まりながら、長い首をすばやくのばして魚や甲殻類《こうかくるい》をとらえます。細長いくちばしが大きく開くので、カエルやモグラなどの小動物も丸のみします。

観察のポイント

首を折りたたんで飛ぶダイサギ。

長い首をS字状にたたんで飛翔

ツルやトキ、コウノトリは首を伸ばしたまま飛びますが、サギ類は首をS字状に折りたたんで飛ぶのが特徴《とくちょう》です。立ち止まっているときも同様に首をたたみます。これは体の大きさのわりに首が長く、頭も大きいため、重心が前にかたよらないようにするためだと考えられています。

亜種ダイサギは、亜種チュウダイサギよりも10cmほど体が大きめです。

留

カラス大の小型の「シラサギ」

コサギ

高いところから獲物をまちぶせ。

黄色い脚先《あしさき》と冠羽《かんう》が特徴《とくちょう》

カラス大で、名のとおり、「シラサギ」と呼ばれるサギのなかで最小です。ほとんどのシラサギは、冬は黒いくちばしが繁殖期《はんしょくき》の夏に黄色になりますが、コサギは黒いまま。足先が黄色いのもコサギだけで、飛ぶときに目立ちます。繁殖期には頭の2本の冠羽《かんう》が長く伸び、背と胸の飾《かざ》り羽《ばね》の先がふさふさと巻き上がります。岸辺で獲物《えもの》を待ちぶせしたり、脚先《あしさき》を小刻《こきざ》みに動かして水生昆虫やカニなどを追い出してとらえたりします。

〔分　類〕
ペリカン目サギ科

〔大きさ〕
61cm

〔分　布〕
本州～九州

〔時　期〕
通年

出会い率
★★★★☆
川、湖沼、水田、池、海岸など

観察のポイント

「サギ山」に集まって子育て

サギが密集したサギ山。

シラサギ類は水辺の林に、他種もふくめた集団で巣をつくります。これは、樹木に多数のサギが密集している様子から、「サギ山」と呼ばれます。繁殖期には「グヮー、グヮー」と大きな声でさかんに鳴き、住宅地の近くでは騒音《そうおん》やふん害が問題になっています。

繁殖期以外には、繁殖地とは別に、数カ所に分散して林の中に集団ねぐらをつくります。

青灰色《せいかいしょく》の大型のサギ

アオサギ

留

魚をくちばしでさして捕獲《ほかく》

ダイサギ（P.61）と並んで最大級のサギです。翼《つばさ》の上面が青灰色《せいかっしょく》で、白い顔の額から後頭部にかけてに紺色《こんいろ》の線が入り、冠羽《かんう》につづいています。夏は背と胸に飾《かざ》り羽《ばね》が現れます。ネズミやカエル、鳥のひなを食べ、大きな魚はくちばしでさして捕獲《ほかく》することもあります。

［分類］ペリカン目サギ科　［大きさ］93cm
［分布］全国　［時期］通年

出会い率 ★★★★☆　川、湖沼、水田、池、海岸など

ずんぐりむっくりしたサギ

ゴイサギ

留

まるでペンギンのような姿

青い翼《つばさ》と白い腹に加え、めったに首をのばさないずんぐりした姿がペンギンのよう。夜行性で、夕方に巣から水辺に向かい、明け方まで魚やカエルなどを捕《ほ》食《しょく》します。『平家物語』のなかで、醍醐《だいご》天皇から正五位《せいごい》という高い位を賜《たまわ》ったという逸話《いつわ》が名前の由来です。

［分類］ペリカン目サギ科［大きさ］58cm
［分布］本州～南西諸島　［時期］通年

出会い率 ★★★★☆　川、湖沼、水田、池、海岸など

1 2 3 4 5 6 7 8 9 10 11 12

ゴイサギは夜行性ですが、くもりや雨の日は日中に行動することもあります。

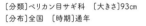

留

赤い額が目立つクイナの仲間

バン

赤い額とくちばしが特徴。

〔分　類〕
ツル目クイナ科

〔大きさ〕
32㎝

〔分　布〕
全国

〔時　期〕
通年

出会い率
★★★☆☆

湖沼、湿地、
水田、公園など

「田んぼの番人」が名の由来

黒と褐色《かっしょく》の体に、赤い額とくちばし、黄緑色の脚《あし》が目立ちます。くちばしの先端《せんたん》は黄色で、体のわきに白い帯状の斑《ぶち》があります。水田にたたずむ姿が「田んぼの番人」のようだとされ、この名になりました。開けた場所に出てくることも多く、公園で暮らす個体は人なれしています。1年に2回繁殖《はんしょく》することがあり、先にふ化した若鳥がひなの子育てを手伝う習性があります。湿地《しっち》や浅瀬《あさせ》を歩きながら、植物の種や昆虫を食べます。

観察のポイント

田んぼを歩くバン。

がっしりした脚で泥地《でいち》にも適応

黄緑色の脚は、太くがっしりしていて指も長いので、湿地や水田の泥地を歩くのに適しています。ただし脚に水かきがないので泳ぎは苦手。首を前後にふりながら泳ぐのも特徴《とくちょう》で、これは勢いをつけるためとも、視野を広げるためともいわれています。

ひなはふ化した2、3日後から、指が長く、がっしりした親ゆずりの脚で歩きます。

額とくちばしが白い大型のクイナ

オオバン

留

水草を食べるオオバン。

得意の潜水《せんすい》で水草をゲット

オオバンは名のとおり、バン（P.64）よりひとまわり大きく、額とくちばしが白いので、バンと見分けられます。また、泳ぎが苦手なバンとちがって潜《せん》水《すい》が得意。カモ類ほど長い時間は潜《もぐ》れませんが、水中に逆立ちしては好物の水草を食べます。植物食を好み、陸上の草を食べることもあり、同じように草が好きなヒドリガモ（P.58）と争う様子も見られます。1年に2、3回繁殖《はんしょく》することもあり、近年、個体数が急増しています。

〔分　類〕
ツル目クイナ科

〔大きさ〕
39㎝

〔分　布〕
全国

〔時　期〕
通年

出会い率
★★☆☆☆

湖沼、湿地、水田、公園など

観察のポイント

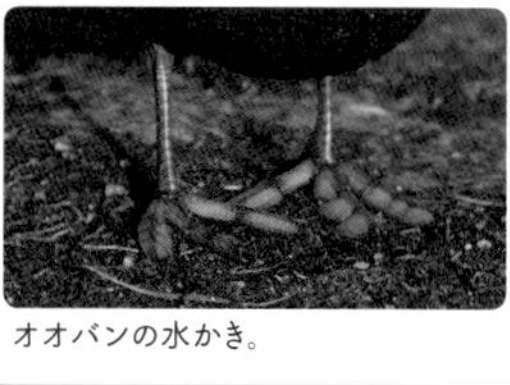

オオバンの水かき。

水かきつきの丈夫な脚《あし》は水陸両用

バンと同じようにがっしりとした黄緑色の脚で地上をよく歩きますが、バンとちがってそれぞれの指に「弁足《べんそく》」と呼ばれる水かきがついているので、潜水も得意です。飛び立つときも、この弁足を生かして水面をかけるように助走して勢いをつけます。

危険を感じると、水辺に向かって走り、水に飛び込んで難を逃れようとします。

鳴き声

冬

もっとも多く見られるカモメ

ユリカモメ

内陸にも現れることがあるユリカモメ。

赤いくちばしと脚が目印

全体に白っぽい体に、赤色のくちばしと脚が映える身近なカモメ。目の後方に黒い斑《ぶち》があるのも特徴《とくちょう》です。平安時代に『伊勢物語』で歌に詠《よ》まれた「都鳥《みやこどり》」はユリカモメであり、ミヤコドリ科のミヤコドリではないといわれています。海上を低く飛び、海面に急降下して好物の魚をとらえます。残飯なども食べ、えさを求めて内陸に現れることがあります。夕方には群れになって海にもどり、夜間は海上に浮かんで休みます。

〔分　類〕
チドリ目カモメ科

〔大きさ〕
40㎝

〔分　布〕
全国

〔時　期〕
10～4月

出会い率
★★★★☆

海岸、河口のほか川、湖沼など

観察のポイント

夏のユリカモメ。

夏は黒い仮面をしたような頭に

日本に飛来して滞在《たいざい》している冬のあいだは、頭が白い冬羽《ふゆばね》ですが、春になり繁殖《はんしょく》にそなえて北方へと旅立つころには夏羽《なつばね》になり、黒い仮面をかぶったように頭部が黒っぽいこげ茶色に変わります。英名の「black-headed（黒頭布）」は、この夏羽の様子からつけられた名前です。

大群をつくり、海からはなれた街中に現れることも増えました。

腰をふって歩く小型のシギ
イソシギ

留

鳴き声

海水域と淡水域《たんすいいき》の両方に生息

名前に「磯《いそ》」とありますが、海岸だけでなく淡水域《たんすいいき》にも生息しています。頭から体上面《たいじょうめん》は褐色《かっしょく》で、下面と目のまわりが白く、目の前後に黒い線があります。腰をふり、尾を上下に動かしながら水辺を機敏《きびん》に歩き、くちばしで水生昆虫や小魚を探して食べます。

〔分類〕チドリ目シギ科　〔大きさ〕20cm
〔分布〕全国　〔時期〕通年

出会い率 ★★☆☆☆　河川、湖沼、海岸などの水辺

1 2 3 4 5 6 7 8 9 10 11 12

大陸から飛来する小さなチドリ
コチドリ

夏

鳴き声

水辺に暮らす最小のチドリ

頭頂から背、尾は褐色《かっしょく》で、頭から腹は白色。頬《ほお》から額と、胸に黒い線があり、目の周囲は黄色です。春に大陸から飛来する夏鳥で、遠距離《えんきょり》を飛ぶためにに体の割に大きなはねをもっています。おもに水辺に生息し、歩きながら昆虫やミミズ（P.203）を捕食《ほしょく》します。

〔分類〕チドリ目チドリ科　〔大きさ〕16cm
〔分布〕北海道～九州　〔時期〕3～8月

出会い率 ★★★☆☆　田んぼ、干潟

1 2 3 4 5 6 7 8 9 10 11 12

シギ類は長いくちばしでえさを探し、チドリ類はくちばしが短く、目でえさを探します。

飼い鳥から野生化した鳥

動物園や個人で飼われていた外国産の鳥が、逃げ出したり、放されたりして国内で繁殖《はんしょく》し、定着することがあります。このような「帰化鳥《きかちょう》」により、在来種《ざいらいしゅ》が減少するなど、生態系を乱すことがあり、問題になっています。

コブハクチョウ

留 外

ヨーロッパ原産で、くちばしの根元のこぶが特徴《とくちょう》。オオハクチョウは冬鳥ですが、コブハクチョウは一年をとおして見られます。飛来して定着したものもふくまれますが、動物園や公園で飼われていたものが野生化して増加しました。

〔分類〕カモ目カモ科〔大きさ〕152cm〔分布〕北海道～九州〔時期〕通年
出会い率 ★★☆☆☆ 湖沼、河川、池などの水辺

ホンセイインコ

留 外

言葉を覚えることや、色の美しさから飼い鳥としてもちこまれたものが野生化しました。夕方には市街地の大木に数百羽が集団ねぐらをつくります。原産地の南アジアやアフリカでは、農作物をあらす害鳥《がいちょう》とされています。

〔分類〕インコ目インコ科〔大きさ〕40cm〔分布〕本州〔時期〕通年
出会い率 ★★☆☆☆ 平地林、市街地の公園など

ガビチョウ

留 外

中国南部や東南アジア北部に生息。大きな声でよく鳴き、さえずりを楽しむ鳥として輸入されましたが、やがて野生化。つよい繁殖力《はんしょくりょく》で急増しているため、ほかの鳥の生息圏《せいそくけん》を乱すとして特定外来生物《とくていがいらいせいぶつ》に指定されています。

〔分類〕スズメ目チメドリ科〔大きさ〕25cm〔分布〕本州〔時期〕通年
出会い率 ★★★★☆ 平地から山地の林、河川敷など

ソウシチョウ

留 外

中国や東南アジアに生息する小鳥。飼い鳥がにげて、山地林などで増加しました。ウグイス（P.25）と生《せい》息圏《そくけん》が重なり、群れで単独行動のウグイスを追い出すなど生態系への悪影響《あくえいきょう》が問題になり、特定外来生物に指定されました。

〔分類〕スズメ目チメドリ科〔大きさ〕15cm〔分布〕本州～九州〔時期〕通年
出会い率 ★★☆☆☆ 平地から山地の林など

昆虫

昆虫は身近な場所に現われ、
かんたんにふれあうことができちゃう。
観察するにはピッタリの
生きものだよ!

昆虫って、どんな生きもの？

地球上で存在が分かっている生きもの約175万種のうち、約95万種類が昆虫で、日本では約3万種類が確認されています。昆虫はさまざまな姿形をしていますが、体が頭部・胸部・腹部の3つからなり、6本の脚《あし》と4枚のはねをもっているのが特徴《とくちょう》です。

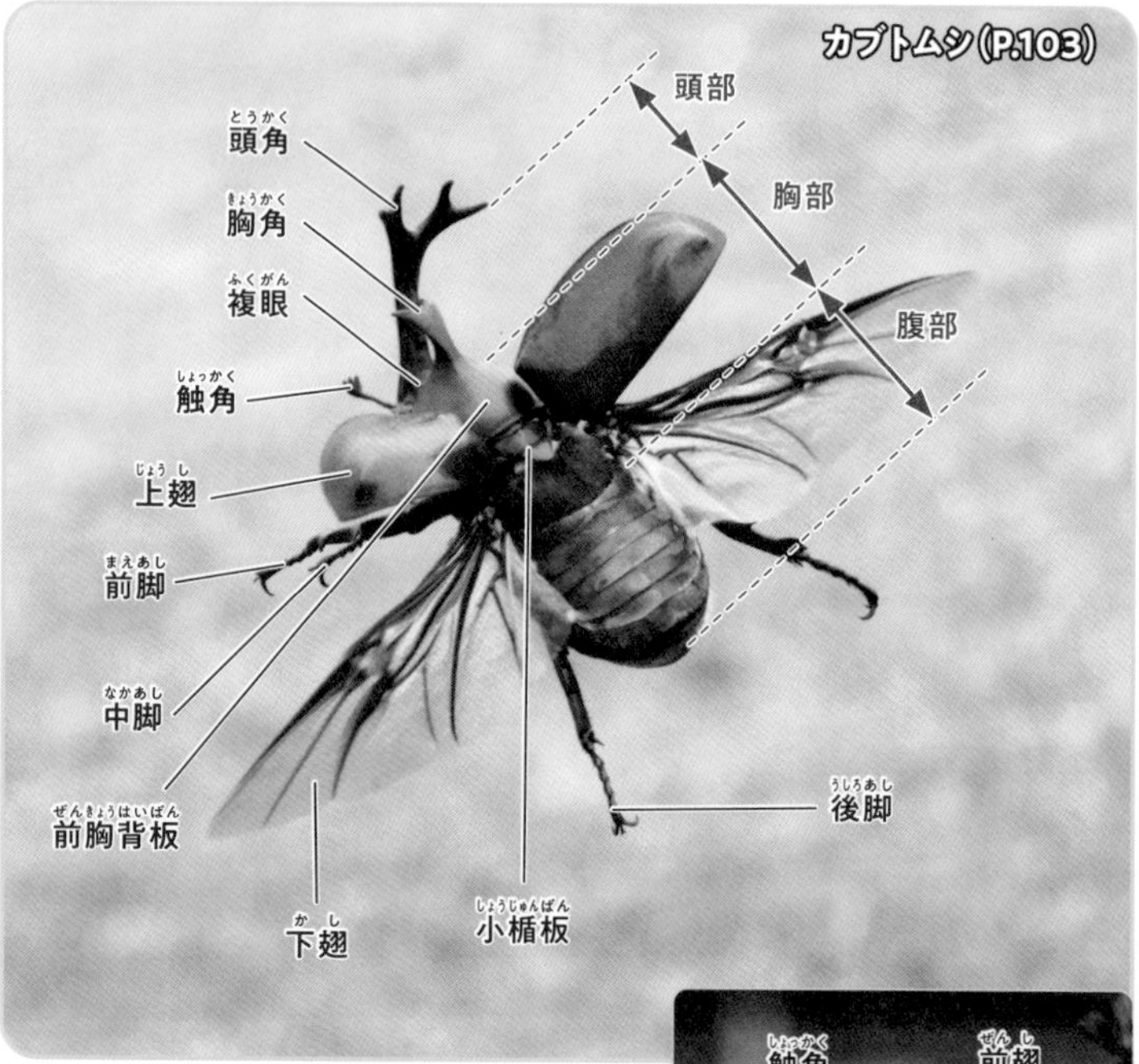

触角で何が分かるの？

昆虫の頭についている2対の触角は、さわった感触やにおい、音、味を感じることができます。

骨がないって本当？

昆虫には骨がありません。その代わりに外皮がとても頑丈《がんじょう》にできていて、体を支えると同時に、体の内部を守っています。

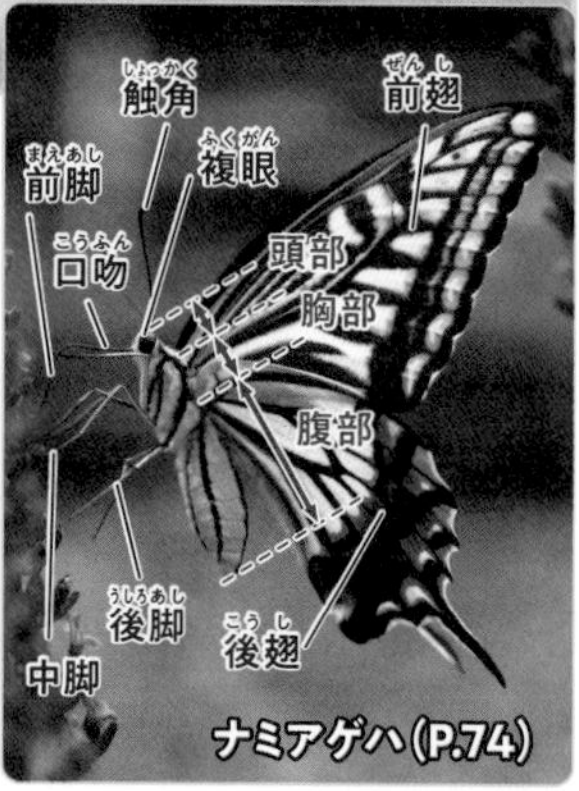

どんなふうに成虫になるの?

昆虫が成虫になるまでの過程を「変態《へんたい》」といい、大きく「無変態《むへんたい》」「不完全《ふかんぜん》変態《へんたい》」「完全変態《かんぜんへんたい》」の3つに分けることができます。

おもな変態の種類と属する昆虫

変態の種類	区分	昆虫(目)	特徴《とくちょう》
無変態	—	カマアシムシ目、コムシ目、トビムシ目、シミ目	脱皮《だっぴ》をして体は大きくなりますが、外部生殖器《せいしょくき》以外に変化はありません。
不完全変態	前変態	カゲロウ目	成虫になる前に飛ぶ力が弱く未成熟な段階(亜《あ》成虫《せいちゅう》)があり、それが脱皮して成虫になります。
	原変態	トンボ目、カワゲラ目	若虫のときはえらをもっており、水の中で暮らしますが、成虫になると陸に上がって空を飛びます。
	小変態	バッタ目、ナナフシ目、ハサミムシ目、ゴキブリ目、シロアリ目、カマキリ目、カメムシ目など	若虫にはありませんが、成虫にははねがあります。それ以外は大きなちがいはなく、同じ場所に生息しています。
完全変態	—	コウチュウ目、チョウ目、ハエ目、ハチ目	卵→幼虫→さなぎ→成虫と、変化の途中でさなぎになり、幼虫と成虫では姿がまったく異なります。

無変態

トビムシは生まれたときから成体とほぼ同じ姿をしており、一生脱皮をくり返して、体が大きくなります。

不完全変態

オオカマキリ(P.134)は、卵から成虫に近い姿で生まれます。

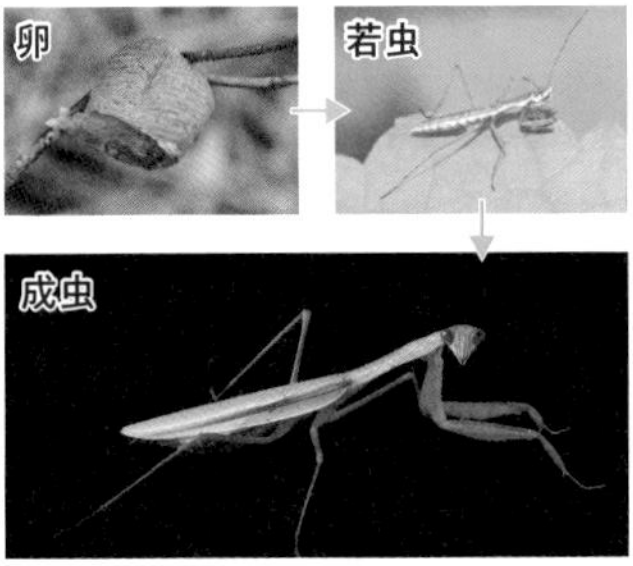

完全変態

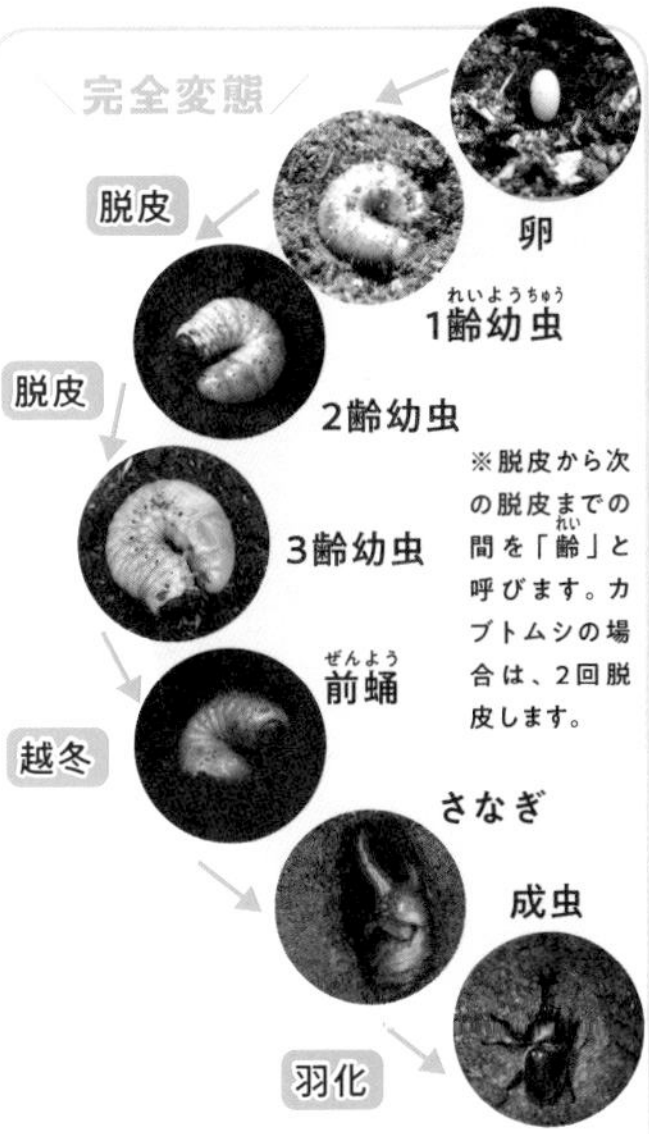

※脱皮から次の脱皮までの間を「齢《れい》」と呼びます。カブトムシの場合は、2回脱皮します。

カブトムシ(P.103)は、脱皮をくり返しながら成長し、幼虫の姿で越《えっ》冬《とう》。翌年の春にさなぎになり、夏に成虫になります。

昆虫観察の楽しみ方

公園の花だんのまわりや街路樹の葉の上だけでなく、道の片すみや落ち葉の下など、昆虫はいろいろなところにいます。ふだん通りすぎてしまう場所でも、立ち止まってあたりを見回してみると、思わぬところに昆虫がいるかもしれません。

つかまえるときは注意！

昆虫はとても小さく繊細《せんさい》な生きものです。ちょっとふれただけで、脚《あし》やはねが取れてしまうことがあります。つかまえるときには気をつけましょう。また、いつまでも手にもっていると弱ってしまうことも。虫かごに入れてから観察すると昆虫を傷つけません。

さわりすぎないよう注意!

じっくり観察してみよう！

小さな昆虫を観察するには虫メガネがあると便利です。肉眼では気づかなかったものも見えるでしょう。もっていない場合には、デジタルカメラやスマートフォンで写真を撮《と》ると、拡大して見ることができるだけでなく、後から名前を調べるときにも役立ちます。

拡大するともっとおもしろい!

もとにもどしておこう！

昆虫によって生息している場所はさまざま。土をほったり、石や朽《く》ち木《き》を動かしたりして出会えるものもいます。でも、何かを動かしたりした後はそのままにせず、もとにもどしておきましょう。また、むやみに木や枝を折ったりしてはいけません。

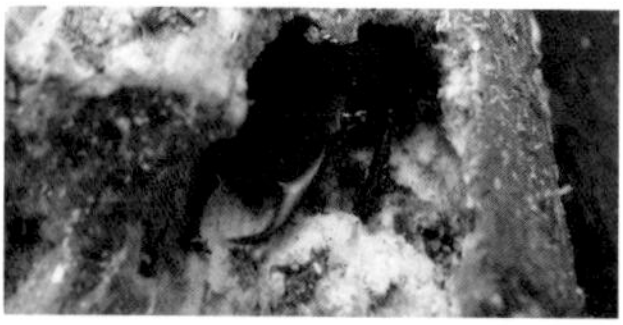

同じ場所に昆虫がもどってくるかも。

立ち入り禁止！

昆虫観察に夢中になって、人の家の庭や立ち入り禁止の場所に入ってはいけません。また、貴重なため、採集が禁止されている昆虫や、国立公園のように昆虫を採集することが禁止されている地域もあります。観察場所が、どんなところかよく注意しましょう。

勝手に入るのはダメ！

昆虫採集の服装ともちもの

やぶや草むらの中では、草やトゲで体のどこかを切ったり、かぶれたりしてしまうことがあります。なるべく長袖《ながそで》、長ズボンがおすすめです。また、足元はけがをしやすいので、サンダルではなく、歩きやすい靴をはきましょう。

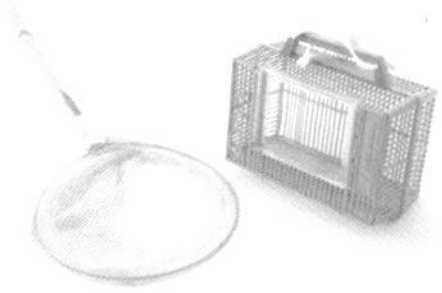

もっていくと便利なもの

- 虫とり網《あみ》
- 虫かご
- 虫めがね
- デジタルカメラ（またはスマートフォン）
- 応急処置セット（ばんそうこう・消毒薬・虫さされの薬など）

危険な昆虫に注意

昆虫のなかには、毒をもっているものや気性があらく、攻撃《こうげき》してくるものもいます。見つけたときには、まずあわてずに、刺激《しげき》しないよう気をつけながら、その場をはなれましょう。

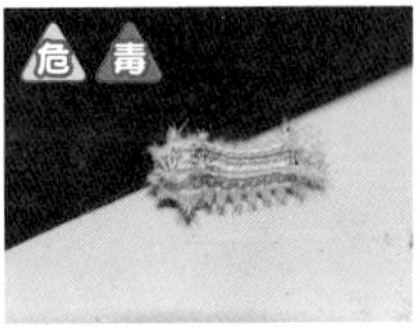

ヒロヘリアオイラガ
（P.92）
幼虫のトゲには毒があります。さされるととても痛いので注意が必要。

チャドクガ
（P.93）
幼虫、さなぎ、成虫のいずれも毒があります。幼虫の毛にも毒があります。

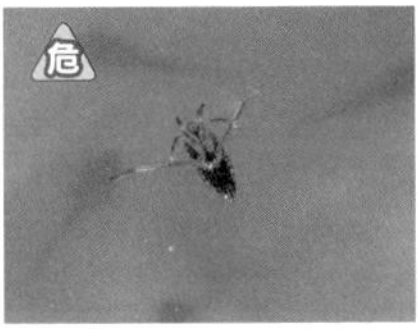

マツモムシ
（P.148）
素手でさわってさされると、痛いだけでなく、はれることがあります。

オオスズメバチ
（P.160）

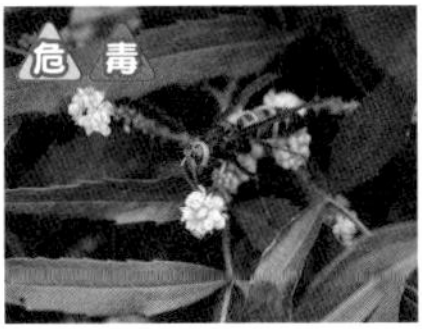

キイロスズメバチ
（P.161）

セグロアシナガバチ
（P.162）

最大のスズメバチであるオオスズメバチ、キイロスズメバチ、最大のアシナガバチであるセグロアシナガバチはいずれもどう猛《もう》で、とても強い毒をもっています。ハチの仲間には、このほかにも毒をもつものがいるので注意しましょう。

全国各地で見かける代表的な大きなチョウ

完

ナミアゲハ

ナミアゲハの成虫と鳥のふんのような姿をした4齢幼虫（左）。

〔分　類〕
チョウ目
アゲハチョウ科

〔大きさ〕
40～60㎜

〔分　布〕
全国

〔時　期〕
4～10月

出会い率
★★★★★

平地～低山の草原や農地、公園、人家周辺

なじみ深いナミアゲハ

　成虫はツツジやアザミなどの花の蜜《みつ》を、幼虫はミカンやサンショウなどミカン科の植物の葉を食べ、栽培《さいばい》中のミカンにとっては害虫となります。成虫はうすい黄色と黒の模様が特徴《とくちょう》的《てき》で、後翅《こうし》に青や橙色《だいだいいろ》の模様があります。日当たりのよい環境《かんきょう》を好み、寒冷地では年に2回、温暖地では年に4～5回ほど発生します。幼虫は5回脱皮《だっぴ》してさなぎになりますが、4齢《れい》までは鳥のふんに似ており、終《しゅう》齢《れい》になると緑色に変わります。

観察のポイント

ナミアゲハのさなぎ。

越冬《えっとう》するナミアゲハのあれこれ

　ナミアゲハは、終齢時の昼の長さによって、さなぎのかたさが異なります。昼の時間が短いと、越冬のためにかたいさなぎになります。年内に羽《う》化《か》するものは、やわらかいさなぎになります。夏に見られる成虫よりも、越冬《えっとう》した春に見られる成虫の方が小さく、はねの明るい部分が広いです。

ナミアゲハの「ナミ」は、なじみのあるふつうのという意味の「並」からとられています。

黄色味が強く、高山でも見かけるチョウ

キアゲハ

完

はねのつけ根に注目。

〔分　類〕
チョウ目
アゲハチョウ科

〔大きさ〕
40～65㎜

〔分　布〕
北海道～九州

〔時　期〕
4～10月

出会い率
★★★★★

平地～山地の草原や農地、公園、人家周辺

前翅《ぜんし》のつけ根が黒一色

ナミアゲハ（P.74）によく似たキアゲハは、はねの明るい部分の黄色味が強く、前翅のつけ根が黒一色になっているのが特徴《とくちょう》です。成虫はツツジやアザミなどの花の蜜《みつ》を吸い、幼虫はニンジンやパセリ、セロリなどの野菜の葉のほか、山地ではシシウドやセリなどセリ科の植物の葉を食べます。寒冷地や山地では年2回、温暖な地域では年3～4回発生します。さなぎで越冬《えっとう》しますが、春よりも夏に見られる成虫の方が大きくなります。

もっと知りたい

黒に青色が映えるアオスジアゲハ

あざやかな青緑色が美しい。

北は岩手県や秋田県から、南は南西諸島まで広く生息しているアオスジアゲハ。黒色のはねに青緑色の帯がついているのが特徴です。幼虫はクスノキ科の植物を、成虫はヤブガラシなどの花を好みます。オスが地面におりて水を飲む光景をよく見かけます。

アオスジアゲハは、同様の色彩のはねに斑点（はんてん）列をもつミカドアゲハに似ています。

生態《せいたい》もさまざまな
黒色アゲハの仲間たち

◁オス

メス▷

クロアゲハ 完

街中にもいる黒色アゲハ。成虫はツツジ類やクサギの蜜《みつ》を、幼虫はミカン科のカラスザンショウなどを食べます。黒いはねが特徴《とくちょう》で、オスの後翅《こうし》の前縁には白斑《はくはん》が、メスの後翅の肛角部《こうかくぶ》近くには赤斑《せきはん》があります。やや暗い環境《かんきょう》が好きで、朝夕やくもりのときに活発です。

〔分類〕チョウ目アゲハチョウ科 〔大きさ〕50～70㎜
〔分布〕本州～南西諸島 〔時期〕4～10月
出会い率 ★★★★★ 平地～低山の林間や農地、公園、人家周辺

◁オス

メス▷

ジャコウアゲハ 完

ウマノスズクサ類が生える土地に生息し、森林だけでなく河川堤防《ていぼう》などでもゆるやかに飛ぶ姿を目にします。体の側面に赤い模様があり、はねの色はオスは黒色、メスは灰色です。ウマノスズクサ類の有毒物質を体内に蓄積《ちくせき》して、外敵から身を守っています。

〔分類〕チョウ目アゲハチョウ科 〔大きさ〕50～60㎜
〔分布〕本州～南西諸島 〔時期〕4～9月
出会い率 ★★★★☆ 平地～山地の森林や河川、農地および人家周辺

◁オス

メス▷

ナガサキアゲハ 完

以前は九州や四国南部に生息していましたが、かんきつ栽培《さいばい》の普及《ふきゅう》や温暖化の影響《えいきょう》で関東でも見られるようになりました。高い所をゆるやかに飛び、食草はナツミカンやユズなどの栽培ミカン類を好みます。オスのはねの裏の根元に赤斑があり、メスには大きな白斑《はくはん》があります。

〔分類〕チョウ目アゲハチョウ科 〔大きさ〕60～80㎜
〔分布〕関東南部・中部南部～南西諸島 〔時期〕4～10月
出会い率 ★★★★☆ 平地～丘陵地の森林や農地、人家周辺

アブラナ科の植物が大好きなチョウ

モンシロチョウ

完

黒い斑点が特徴のモンシロチョウ。

〔分　類〕
チョウ目
シロチョウ科
〔大きさ〕
25〜30㎜
〔分　布〕
全国
〔時　期〕
3〜11月

出会い率
★★★★★
平地〜丘陵地の
農地や野原、
公園、人家周辺

はねの見え方で判別

菜の花のまわりを飛ぶ姿をよく見かけるモンシロチョウは、白いはねに黒いふたつの斑点《はんてん》が特徴《とくちょう》。幼虫はキャベツなどのアブラナ科の葉を食べ、成虫はタンポポなどの花の蜜《みつ》を吸います。オスのはねは紫外線《しがいせん》を吸収しますが、メスは反射するので、紫外線だけを通すフィルターをかけて撮影《さつえい》するとオスは黒く写ります。モンシロチョウは紫外線《しがいせん》を見ることができ、はねの見た目のちがいでオスとメスを判別していると考えられています。

もっと知りたい

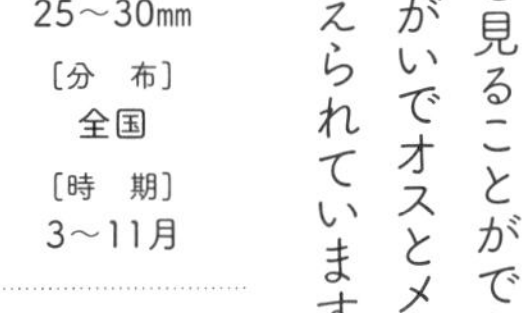

見つけたらにおいをかいでみよう。

黒いすじがあるスジグロシロチョウ

林の外れや渓流《けいりゅう》沿い、野原で見られるスジグロシロチョウ。名前のとおり、はねに黒いすじがあります。やや湿《しめ》った環境《かんきょう》を好みます。幼虫はアブラナ科の野生種を食べ、栽培種《さいばいしゅ》はあまり好きではありません。オスからは強いレモンのような香りがします。

モンシロチョウは農地の植物を好むため、農耕文化とともに日本に入ってきたようです。

春の訪れとともに姿を現す黄色いチョウ

完

モンキチョウ

〔分類〕チョウ目シロチョウ科〔大きさ〕25〜30㎜
〔分布〕全国〔時期〕2〜11月

出会い率 ★★★★★ 平地〜山地の草原や農地、公園、人家周辺

ふたつのタイプのメスが存在

後翅《こうし》に丸い紋《もん》があり、斑紋《はんもん》を含む黒い帯があるのが特徴《とくちょう》です。オスのはねは黄色ですが、メスは白と黄の2種類がいます。シロツメクサやレンゲソウなどのマメ科の葉を食べ、さまざまな花の蜜《みつ》を吸います。早春から姿を見せ、すばやく飛びます。幼虫で越冬《えっとう》します。

モンキチョウよりひと回り小さい

完

キタキチョウ

〔分類〕チョウ目シロチョウ科〔大きさ〕20〜25㎜
〔分布〕本州〜南西諸島〔時期〕3〜11月

出会い率 ★★★★★ 平地〜山地の森林や草地、公園、人家周辺

成虫で越冬《えっとう》するキタキチョウ

はねの地色は黄色で、裏に黒点がたくさんあります。表の外縁《がいえん》に黒い部分がありますが、秋に生まれた個体にはほとんどありません。ハギ類やネムノキなどのマメ科を好み、ゆるやかに飛びます。オスは好んで吸水し、ときには集団を形成します。

1 2 3 4 5 6 7 8 9 10 11 12

奄美（あまみ）諸島よりも南の南西諸島には、ミナミキチョウというキチョウがいます。

街中で見かける南方系のヒョウモンチョウ類

ツマグロヒョウモン

完

地味なオス（左）に比べ、メス（右）は黒に白い帯が特徴的（とくちょうてき）。

〔分　類〕
チョウ目
タテハチョウ科

〔大きさ〕
30～40㎜

〔分　布〕
本州の関東地方
～南西諸島

〔時　期〕
4～12月

出会い率
★★★★☆
平地～丘陵地の
草地や農地、
公園、人家周辺

関東でも見られるように

ヒョウ柄《がら》模様に後翅《こうし》の黒い帯が目立つツマグロヒョウモン。名前のとおりメスは前翅《ぜんし》の先が黒色で、中に白斑《はくはん》があります。後翅の裏は白と黄土色が混ざる独特な模様です。スミレ類、とくにパンジーを好みます。以前は東海や近畿《きんき》地方以南でのみ見られましたが、近年では東京付近にも生息。原因として温暖化があげられますが、園芸植物として幼虫のえさとなるパンジーが各地で植えられていることも要因のひとつとしてあげられます。

観察のポイント

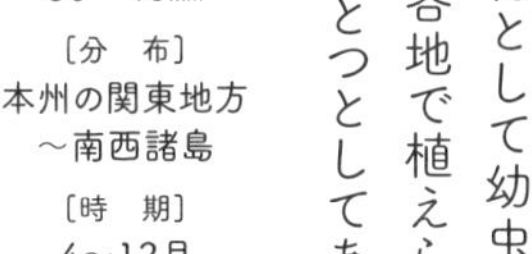

パンジーを食べる幼虫。

パンジーが生息範囲《はんい》の拡大を後押し

チョウが越冬《えっとう》する形態は、さなぎや卵、成虫とさまざまです。ツマグロヒョウモンは幼虫の姿で越冬します。この場合、冬の間に食べるえさが必要になり、公園などに植えてあるパンジーがうってつけ。寒さに強いパンジーのおかげで冬を生きのび、次の世代に命をつなぎます。

さなぎには銀色に光る部分がありますが、鳥をおどろかせて身を守るためだといわれています。

カブトムシやクワガタと一緒《いっしょ》に樹液に集まる

完

ルリタテハ

〔分類〕チョウ目タテハチョウ科 〔大きさ〕30～40㎜
〔分布〕全国 〔時期〕3～11月

出会い率 ★★★★☆ 平地～山地の森林や林縁、公園など

瑠璃《るり》色のあざやかな帯が特徴《とくちょう》

はねの表は紺《こん》色に瑠璃色のあざやかな帯が印象的ですが、裏は褐色《かっしょく》を基調としており、樹皮や枯《か》れ葉《は》に擬態《ぎたい》できるほどです。成虫はクヌギなどの樹液やくさった果実を好み、夏にはカブトムシ（P.103）などと一緒に樹液を吸っている姿も見られます。成虫で越冬《えっとう》します。

ルリタテハと同じく身近な越冬《えっとう》タテハ

完

キタテハ

〔分類〕チョウ目タテハチョウ科 〔大きさ〕20～30㎜
〔分布〕北海道南西部～本州 〔時期〕3～12月

出会い率 ★★★★★ 平地～低山地の草地や荒れ地、公園、人家周辺

口から出す糸で巣をつくる

はねの表は橙色《だいだいいろ》で黒斑《こくはん》が広がっており、裏は褐色《かっしょく》、とくに秋型は濃《こ》い茶褐色《ちゃかっしょく》で枯《か》れ葉《は》のように見えます。花々やくさった果実に集まり、樹液も摂取《せっしゅ》します。幼虫はカナムグラなどの葉で袋状《ふくろじょう》の巣をつくり、その中でさなぎになります。成虫で越冬《えっとう》します。

ルリタテハの幼虫は、おもにサルトリイバラの葉を食べます。

朱色《しゅいろ》があざやかな越冬《えっとう》タテハ

アカタテハ

完

地面に止まっていることが多いアカタテハ。

〔分　類〕
チョウ目
タテハチョウ科
〔大きさ〕
25～35㎜
〔分　布〕
全国
〔時　期〕
2～12月

出会い率
★★★★☆

平地～山地の林縁や草原、農地、公園

イラクサ科の葉で巣をつくる

寒い地域でもよく見られ、成虫で越冬《えっとう》し、早春から飛びはじめます。前翅《ぜんし》の表は朱色と黒色に白斑《はくはん》が点在、裏も似ています。後翅《こうし》は茶色で外縁《がいえん》のみ朱色があり、裏は褐色《かっしょく》で特徴的な模様をしています。成虫は、花の蜜《みつ》や樹液、くさった果実が大好きです。幼虫はカラムシやヤブマオなどを食べ、葉で袋状《ふくろじょう》の巣をつくります。明るい環境《かんきょう》を好み、やや高い所をすばやく飛びます。オスは山頂部に集まり、占有行動《せんゆうこうどう》を取ります。

もっと知りたい

ヒメアカタテハのオス。

ヒメアカタテハ

日本全国で見られるヒメアカタテハは、アカタテハと姿が似ていますが、後翅の表全体に朱色が広がっています。成虫は花の蜜を吸いますが、樹液やくさった果実には集まりません。幼虫はヨモギの葉などで巣をつくります。越冬態《えっとうたい》が不定で、寒い地域では越冬ができません。

ヒメアカタテハは、ほぼ世界中に生息しており、分布範囲はチョウのなかで随一です。

目玉模様が印象的な日かげを好むチョウ

ヒカゲチョウ

完 固

ナミヒカゲとも呼ばれるヒカゲチョウ。

〔分　類〕
チョウ目
タテハチョウ科

〔大きさ〕
25〜35㎜

〔分　布〕
本州〜九州北部

〔時　期〕
5〜10月

出会い率
★★★★☆
平地と山地の
樹林および
その周辺、公園

夕方やくもりのときに活発に

本州の関東以南ではよく見かけますが、九州では限られた場所で、東北では内陸部の山間でしか見られません。うす暗い環境《かんきょう》を好み、夕方やくもりのときに活発に行動します。幼虫はササやタケの葉を好み、成虫はくさった果実やクヌギ、コナラなどの樹液を吸います。はねはうす茶色で、はね裏に目玉のような模様があります。日本の固有種で、海外には生息していません。ナミヒカゲとも呼ばれています。

観察のポイント

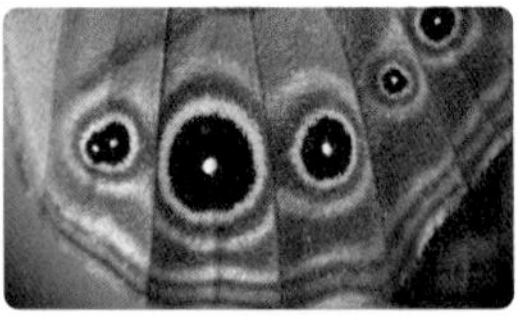

くっきり目立つ目玉模様。

目玉模様で身を守るヒカゲチョウ

さまざまなチョウのはねにあらわれている目玉模様には、捕食者《ほしょくしゃ》である鳥に自身をヘビとかんちがいさせる効果や、頭部だと見まちがいさせる効果があるといわれています。実際、頭とまちがわれてはねをついばまれたような痕《あと》があるチョウを見かけることがあります。

ヒカゲチョウの幼虫は、2本のツノがトレードマークで見た目がかわいらしいです。

はねの裏面の細かい波模様が特徴《とくちょう》のチョウ

ヒメウラナミジャノメ

完

葉の上で休むヒメウラナミジャノメ。

地面や葉上でひと休み

はねの裏側に縮緬《ちりめん》のような細かい波模様があるのが特徴。後翅《こうし》の裏には目玉模様が左右に5つずつあり、表にも目玉模様があります。幼虫はチヂミザサやススキなどのイネ科やカヤツリグサ科の植物を食べ、成虫はさまざまな花の蜜《みつ》を吸います。草たけの低い場所を、その上をはねるように飛び、地面や葉っぱの上で休んでいる姿をよく見かけます。幼虫で越冬《えっとう》します。近年、都市部では数を減らしています。

〔分　類〕
チョウ目
タテハチョウ科

〔大きさ〕
15〜20㎜

〔分　布〕
北海道〜九州

〔時　期〕
4〜9月

出会い率
★★★★☆
平地〜低山地の林縁や草原、農地、公園

観察のポイント

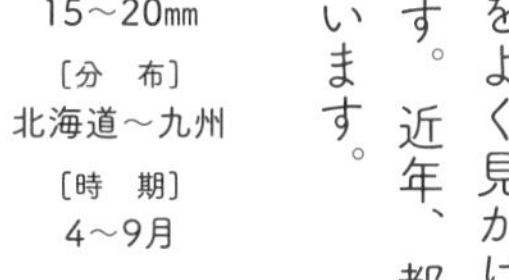

ガにまちがわれることが多い。

ガとかんちがいされる地味な見た目

ヒカゲチョウ(P.82)同様、はねが茶色で地味な見た目からガと混同されがちですが、チョウです。チョウはガとちがい、ほとんどが昼行性で、はねのたたみ方や触角《しょっかく》の形もちがいます。チョウの触角《しょっかく》は先端《せんたん》がこん棒のようにふくらんでおり、ガは糸状、櫛《くし》状、羽毛状などです。

学名の"*Ypthima argus*"のargusはギリシャ神話の百目の巨人アルゴスに由来。

完

もっとも身近で都会でもよく見られるチョウ

ヤマトシジミ

はねの裏側には斑点がある。

地上近くを飛翔《ひしょう》

ヤマトシジミは、東北地方以南の各地に広く分布していますが、関東地方より南の平地でよく見られます。成虫はカタバミ類の植物に卵を産み、幼虫はその葉を食べて成長します。3月から12月まで、年に4～6回発生しますが、南西諸島ではほぼ1年中発生します。はねの色は表が青、裏は灰色で黒の斑点《はんてん》がはっきりしています。成虫は地上低くをせわしなく飛び、カタバミやタンポポなどの花で蜜《みつ》を吸います。

〔分　類〕
チョウ目
シジミチョウ科

〔大きさ〕
12～15㎜

〔分　布〕
本州～南西諸島

〔時　期〕
3～12月

出会い率
★★★★★
平地、道路わき、
畑など

もっと知りたい

ヤマトシジミより高く飛ぶルリシジミ

約17㎜のルリシジミ。

ルリシジミはヤマトシジミより分布域が広く、北海道にも生息しているシジミチョウです。ヤマトシジミと比べてやや大きく、はねの裏は白っぽく、黒い斑点が小さく少ないのが特徴です。ヤマトシジミのように地上低くも飛びますが、一般的に樹木の上を飛びます。

1
2
3
4
5
6
7
8
9
10
11
12

シジミチョウの「シジミ」は、はねの色が「シジミ貝」に似ていることが由来です。

美しくかがやきよく映える青紫色《あおむらさきいろ》のはね

ムラサキシジミ

完

前のはねの先がとがっているムラサキシジミ。

〔分　類〕
チョウ目
シジミチョウ科
〔大きさ〕
15〜20㎜
〔分　布〕
本州〜南西諸島
〔時　期〕
ほぼ通年

出会い率
★★★★☆
林、大きな公園など

枯《か》れ葉《は》の下で身を寄せて越冬《えっとう》

黒いはねの表に青紫色があざやかにかがやき、前翅《ぜんし》の先端《せんたん》がとがっているのが特徴的《とくちょうてき》です。成虫は秋以外、花に飛来することは少なく、おもに照《しょう》葉樹《ようじゅ》の葉のまわりを飛んだり、葉に止まっていたりします。冬になると常《じょう》緑樹《りょくじゅ》の枯《か》れ葉《は》の下などで集団で越冬します。冬でも暖かい日には、はねを開いて日光浴をすることもあります。産卵は若葉などに1個ずつ産みつけ、4月から11月ごろまで年に5〜6回発生します。

もっと知りたい

つんと飛び出た尾がふたつ。

ムラサキシジミの大型版!? ムラサキツバメ

ムラサキシジミと似ているシジミチョウがムラサキツバメです。ムラサキシジミと比べて体はやや大きく、後翅《こうし》に尾《お》のような突起《とっき》（赤矢印）があるのが特徴的です。常緑樹の葉で集団越冬するところも似ており、葉の上に数十頭が集まり身を寄せ合う姿は壮観《そうかん》です。

ムラサキシジミは、1980年ごろまで関東ではあまり見かけないめずらしいチョウでした。

はねの裏が銀白にかがやくシジミチョウ

完

ウラギンシジミ

左下ははねを開いたウラギンシジミのオス。

〔分　類〕
チョウ目
シジミチョウ科
〔大きさ〕
20～25㎜
〔分　布〕
本州～南西諸島
〔時　期〕
4～11月

出会い率
★★★★☆
平地、低山地、林の縁、市街地など

動物の死がいからも栄養吸収

はねの裏が真っ白ですが、表は性別によって異なり、オスは茶色に赤色の斑点《はんてん》、メスは茶色に白色の斑点があります。平地から低山地の林の縁《ふち》や市街地で見られ、高い場所を活発に飛びます。花の蜜《みつ》はほとんど吸いませんが、クズやハギなどマメ科の植物の蜜を吸い、くさった果実や動物の死がいからも養分を吸い取ります。幼虫はマメ科の植物の新芽を食べて成長。夏と秋の2回発生し、成虫は常緑樹《じょうりょくじゅ》の葉の裏で越冬《えっとう》します。

観察のポイント

突起のある方が後ろ。

植物に擬態《ぎたい》するウラギンシジミの幼虫

ウラギンシジミの幼虫は、カタツムリのようなふたつの突起《とっき》（角）をもちます。クズなどのマメ科の植物を食べて成長しますが、ふだんは花やつぼみに擬態しています。姿を似せることで天敵の目をあざむきながら、花やつぼみを食料とするのです。

1
2
3
4
5
6
7
8
9
10
11
12

「はねの裏が銀白色」というのがウラギンシジミの名前の由来です。

オレンジがあざやかな美しいシジミチョウ

ベニシジミ

完

春のベニシジミ。

〔分　類〕
チョウ目
シジミチョウ科

〔大きさ〕
15～20㎜

〔分　布〕
北海道～九州

〔時　期〕
3～10月

出会い率
★★★★☆
道のわき、野原、畑、土手など

花の周囲を活発に飛びまわる

あざやかなオレンジ色の広い斑紋《はんもん》が特徴的《とくちょうてき》ですが、斑紋は季節で変化し、夏になるとはねの黒色が濃《こ》くなり、オレンジ色が目立たないものも現れます。春から秋にかけて、道のわきや野原、畑、土手などでよく見られ、アブラナやタンポポなどさまざまな花に集まります。地面低くをすばやく飛び回りますが、高く飛ぶこともあります。幼虫はスイバやギシギシなどの葉を食べ、成虫はそれらの植物の葉の裏に産卵します。

観察のポイント

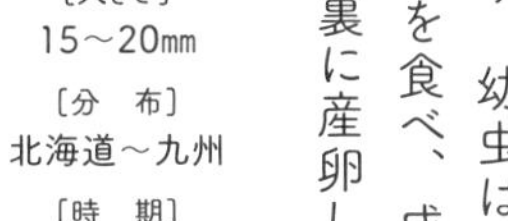

夏のベニシジミ。

季節によってはねの色が変わる?

チョウのなかには季節によって色や模様が変わるものがいます。春のベニシジミは、はねのオレンジ色が明るく出ますが、夏のベニシジミには、はねの黒色が濃《こ》くなり、オレンジ色が目立たなくなったりするものもいます。この変化は気温も影《えい》響《きょう》しているようです。

1
2
3
4
5
6
7
8
9
10
11
12

ベニシジミは日本だけではなく、ユーラシア大陸と北アメリカ大陸でも見られます。

完

もっともポピュラーなセセリチョウ
イチモンジセセリ

成虫になると花の蜜を吸う。

幼虫は農家のきらわれ者

茶色のはねに白い斑点《はんてん》が一列につながった模様が特徴《とくちょう》です。都市から山地までさまざまな場所に生息し、セセリチョウのなかではもっともよく見られます。移動がひじょうに活発で、関東より南の暖かい土地で越冬《えっとう》しますが、年に3、4回の発生をくり返しながら北に移動して、その数を増やしていきます。成虫はアカツメクサなどの花の蜜《みつ》を吸いますが、幼虫はイネを食べるため、米づくりの害虫としても知られています。

〔分　類〕
チョウ目
セセリチョウ科
〔大きさ〕
15～20㎜
〔分　布〕
全国
〔時　期〕
4～10月

出会い率
★★★★☆
農地、河川敷、人家周辺など

もっと知りたい

小型のヒメイチモンジセセリ。

南西諸島だけにいるセセリチョウも

セセリチョウは本州から九州まで約20種がいますが、南西諸島のみに分布するのがヒメイチモンジセセリです。イチモンジセセリに似ていますが、それよりも小型で白い斑点もあまりはっきりしていません。おもに田んぼやそのまわりの草地で見られます。

年間にイチモンジセセリが移動する距離は、およそ100㎞にもおよぶといわれています。

大きくて迫力《はくりょく》のあるスズメガ

クロメンガタスズメ

完

背中に浮かびあがるドクロ模様

大型のスズメガの一種です。はねは黒みを帯びた茶色や灰色がかった茶色、青色などが混じりあう複雑な模様をしています。また、胸部の背中部分にドクロ（人の顔）のような模様があるのも大きな特徴《とくちょう》です。幼虫はつぶつぶのイボがある大型のイモムシです。

［分類］チョウ目スズメガ科［大きさ］100～120㎜（開帳）［分布］本州～南西諸島［時期］7～11月

出会い率 ★☆☆☆☆ 田んぼ、畑、市街地など

1 2 3 4 5 6 7 8 9 10 11 12

見た目はハンググライダー！

セスジスズメ

完

動く姿がおもしろい幼虫

成虫は鋭角《えいかく》でとがったお腹とはねをもち、まるでハンググライダーのような姿をしています。背中には黄色のしま模様があり、吸盤状《きゅうばんじょう》の脚《あし》をもっています。幼虫は全身が黒く、ぴこぴこ動くその姿はとてもコミカルですが、食欲旺盛《しょくよくおうせい》で農家のきらわれ者です。

［分類］チョウ目スズメガ科［大きさ］60～80㎜（開帳）［分布］全国［時期］6～10月

出会い率 ★★★☆☆ 平地、山地、草地、住宅街など

1 2 3 4 5 6 7 8 9 10 11 12

スズメガの名前の由来は、スズメのように速く活発に飛ぶからといわれています。

完

飛ぶ能力がとても高い

ホシホウジャク

〔分類〕チョウ目スズメガ科〔大きさ〕50～55㎜（開帳）〔分布〕全国〔時期〕7～11月

出会い率 ★★★☆☆ 平地、花畑、住宅地など

はねの黄色模様があざやか

頭の先端《せんたん》が細長く突出《とっしゅつ》し、はねが茶色で地味な印象もありますが、後翅《こうし》が黄色でよく目立ちます。飛ぶ能力にひいでていて、ラベンダーやホウセンカなど花から花へと飛びまわり、花の前では飛びながらストロー状の長い口（口吻《こうふん》）をのばして蜜《みつ》を吸います。

完

美しい体と透明《とうめい》なはね

オオスカシバ

〔分類〕チョウ目スズメガ科〔大きさ〕50～70㎜（開帳）〔分布〕本州～南西諸島〔時期〕6～9月

出会い率 ★★★☆☆ 平地、公園、花畑、住宅街など

飛んでいる姿はまるでハチドリ

オオスカシバは、くびれのない大きな体をもっています。羽化《うか》したときのはねは灰色ですが、飛び立つときに鱗粉《りんぷん》がとれ、透明になります。飛ぶスピードがひじょうに速く、花から花へ移動し、まるでハチドリのように、飛んだまま花の蜜《みつ》を吸います。

スズメガの多くは夜行性ですが、ホシホウジャクやオオスカシバは昼間に活動します。

赤色が派手なスズメガ

ベニスズメ

完

敵から身を守る幼虫の模様

スズメガの仲間の多くは全身が茶色がかっていますが、赤色なのはベニスズメだけの特徴《とくちょう》です。おもに夕方から夜に活動し、花を移動しながら、長い口吻《こうふん》を使って蜜《みつ》を吸います。幼虫は頭にヘビのような模様があり、鳥などの天敵をおどろかせて身を守ります。

〔分類〕チョウ目スズメガ科〔大きさ〕50～70㎜（開帳）〔分布〕全国〔時期〕4～10月

出会い率 ★★★☆☆ 森林、草原、山地、都市部の花壇など

茶色の体で一部だけが桃色《ももいろ》

モモスズメ

完

さなぎになるときに体が桃色に！

モモスズメの成虫は、全体にやや黒みがかった茶色の体をしていますが、後翅《こうし》や腹、脚《あし》がうっすらと桃色がかっているのが特徴《とくちょう》です。幼虫はモモやサクラの葉をたくさん食べて育ち、さなぎになる直前になると、緑色だった体がうっすらと桃色になります。

〔分類〕チョウ目スズメガ科〔大きさ〕70～90㎜（開帳）〔分布〕北海道～九州〔時期〕5～9月

出会い率 ★★☆☆☆ 森林、果樹園、モモやサクラの木のそばなど

モモスズメの名前の由来は、幼虫がモモの葉を食べるからという説があります。

完 外 危 毒

大正時代に日本にやってきた外来種

ヒロヘリアオイラガ

枯（か）れかけた葉のようなヒロヘリアオイラガ。

〔分　類〕
チョウ目イラガ科

〔大きさ〕
30～40㎜（開帳）

〔分　布〕
本州、九州

〔時　期〕
6～9月

出会い率
★★★★★

森林、住宅地、公園など

葉っぱの裏に群がる幼虫

もともと中国の南部やインド、東南アジアにいた種類で、大正時代に日本に入ってきたといわれています。はねは緑色で、外側の縁《ふち》に黒っぽい茶色の帯があるのが特徴《とくちょう》です。さまざまな樹木に生息していますが、年に2回、産みつけられた卵から多くの幼虫が発生し、葉っぱの裏に幼虫が群がっていることがあります。幼虫は食欲《しょくよく》旺盛《おうせい》で葉っぱをたくさん食べますが、動きがおそく、鳥などにすぐ食べられてしまいます。

観察のポイント

あざやかな黄緑色をした幼虫。

幼虫を見つけても絶対さわらないように！

イラガ類の幼虫には毒があります。ヒロヘリアオイラガの幼虫は、サクラやカキの木などの葉っぱに、たくさんくっついていることがあります。きれいな色をしていますが、人がトゲにふれるとするどい痛みにおそわれるので、見つけてもさわらないように注意しましょう。

幼虫は、さされるとビリビリするので「デンキムシ」「イライラムシ」とも呼ばれます。

おそろしい毒をもつ危険生物

チャドクガ

完 外 危 毒

うす暗い場所にいることが多いチャドクガの成虫。

〔分　類〕
チョウ目ドクガ科
〔大きさ〕
30〜40㎜（開帳）
〔分　布〕
本州〜九州
〔時　期〕
6〜10月

出会い率
★★★★★
住宅地、公園など

毒針の毛におおわれた幼虫

イラガ科のガとちがって、ドクガ科のガは、幼虫だけではなく、さなぎ、成虫でも毒をもっているので、見つけてもさわってはいけません。オスの体の色はオレンジがかった黄色から黒に近い茶色までさまざま。メスの体の色はオレンジがかった黄色で黒の斑点《はんてん》があるのが特徴《とくちょう》です。毒針の毛でおおわれた幼虫はツバキやサザンカなどの葉を食べて育ちますが、ほおっておくと1本の木の葉っぱがすべてなくなってしまうくらい食欲が旺盛《おうせい》です。

観察のポイント

たくさんの毛におおわれた幼虫。

気をつけていても毒の被害《ひがい》に!?

チャドクガを見つけても近づいてはいけませんが、毒をもった幼虫の毛はぬけやすく、風で運ばれることもあります。それが体につくと皮ふがはれたり、強いかゆみが出ることがあります。命にかかわることはありませんが、症状《しょうじょう》がひどいときは病院に行きましょう。

チャドクガの名前の由来は、ツバキ科のチャノキなどに発生するからといわれています。

完 外

夜行性で光のまわりを飛ぶ

アメリカシロヒトリ

写真：株式会社Gakken／アフロ

アメリカシロヒトリの成虫と幼虫。

〔分　類〕
チョウ目
ヒトリガ科

〔大きさ〕
30～35㎜（開帳）

〔分　布〕
本州～九州

〔時　期〕
5～9月

出会い率
★★★★☆

住宅地、公園、道路わきなど

樹木を食べあらす幼虫

白く長い毛におおわれている幼虫は、毒がありそうな見た目をしていますが、毒はないといわれています。ですが、幼虫は成長するために100種類以上の樹木の葉や花を食べあらすので、迷惑《めいわく》な虫とされています。北アメリカ原産の外来種で、太平洋戦争のあと日本に入ってきたといわれています。成虫は夜行性で、光のまわりを飛ぶ習性があります。体全体は白色で、前翅《ぜんし》に黒い斑点《はんてん》があるものとないものがいます。

もっと知りたい

シロヒトリの産卵。

幼虫が迷惑をかけないシロヒトリ

アメリカシロヒトリと同じ白い体をもつヒトリガの仲間にシロヒトリがいます。見分けるにはお腹と脚《あし》を見て、赤い模様があるのがシロヒトリです。幼虫は黒っぽい毛におおわれ、害虫のように見えますが、アメリカシロヒトリの幼虫とはちがい、植物を食べあらしません。

大量発生するアメリカシロヒトリの天敵は、スズメバチやシジュウカラ（P.27）といわれます。

幼虫は植物を食べまくる害虫

クワゴマダラヒトリ

完

メスのほうが体が大きい

体の色はオスメスともに胸や腹が黄色ですが、はねはオスが茶色でメスが白色とちがいがあります。体の大きさはメスのほうが大きく、触角《しょっかく》はオスのほうが長めです。黒い毛におおわれた幼虫は頭の真んなかに赤い模様があり、ヤナギやクワなどの植物に寄生します。

〔分類〕チョウ目ヒトリガ科〔大きさ〕40～48㎜（開帳）〔分布〕北海道～九州〔時期〕8～9月

出会い率 ★★★★☆ 山地、森林、公園、果樹園など

1 2 3 4 5 6 7 8 9 10 11 12

空中をゆっくりと飛ぶ小さなガ

カノコガ

完

その姿はまるでハチのよう

カノコガは、はねの色が黒く、白い紋《もん》様《よう》が散りばめられているのが特徴《とくちょう》です。小さなガで、まるでハチのような見た目ですが、針で人をさすことはありません。平地の草地でよく見られ、空中を低くゆっくりと飛び、さまざまな植物の花から蜜《みつ》を吸います。

〔分類〕チョウ目ヒトリガ科〔大きさ〕30～37㎜（開帳）〔分布〕北海道～九州〔時期〕6～9月

出会い率 ★★★★☆ 平地、低山地、草地、林など

1 2 3 4 5 6 7 8 9 10 11 12

カノコガの「カノコ」とは、シカの子ども（鹿子・かのこ）の背中にできる白いまだら模様のことです。

完

「ミノムシ」の名前で有名

オオミノガ

オオミノガのオス。

［分　類］
チョウ目ミノガ科

［大きさ］
オス32～40mm
（開帳）
メス25～30mm

［分　布］
本州～南西諸島

［時　期］
5～7月

出会い率
★★☆☆☆
平地、低山地、公園、街路樹など

オスとメスで姿がちがう

オオミノガは、成虫よりも、幼虫が枯《か》れ葉《は》や小枝などを使ってつくる巣が「ミノムシ」としておなじみです。幼虫はサクラやクリなど、さまざまな広葉樹《こうようじゅ》の葉を食べて育ち、やがて成虫になりますが、オスとメスで成長した姿は大きく異なります。オスはふつうのガの姿になりますが、メスははねも脚《あし》もなく、白く太いイモムシのようになります。メスはミノの中にいて、飛んできたオスと交尾し、ミノの中に卵を産みます。

観察のポイント

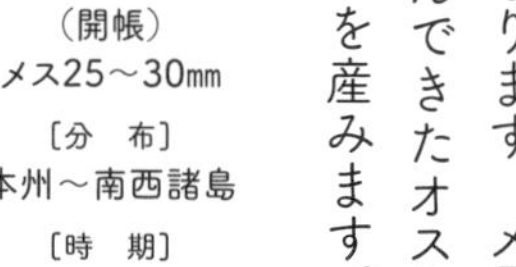

枝にぶら下がるミノムシ。

ミノムシが減っている!?

一時期ミノムシは減少しました。その原因は外来種のオオミノガヤドリバエです。このハエは広葉樹の葉に卵を産みます。その卵をミノムシが食べると体内でふ化し、ミノムシを食べて育つのです。それでも近年、ミノムシの数は徐々に回復しているといわれています。

ミノをつくるために幼虫が吐く糸は、クモの糸よりはるかに強く、防寒機能も優秀です。

世界でもっとも美しいといわれるガ

オオミズアオ

完

民家の軒先（のきさき）に止まったオオミズアオ。

〔分　類〕
チョウ目
ヤママユガ科
〔大きさ〕
80～110㎜（開帳）
〔分　布〕
北海道～九州
〔時　期〕
4～8月

出会い率
★★★☆☆
平地、山地、住宅街、公園など

体が大きくてやわらかい幼虫

夜行性でしばしば街灯などの明かりに向かって飛んできますが、あわい緑色のはねを広げた姿は美しく、たいへん目立ちます。寒い地方では年1回、暖かい地方では年2回発生し、幼虫はサクラ、カエデ、クリなどさまざまな植物の葉を食べて成長します。幼虫は緑色をしたイモムシで、体が大きく突起《とっき》がありますが、さわるとやわらかいという特徴《とくちょう》があります。さなぎのまま冬を越《こ》し、春に羽《う》化《か》すると活発に飛びまわります。

もっと知りたい

オナガミズアオとは区別しにくい

ややとがった形のオナガミズアオ。

同じヤママユガの仲間でオオミズアオによく似ているのがオナガミズアオです。どちらもはねはあわい緑色ですが、形はオナガミズアオのほうがややとがっています。触角《しょっかく》の色も異なり、オオミズアオは濃《こ》い黄色、オナガミズアオはやや緑がかっています。

オオミズアオは英名「Luna moth（月の女神）」。夜に美しく飛ぶ姿が連想されます。

完

樹液に集まるヤガ科の仲間

フクラスズメ

樹液を吸いにきたフクラスズメ。

〔分　類〕
チョウ目ヤガ科
〔大きさ〕
75～85mm（開帳）
〔分　布〕
北海道～九州
〔時　期〕
4～12月

出会い率
★★★★★
平地、雑木林、住宅街、公園など

幼虫が大発生することも！

フクラスズメは、お腹は平らで長い毛におおわれ、はねは濃《こ》い茶色で、くの字模様のはっきりした黒い線と青色の斑点《はんてん》が散らばっているのが特徴《とくちょう》です。夜になるとクヌギなどの樹液に集まりますが、街灯などの明かりに飛んでくることもあります。派手な色の幼虫はイラクサやカラムシなどを食べますが、ときに大発生して葉を食べつくしてしまいます。幼虫は天敵が来たり、刺激《しげき》を受けるとはげしく体をゆする習性があります。

観察のポイント

フクラスズメの幼虫。

見た目が怖いフクラスズメの幼虫

フクラスズメの幼虫は見た目がかなり派手です。大きさは70～80mmもあり、色は赤・黄・黒の3色で、思わず毒があるように思ってしまいます。ですが毒はもっておらず、そのかわり天敵が来たときには危険を回避するため、体をはげしくゆすって相手を威嚇《いかく》します。

名前の由来は、成虫のふっくらした見た目がスズメに似ているからといわれています。

オスの大あごは立派!

ノコギリクワガタ

完

夜、樹液を求めてやってきたオス。

体は赤みがかった色

都市近郊《きんこう》の雑木林にもすむクワガタムシです。夜行性で、クヌギなどの樹液に集まり、明かりにもよく飛んできます。オスの大あごは大きく曲がっていて、何本も並んだギザギザ（内歯《ないし》）はノコギリの歯のように見えます。メスは体長24〜41㎜ほどでオスに比べるとはるかに小さいです。幼虫は朽《く》ち木《き》の中で過《す》ごし、夏に羽化《うか》して成虫になりますが、そのまま1年ほど休眠し、翌年の夏に外へ出て活動をはじめます。

〔分　類〕
コウチュウ目
クワガタムシ科

〔大きさ〕
オス25〜74㎜
メス24〜41㎜

〔分　布〕
北海道〜九州

〔時　期〕
5〜11月

出会い率
★★★★☆
雑木林、山地など

観察のポイント

立派に成長したオスの大あご。

大あごの形は幼虫時代の栄養次第？

ノコギリクワガタの成虫の大きさは、幼虫時代にどれだけ栄養をとれたかによってかなり変化します。体の大きな個体は、大きく湾曲《わんきょく》した立派な大あごをもっています。いっぽうで、体の小さな個体は、大あごが短くてあまり湾曲《わんきょく》せず、見た目の雰囲気《ふんいき》はだいぶ異なります。

沖縄にノコギリクワガタはいませんが、オキナワノコギリクワガタがいます。

完

山のクワガタの定番

ミヤマクワガタ

オスの大あごにはノコギリのような内歯が並ぶ。

〔分　類〕
コウチュウ目
クワガタムシ科
〔大きさ〕
オス31～78㎜
メス25～46㎜
〔分　布〕
北海道～九州
〔時　期〕
7～8月

出会い率
★★★☆☆
山地

大きく張り出した頭部

山地に生息しますが、北海道や東日本では平地にも多く、明かりにもよく飛んでくることから、身近なクワガタとして親しまれています。夜行性ですが、地域によっては日中も活発に動き回ります。オスの大あごは大きく、内歯《ないし》が何本も並んでノコギリの歯のようになっています。そして最大の特徴《とくちょう》は頭部で、まるでえらのように大きく張り出しています。体の表面に短毛が多く、個体によっては少し黄色がかって見えます。

観察のポイント

内歯と大あご先端に特徴あるエゾ型。

大あごの形は3タイプある

ミヤマクワガタのオスの大あごは、内歯の長さや先端部《せんたんぶ》の形のちがいから、基本型、フジ型、エゾ型という3タイプに分けられます。この大あごの形のちがいは、すんでいる地域の差とする説もありますが、完全にすみ分けられているわけではないので、理由はまだ分かっていません。

名前の「ミヤマ」は漢字で「深山」と書きます。山の奥深くという意味ですね。

西日本に多いクワガタ

ヒラタクワガタ

完

平たい体が特徴的なヒラタクワガタ（オス）。

体は頑丈《がんじょう》で平たい

ヒラタクワガタは、比較的《ひかくてき》暖かい地域にすんでいます。関東より北の地域ではまれですが、西南日本の平地では比較的多く見られます。樹皮のすきまに潜《ひそ》んでいて、夜になると樹液に集まります。体は平たく、表面に細いすじ（点刻《てんこく》）があって光沢《こうたく》はあまりありません。オスの大あごには、中程よりやや下に大きな1対の内歯《ないし》があります。先端《せんたん》からその内歯まで には、小さな内歯がいくつも並んでノコギリ状になっています。

〔分　類〕
コウチュウ目
クワガタムシ科

〔大きさ〕
オス19～75㎜
メス23～41㎜

〔分　布〕
本州～九州

〔時　期〕
5～9月

出会い率
★★★☆☆
雑木林、山地など

もっと知りたい

外国産クワガタムシの影響《えいきょう》が…

外国産のスマトラオオヒラタクワガタ。

外国産のクワガタムシを飼育する人が増え、ヒラタクワガタの仲間も海外からやってきています。ところが、その一部が外ににげ出し、日本のヒラタクワガタと交雑している可能性があるようです。飼育時は責任をもち、野外に放たないようにしましょう。

1
2
3
4
5
6
7
8
9
10
11
12

ヒラタクワガタはとても長生き。成虫になってからも数年は生きつづけます！

都市部にも多い定番種

コクワガタ

完

［分類］コウチュウ目クワガタムシ科［大きさ］オス17～54㎜ メス21～29㎜［分布］北海道～九州［時期］6～9月

出会い率 ★★★★★ 雑木林、河川敷など

大あごの内歯《ないし》は大きなオスで1本

コクワガタは、個体数が多く、都市部をふくめもっとも身近に見られるクワガタです。体は黒色で、オスの大あごの内歯は1本です。小型のオスでは内歯が消失します。成虫の寿命《じゅみょう》は比較的《ひかくてき》長く、しばしば越冬《えっとう》をくり返します。沖縄には別種のコクワガタが生息しています。

オスの大あごの内歯《ないし》が二股に

スジクワガタ

完

［分類］コウチュウ目クワガタムシ科［大きさ］オス14～38㎜ メス14～25㎜［分布］北海道～九州［時期］6～9月

出会い率 ★★☆☆☆ 雑木林、山地など

小さくても内歯がある

やや山地性で個体数が少なく、都市部ではあまり見かけない種です。大きなオスは大あごの内歯が二股《ふたまた》に分かれます。小形のオスはコクワガタにそっくりですが、どんなに小さくても内歯があるので見分けられます。メスや小さなオスは、上翅《じょうし》に細かい縦《たて》すじがあります。

1 2 3 4 5 6 7 8 9 10 11 12

木で暮らすクワガタの仲間は、振動（しんどう）を感じると死んだふりをして木から落ちます。

昆虫界屈指《くっし》の人気者

カブトムシ

完 固

力強い大きな角、がっしりとした脚が印象的なオス。

メスには角がない

カブトムシは雑木林にすみ、昼間は落ち葉の下などでじっとしています。夜になると樹液が出ているクヌギやコナラなどに集まり、明かりにもよく飛んできます。オスの頭には大きな角が1本あり、この角を使ってほかのオスなどを投げ飛ばすこともあります。また、胸にも先がふたつに分かれた短い角があります。メスは角がなく、全体が短い毛におおわれています。幼虫は土の中で暮らし、くさった落ち葉などを食べています。

〔分　類〕
コウチュウ目
コガネムシ科

〔大きさ〕
オス23～88㎜
メス19～52㎜

〔分　布〕
本州～九州

〔時　期〕
6～8月

出会い率
★★★★★
雑木林、山地など

もっと知りたい

体長18～24㎜ほどのコカブトムシ。

小さいけれど立派な日本産カブトムシ

コカブトムシは、朽《く》ち木《き》や落ち葉の下などに見られ、地表を歩きながら昆虫の死がいなどを食べています。体長は18～24㎜と小さいですが、立派な日本産カブトムシの仲間。胸背部《きょうはいぶ》がへこんでいるのが特徴《とくちょう》のひとつで、オスの頭部には小さな角のようなものがあります。

カブトムシの口は、樹液をなめるのにちょうどいい、ブラシのような形をしています。

花に集まって花粉を食べる

完

コアオハナムグリ

ハルジオンの花粉を食べるコアオハナムグリ。

〔分　類〕
コウチュウ目
コガネムシ科

〔大きさ〕
10～14㎜

〔分　布〕
北海道～九州

〔時　期〕
3～11月

出会い率
★★★★★

野原、公園、河川敷など

上翅《じょうし》に毛が多く生えている

コアオハナムグリは、都市部でもよく見かけるハナムグリの仲間。日当たりのよい野原に多く、ヒメジョオンやノイバラ、ニラなど、さまざまな花に集まって花粉を食べます。上翅は毛が多く、白い斑点《はんてん》があり、体の色は緑色から銅色まで個体差があります。成虫で越冬《えっとう》して春になると土の中で産卵し、う化すると秋までには成虫となります。成虫は春～秋の長期間見られますが、真夏は数が少なくなります。

観察のポイント

体長が約16～20㎜のナミハナムグリ。

ナミハナムグリとアオハナムグリ

花にやってくる緑色のハナムグリには、おもにナミハナムグリ、アオハナムグリ、コアオハナムグリの3種がいます。よく見ると、どれもよく似ていますが、ナミハナムグリとアオハナムグリはコアオハナムグリよりも大きく、はねの毛の生え方や模様もちがいます。

ハナムグリは、花の中で動き回ることで受粉（めしべの先に花粉がつく）の仕事もしています。

花、樹液、どちらも大好き

シロテンハナムグリ

完

黒っぽい体色のシロテンハナムグリ。

上翅《じょうし》には白い点々がある

クヌギなどの樹液レストランで、樹皮に頭をつっこむようにして樹液をなめている姿をよく見かけます。花の蜜《みつ》や傷んだ果実なども食べます。夜は明かりにも飛んできます。体色は黒っぽい個体が多いですが、あざやかな緑色のものもいます。いずれも上翅には白い点々があり、それが名前の由来にもなっています。幼虫は、カブトムシ（P.103）の幼虫を小さくしたような姿で、土の中でくさった植物などを食べながら育ちます。

〔分　類〕
コウチュウ目
コガネムシ科

〔大きさ〕
16〜25㎜

〔分　布〕
本州〜南西諸島

〔時　期〕
4〜10月

出会い率
★★★★☆
雑木林、野原など

もっと知りたい

そっくりなシラホシハナムグリ

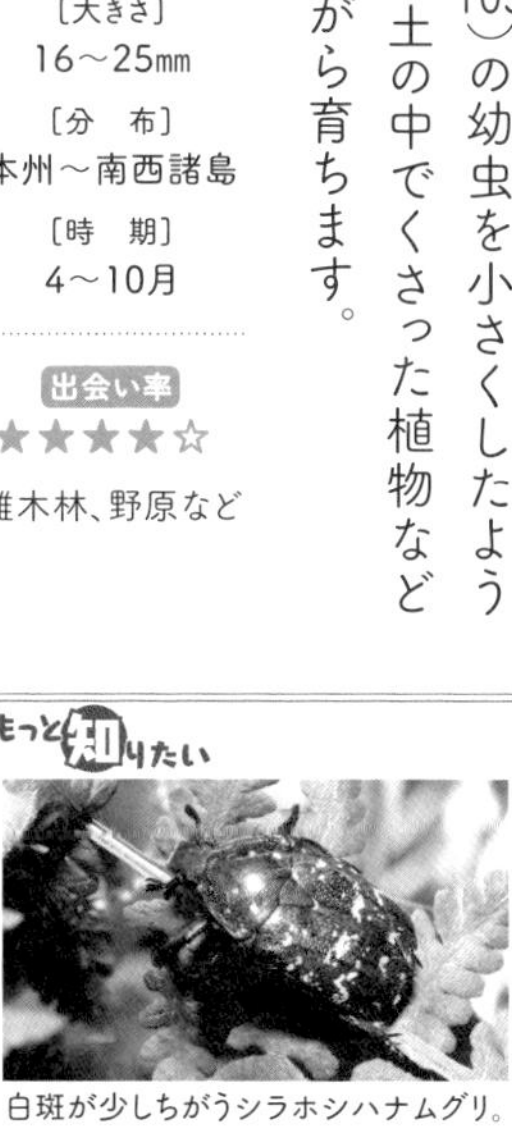

白斑が少しちがうシラホシハナムグリ。

シラホシハナムグリは、シロテンハナムグリにとてもよく似た姿をしています。それでもよく見ると、はねの白い模様がちがっているし、頭の先（頭楯《とうじゅん》）の形も少しちがいます。シラホシハナムグリは、もともと数の多い種ではありませんが、地域によっては近年数を増やしているようです。

シロテンハナムグリはコウチュウでは寿命が長く、2年くらい生きることもあります。

完

食欲旺盛《しょくよくおうせい》で花木を食いあらす
アオドウガネ

おしり付近（腹端部）に長い毛が生えているアオドウガネ。

〔分　類〕
コウチュウ目
コガネムシ科
〔大きさ〕
17～22㎜
〔分　布〕
本州～南西諸島
〔時　期〕
5～9月

出会い率
★★★★★
家のまわり、
野原、公園、
河川敷など

生息域を広げて数も増加

もともと暖かい地域に生息していましたが、地球温暖化などの影響《えいきょう》か、近年、生息する地域を広げて個体数も増やしています。夜行性で明かりによく飛んできますが、昼間でも姿をよく見かけます。食欲旺盛で、種類を問わずさまざまな植物の葉を食べるため、いわゆる「害虫」とされることもあります。体は艶《つや》消《け》しの緑色で、腹の先端部《せんたんぶ》に長い毛がびっしりと生えています。幼虫は地中で暮らし、植物の根などを食べています。

もっと知りたい

食欲がすごいアオドウガネ。

暮らすエリアが北上中

近年、もともと西南日本の暖かい地域に生息していた昆虫が、分布を東へ、北へと広げていく事例が相次いでいて、このアオドウガネもそのひとつ。原因には地球温暖化の影響が考えられますが、理由はそれだけではなく複合的な要素が関係しているようです。

同じ仲間のヤマトアオドウガネは、アオドウガネにおされて数が激減しています。

樹液レストランの常連さん

カナブン

完

樹液を吸うカナブン。体の場所によって銅色や緑色をしている。

〔分　類〕
コウチュウ目
コガネムシ科

〔大きさ〕
23～32㎜

〔分　布〕
本州～九州

〔時　期〕
6～9月

出会い率
★★★★★
雑木林、山地など

夏の雑木林で樹液に集まる

コガネムシの仲間で、夏によく見かけます。樹液が大好き。おもに昼間活動しますが、コナラやクヌギなどの樹液が出ている場所に、昼夜問わず集まります。体には光沢《こうたく》があり、体色は銅色から緑色まで個体差があり、光の当たり具合で色の見えかたは変化します。頭は四角形で大きくつき出ています。飛ぶときは上翅《じょうし》を閉じたまま、下翅《かし》のみを広げます。卵は朽《く》ち木《き》の中に産みつけられ、幼虫は朽ち木を食べて育ちます。

1
2
3
4
5
6
7
8
9
10
11
12

もっと知りたい

黒色に光るクロカナブン

名前のとおり真っ黒なクロカナブン。

クロカナブンは、カブトムシ(P.103)やクワガタ、カナブンなどに比べると出現がおそく、8月中ごろに姿を現します。カナブンに似ていますが、体は真っ黒で強い光沢があります。花や果実などにも飛んできますが数は少なめ。多くはクヌギなどの樹液に集まります。

カナブンの幼虫は、土の中でくさった落ち葉などを食べています。

完

群れ集まって草木をむしゃむしゃ

マメコガネ

光沢（こうたく）のある深緑色や赤褐色（せきかっしょく）をしたマメコガネ。

〔分　類〕
コウチュウ目
コガネムシ科

〔大きさ〕
9～13㎜

〔分　布〕
全国

〔時　期〕
5～10月

出会い率
★★★★★
家のまわり、野原、公園、河川敷など

1㎝ほどの小さな体

大きさ1㎝前後の小さなコガネムシで、成虫は初夏から秋にかけて身近な場所によく現れます。食欲旺盛《しょくよくおうせい》なうえに、群れ集まって、植物を丸坊主にする勢いで食べてしまうため、作物や園芸植物の害虫としてきらわれています。また、日本からアメリカにもちこまれ、現地で大発生して問題となっています。マメ科植物をとくに好むためマメコガネの名がつきましたが、実際は種を問わずさまざまな植物の葉を食べます。

観察のポイント

コガネムシの仲間の幼虫。

イモムシ型の幼虫は土の中

マメコガネだけでなく、コガネムシの仲間の幼虫は「イモムシ型」で、カブトムシ（P.103）の幼虫を小さくしたような姿をしています。多くは土の中で暮らして植物の根を食べながら成長するため、作物や芝生《しばふ》、園芸植物の根を切って傷める害虫としてきらわれがちです。

マメコガネはアメリカで「ジャパニーズビートル」と呼ばれています。

ふんを片づけるおそうじ屋さん

センチコガネ

完

金属光沢のある紫がかった黒色をしたセンチコガネ。

〔分　類〕
コウチュウ目
センチコガネ科

〔大きさ〕
12～22㎜

〔分　布〕
北海道～九州

〔時　期〕
3～12月

出会い率
★★☆☆☆
落ち葉の下など

紫色《むらさきいろ》の金属光沢《こうたく》が美しい

じめじめとしたうす暗い場所にすみ、動物の死がいやふんに集まります。都市部では犬のふんに集まることもあります。メスは動物のふんを土の中に集め、そこに卵を産みます。幼虫はふんを食べて育ち、翌年の春に成虫となります。体は黒っぽく、紫色～青紫色の金属光沢があります。体色はさまざまで、赤紫色や銅色などの個体もいます。よく似た近縁種《きんえんしゅ》に、ひとまわり大きくて色あざやかなオオセンチコガネがいます。

もっと知りたい

さまざまな糞虫《ふんちゅう》

色あざやかな糞虫・オオセンチコガネ。

センチコガネのように、動物のふんを食べるコガネムシの仲間を総称《そうしょう》して「糞虫」といいます。アンリ・ファーブルが書いた『ファーブル昆虫記』に登場するおなじみのスカラベ（いわゆるフンコロガシ）も糞虫です。日本には160種ほどの糞虫が生息しているといわれています。

名前のセンチは「雪隠（せっちん）」からきています。雪隠は「トイレ」を指す昔の言葉です。

都会にも暮らすカミキリの代表格

ゴマダラカミキリ

完

［分類］コウチュウ目カミキリムシ科
［大きさ］25～35㎜ ［分布］全国 ［時期］6～8月

出会い率 ★★★★☆ 家のまわり、公園、雑木林など

上翅《じょうし》の斑点《はんてん》が白色

ゴマダラカミキリは、都市部にも生息し、もっともよく見かけるカミキリムシのひとつです。体は青みがかった黒色で、上翅《じょうし》に白い斑点《はんてん》があるのが特徴《とくちょう》。幼虫はさまざまな樹木の幹の中で育ち、モモやナシ、イチジクなどの果樹の幹に穴を開けてしまうこともあります。

東日本型と西日本型がある

キボシカミキリ

完

［分類］コウチュウ目カミキリムシ科 ［大きさ］14～30㎜ ［分布］本州～南西諸島 ［時期］5～11月

出会い率 ★★★☆☆ 平地～低山地の草地や荒れ地、公園、民家周辺

上翅《じょうし》の斑点《はんてん》が黄色っぽい

幼虫はクワやイチジク、かんきつ類の幹の中で育つため、果樹の害虫とされることもあります。黒い体に黄色い斑点をもち、成虫の胸の黄色部分の模様のちがいなどから、東日本型（東北～関東甲信《かんとうこうしん》越《えつ》などに分布）と西日本型（東海・近畿《きんき》以西を中心に分布）に分けられます。

1 2 3 4 5 6 7 8 9 10 11 12

ゴマダラカミキリによく似た外来種のツヤハダゴマダラカミキリが急増しています。

体長は約60㎜で国内最大級

シロスジカミキリ

完

長い触角（しょっかく）、黄白色の斑点をもつ。

〔分　類〕
コウチュウ目
カミキリムシ科

〔大きさ〕
45～60㎜

〔分　布〕
本州～九州

〔時　期〕
6～8月

出会い率
★★☆☆☆
雑木林など

雑木林で樹皮をかじる

シロスジカミキリは国内最大級のカミキリムシのひとつで、体長は最大60㎜ほど。雑木林周辺に生息し、幼虫はクリやクヌギなどブナ科植物の幹の中で育ちます。また、成虫もブナ科のほかさまざまな樹木の樹皮をかじります。樹液レストランは、このようなシロスジカミキリの活動によってできる場合があります。つかまえると頭と胸をこすり合わせてギイギイ鳴き、はげしく抵抗《ていこう》します。夜行性ですが、日中もわりと動き回ります。

観察のポイント

斑点の色がはっきりと黄色の成虫。

体の斑点《はんてん》は何色？

さなぎから成虫に羽化《うか》したばかりのシロスジカミキリの斑点は黄色です。ところが、何日も生き続けた個体は、次第《しだい》に斑点の色がうすくなり、黄白色から白色に変わっていきます。不思議なことに、新鮮《しんせん》な個体を標本にすると、斑点が白色に変わってしまうといいます。

シロスジカミキリの幼虫は「鉄砲虫（てっぽうむし）」とも呼ばれ、昔は人に食べられていました。

完

ギザギザとした触角《しょっかく》が特徴的《とくちょうてき》

ノコギリカミキリ

幅があって黒い体、ギザギザした触角をもつ。

〔分　類〕
コウチュウ目
カミキリムシ科

〔大きさ〕
23～48㎜

〔分　布〕
北海道～九州

〔時　期〕
5～9月

出会い率
★★★☆☆
雑木林、公園など

少しずんぐりとした体型

雑木林周辺に生息する夜行性のカミキリムシで、明かりにもよく飛んできます。体はこげ茶色～黒色で、細長い体形の種類が多いカミキリムシのなかでは横幅《よこはば》が広く、ずんぐりとしています。触角はノコギリのようにギザギザとしており、触角が太いオスでよく目立ちます。成虫は樹液や樹皮を食べるため、木の幹によく止まっています。幼虫は、スギやヒノキなどの針葉樹またはクヌギなどの広葉樹の朽《く》ち木《き》で育ちます。

もっと知りたい

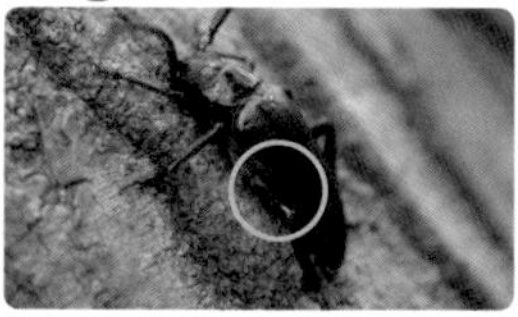

写真の丸印付近をこすって鳴く。

ノコギリカミキリの発音方法

カミキリムシの仲間はふつう、頭と胸をこすり合わせてギイギイと音を出します。ところが、ノコギリカミキリはほかの種類とちがって、上翅《じょうし》と後脚《うしろあし》をこすり合わせて音を出します。この音は威嚇《いかく》だけではなく、仲間とのコミュニケーション手段にも使われているようです。

夜行性のカミキリムシは体が黒っぽくて、複眼（目）が大きいものが多い特徴があります。

気があらくてケンカばかり？

ウスバカミキリ

完

上翅《じょうし》はうすく紙のような質感

雑木林に生息する赤茶色のカミキリムシで、上翅《じょうし》はうすい紙のように透《す》けて見えます。体長は最大で60㎜と、シロスジカミキリ（P.111）、ミヤマカミキリとともに日本最大級の大きさ。夜行性で明かりにもよく飛んできます。気性があらく、ほかの昆虫とよくケンカをします。

〔分類〕コウチュウ目カミキリムシ科
〔大きさ〕39～60㎜〔分布〕全国〔時期〕5～9月

出会い率 ★★★☆☆ 山地、森林、公園、果樹園など

1 2 3 4 5 6 7 8 9 10 11 12

大人になるまで3年かかる

ミヤマカミキリ

完

60㎜ほどにもなる大型種

最大60㎜近くにもなる大型種で、卵から成虫になるまで約3年かかります。体には黄色の短い毛がびっしり生えていて、黄土色に見えます。ミヤマ（深山）という名前ですが平地でも見かけます。よく似たクワカミキリはひとまわり小さく、触角《しょっかく》は灰色と黒のしま模様です。

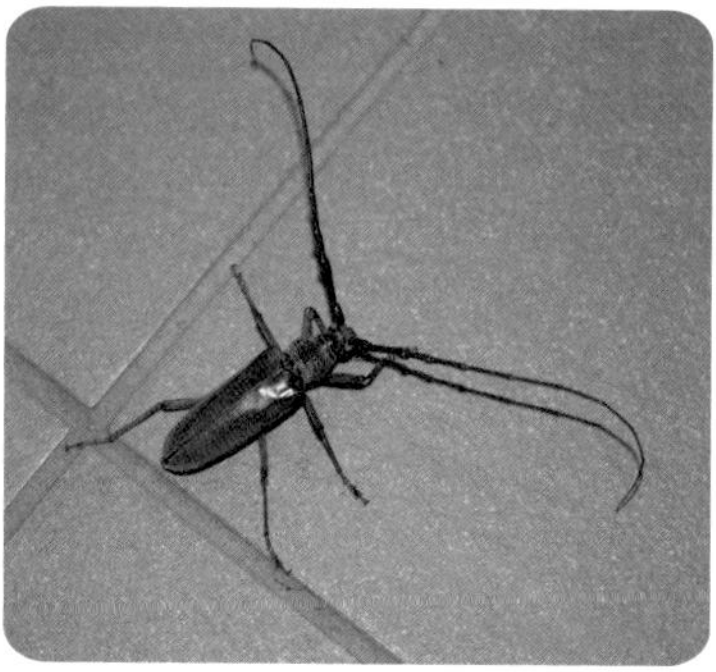

〔分類〕コウチュウ目カミキリムシ科〔大きさ〕32～57㎜〔分布〕北海道～九州〔時期〕5～8月

出会い率 ★★☆☆☆ 雑木林など

1 2 3 4 5 6 7 8 9 10 11 12

カミキリムシを漢字で書くと「髪切虫」や「天牛」となります。

完

アシナガバチに擬態《ぎたい》する!

ヨツスジトラカミキリ

有毒でさしそうに見えるが、ハチに擬態しているだけ。

〔分　類〕
コウチュウ目
カミキリムシ科

〔大きさ〕
14～19㎜

〔分　布〕
本州～南西諸島

〔時　期〕
5～9月

出会い率
★★☆☆☆
雑木林など

毒をもつハチに似た姿

夏の雑木林周辺に見られる、体長15㎜ほどのカミキリムシです。毒のあるアシナガバチに擬態して、天敵から身を守っています。あくまでも姿が似ているだけで、ヨツスジトラカミキリ自体は無毒で、さすこともありません。幼虫は樹木の幹の中で育ちますが、樹種を問わずに成長できるため、全国に広く分布していて比較的《ひかくてき》数も多め。しかし、動きがすばやく、すぐ飛んでいってしまうため、見つけるのはかんたんではありません。

もっと知りたい

羽音もハチに擬態するオオスカシバ。

ハチに擬態する昆虫はけっこう多い

毒をもたない昆虫が、有毒・危険生物に姿を似せて身を守る作戦を「ベイツ型擬態」といいます。このモデルとしてよく使われるのがハチです。カミキリムシだけではなく、ハナアブやガの仲間など、ハチに擬態している昆虫は意外に多いものです。

トラカミキリの仲間には、見た目がよく似た種類がたくさんいます。

草むらを活発に動きまわる

ジョウカイボン

完

ほっそりとした体は、さわるとやわらかい。

ジョウカイボン科の代表種

ジョウカイボンの仲間は国内に少なくとも70種以上いると考えられていて、そのなかでもっともよく見られるのがジョウカイボンです。上翅《じょうし》はやわらかく、体は茶色で、カミキリムシを小さくしたような姿をしています。上翅や脚《あし》の色、模様には個体差があります。春から夏にかけ、草むらなどに多く、都市部でもよく見ることができます。活発に動きまわり、よく飛びます。幼虫、成虫ともに昆虫や小動物などをとらえて食べます。

〔分　類〕
コウチュウ目
ジョウカイボン科

〔大きさ〕
14～18㎜

〔分　布〕
北海道～九州

〔時　期〕
4～8月

出会い率
★★★★☆
野原、林縁など

観察のポイント

広葉樹の葉の上にいることも。

山地に多いアオジョウカイ

アオジョウカイはジョウカイボンの仲間で、初夏の山地でよく見かけます。名前のとおり上翅が青っぽくかがやき、前胸部《ぜんきょうぶ》の縁は黄色です。すばしっこいため、じっと観察するのは大変。ジョウカイボン同様に肉食で、昆虫などをつかまえて食べています。

アオジョウカイの成虫は花の蜜（みつ）を吸うこともあるよ。

完

道を案内してくれる!?

ハンミョウ

長い脚（あし）ですばやく動く。

タマムシにも負けない美しさ

青、赤、緑と、カラフルでとても美しい昆虫です。山道の開けた場所に多く、人が歩くと、飛んではちょっと先に止まるというのをくり返し、まるで道案内でもしているかのように見えるため「ミチオシエ」という愛称《あいしょう》でも親しまれています。ちなみに昔は「はんみょうの粉」が毒薬として使われたといいますが、この「はんみょう」は、ツチハンミョウ科に分類される別の昆虫を指します。もちろんここでのハンミョウは無毒です。

〔分　類〕
コウチュウ目
ハンミョウ科
〔大きさ〕
18～20㎜
〔分　布〕
本州～南西諸島
〔時　期〕
4～9月

出会い率
★★☆☆☆
山道など

観察のポイント

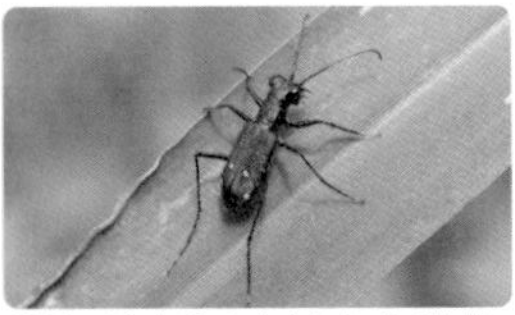

外見は地味だが、大きなあごが特徴。

地域限定のトウキョウヒメハンミョウ

ハンミョウの仲間であるトウキョウヒメハンミョウは、東京周辺、大阪、北九州など限られた場所にのみ生息している種です。そのため日本にもともとすんでいたものではなく、海外から移入・定着した外来種ではないかと考えられています。

英語では「tiger beetle（タイガー・ビートル）」と呼ばれているよ。

東日本でよく見られるオサムシ

アオオサムシ

完

光沢のある緑が美しい。

昼は落ち葉や土の中に

東北から中部地方に生息する大きなオサムシで、とくに関東地方でよく見られます。緑がかった個体が多いものの、体色には個体差があります。上翅《じょうし》には縦《たて》すじと小さな点をもち、はねは退化して飛べず、地面をすばやく歩きまわってミミズ（P.203）や小さな虫をつかまえたり、小動物の死がいに群がったりします。夜行性で、日中は落ち葉の下などに潜《ひそ》んでいます。冬が近づくと朽《く》ち木《き》や崖《がけ》の中にもぐり、成虫で越冬《えっとう》します。

〔分　類〕
コウチュウ目
オサムシ科

〔大きさ〕
22〜33㎜

〔分　布〕
本州

〔時　期〕
4〜10月

出会い率
★★☆☆☆
雑木林、落ち葉の下など

もっと知りたい

地域変異が多いアオオサムシ

赤みがかった体のアオオサムシ。

アオオサムシは飛べないため行動範囲《はんい》が限られています。そのために地域変異（地域ごとに現れる一定の特徴《とくちょう》をもった集団）が多く見られ、地域ごとに10の亜種《あしゅ》に分けられています。基本となるタイプ（基亜種《きあしゅ》）は神奈川県とその周辺に分布しています。

成虫で越冬中のオサムシをがけからほりだして採集することを「オサほり」といいます。

完

カタツムリに頭をつっこみ食べる

ヒメマイマイカブリ

殻の中につっこみやすい形の頭をもつ。

〔分　類〕
コウチュウ目
オサムシ科

〔大きさ〕
36～49㎜

〔分　布〕
本州

〔時　期〕
4～10月

出会い率
★★☆☆☆
雑木林、落ち葉の下など

はねは退化して飛べない虫

マイマイはカタツムリのことで、その殻《から》の中に頭をつっこんで捕食《ほしょく》する姿が名前の由来となっています。主食はカタツムリですが、ミミズ（P.203）などの虫を食べ、ときに樹液もなめます。夜行性で、昼間は落ち葉の下などうす暗くてジメジメとしたところでじっとしています。はねが退化して飛べないため行動範囲は限られており、それぞれの地域に特化した遺伝子をもった集団に分かれ、それぞれ亜種として区別されています。

観察のポイント

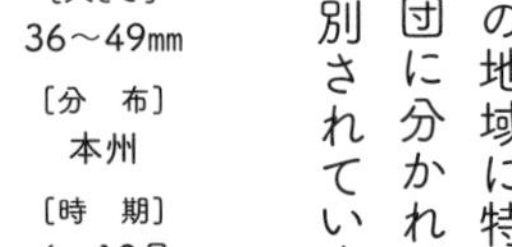

にぶく光るエゾマイマイカブリ。

地域ごとにいくつかの亜種に分けられる

ヒメマイマイカブリは関東～中部に生息する亜種で、頭から胸にかけての部分が紫色《むらさきいろ》っぽいなどの特徴《とくちょう》があります。ほかにもエゾマイマイカブリ（北海道）、キタマイマイカブリ（東北北部）、マイマイカブリ（本州南部・四国・九州）などがいます。

動物の死がいをかたづける

オオヒラタシデムシ

完

胸の部分が広いのが特徴（とくちょう）。

口からくさい汁を出す!?

シデムシの仲間ではもっとも数が多く、市街地にも暮らしています。うす暗くてしめった地面の上を歩きまわっており、小動物の死がいを食べてかたづけてくれるため、「森のおそうじ屋さん」の異名をもちます。この仲間は動物の死がいがあるとどこからともなく集まるため、死出虫（シデムシ）の名がついたといわれています。つかまえると口から悪臭《あくしゅう》のする汁《しる》を出しますが、それが手につくと洗ってもなかなかにおいが取れません。

〔分　類〕
コウチュウ目
シデムシ科

〔大きさ〕
18～23㎜

〔分　布〕
北海道～九州

〔時　期〕
3～11月

出会い率
★★★★★

雑木林、落ち葉の下など

観察のポイント

大きくずんぐりとした姿の幼虫。

幼虫は個性的な姿

オオヒラタシデムシの幼虫は、まるでダンゴムシやワラジムシ（P.207）を大きく長くしたような姿をしています。成虫とまったく異なる姿をしていますが、成虫と同じように地面を歩きまわって、自分で動物の死がいを探し出し、それを食べて大きく成長します。

シデムシは漢字で「埋葬虫」とも書きます。

完

もっとも身近なテントウムシ

ナナホシテントウ

マメ科やキク科の植物にくっついていることが多い。

〔分　類〕
コウチュウ目
テントウムシ科

〔大きさ〕
5.0〜8.6㎜

〔分　布〕
全国

〔時　期〕
3〜11月

出会い率
★★★★★

家のまわり、
野原、公園、
河川敷など

はねの斑点《はんてん》の数は7つ

もっとも身近なテントウムシで、幼虫・成虫ともにアブラムシをつかまえて食べています。早春から晩秋まで活動し、真冬も暖かい日がつづくと、越冬《えっとう》中の成虫が陽だまりに出てきて、歩きまわっている姿がよく見られます。上翅《じょうし》はあざやかな赤色で、黒い斑点が7つあります。この派手な色彩は「警戒色《けいかいしょく》」で、わざと派手にすることで、肉食昆虫や鳥などの天敵となる生きものに、「食べてもまずいぞ」とアピールしています。

観察のポイント

ナナホシテントウの幼虫。

テントウムシをおどろかすと……

テントウムシを指でつつくと、くるりとひっくり返って死んだふりをします。さらに脚《あし》の関節から黄色い汁《しる》を出します。この汁にふくまれる「コシネリン」という成分は、とても苦くて独特のにおいがあります。鳥などは思わずはき出してしまうほどです。

ナナホシテントウの幼虫もおどかすと死んだふりをして黄色い汁を出します。

星がいっぱい テントウムシの仲間たち

ナミテントウ

完

幼虫・成虫ともにアブラムシを捕食《ほしょく》します。赤地に多数の黒い斑点《はんてん》のものや、黒地に赤い斑点が入るものなど、同じ種類とは思えないくらいはねの模様のバリエーションが豊かです。樹皮や雨戸の戸袋《とぶくろ》などで集団越冬《えっとう》します。

〔分類〕コウチュウ目テントウムシ科〔大きさ〕4.7〜8.2㎜〔分布〕全国〔時期〕3〜11月

出会い率 ★★★★★ 家のまわり、野原、公園、河川敷など

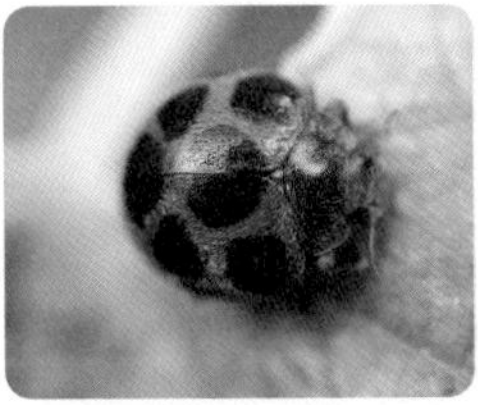

トホシテントウ

完

林の縁《ふち》に多く見られ、カラスウリなどウリ科植物の葉を食べます。体は赤色をしていて全体に細かい毛が多く光沢《こうたく》はありません。幼虫は枝分かれした長い突起《とっき》におおわれ、成虫と同じようにウリ科植物の葉を食べています。

〔分類〕コウチュウ目テントウムシ科〔大きさ〕5.4〜7.5㎜〔分布〕北海道〜九州〔時期〕6〜9月

出会い率 ★★★☆☆ 林縁など

ニジュウヤホシテントウ

完

関東地方より西、年平均気温14度以上の比較的《ひかくてき》暖かい地域に多く見られます。ナス科植物の葉を食べるため、畑の害虫としてきらわれています。体は短毛が多く、体色はくすんだ赤色をしています。テントウムシダマシとも呼ばれます。

〔分類〕コウチュウ目テントウムシ科〔大きさ〕5.3〜6.8㎜〔分布〕本州〜南西諸島〔時期〕5〜9月

出会い率 ★★★★☆ 畑、野原、林縁など

オオニジュウヤホシテントウ

完

年平均気温が14度以下の比較的すずしい地域に多く生息し、ニジュウヤホシテントウとともに、ナス科の植物の葉を食べる害虫としてきらわれています。ニジュウヤホシテントウに似ていますが、上翅《じょうし》の黒い斑点はこちらのほうが大きめです。

〔分類〕コウチュウ目テントウムシ科〔大きさ〕6.6〜8.2㎜〔分布〕北海道〜九州〔時期〕5〜9月

出会い率 ★★★★☆ 畑、野原、林縁など

空気のカプセルをもって泳ぐ

完

ヒメガムシ

10㎜ほどの小さなガムシ

ガムシは体長が40㎜にもなる大型水生昆虫ですが、ヒメガムシは10㎜ほどしかありません。本来はよく見られる種ですが、近年、都市周辺では少なくなっています。水中では呼吸ができないので、ときどき頭を水面に出してお腹の細かい毛の間に潜水用《せんすいよう》の空気をためこみます。

〔分類〕コウチュウ目ガムシ科〔大きさ〕9〜11㎜
〔分布〕全国〔時期〕通年

出会い率 ★★★☆☆ 池、田んぼ、水辺近くの灯火

田んぼに多い水生昆虫

完

コガムシ

ヒメガムシより大きい

平地の田んぼや池沼《ちしょう》など水の流れの少ない場所に生息し、幼虫は小さな生きものを、成虫は水草や藻《も》を食べています。夜は明かりにもよく飛んできます。体は黒っぽく、触角《しょっかく》や脚《あし》は赤茶色。ヒメガムシにそっくりですが、それよりもやや大きめです。

〔分類〕コウチュウ目ガムシ科〔大きさ〕16〜18㎜
〔分布〕全国〔時期〕通年

出会い率 ★★★☆☆ 池、田んぼ、水辺近くの灯火

1 2 3 4 5 6 7 8 9 10 11 12

ガムシは漢字で「牙虫」と書きます。体を裏返すと牙のような1本の長いトゲがあるためです。

身近な水辺でよく見かける

キイロヒラタガムシ

完

[分類]コウチュウ目ガムシ科 [大きさ]5～6㎜
[分布]全国 [時期]通年

出会い率 ★★★★★ 池、田んぼなど

1 2 3 4 5 6 7 8 9 10 11 12

体は茶色っぽい

ヒラタガムシの仲間は種類数がとても多いのですが、そのなかでもっとも個体数が多く、ふつうに見られるのがこのキイロヒラタガムシです。平地の田んぼなど流れの少ない水の中に暮らし、都市周辺にも多くいます。体は黄土色～茶色で、個体差があります。

山地のうす暗い池に多い

キベリヒラタガムシ

完

[分類]コウチュウ目ガムシ科 [大きさ]5～6㎜
[分布]北海道～九州 [時期]通年

出会い率 ★★☆☆☆ ため池、うす暗い湿地など

1 2 3 4 5 6 7 8 9 10 11 12

うすい黄色の縁《ふち》取りがある

山地のうす暗い場所でよく見かける水生昆虫です。木立に囲まれて落ち葉がたまったような水たまりの環境《かんきょう》を好みます。体は黒色で、前胸部《ぜんきょうぶ》と上翅《じょうし》の縁《ふち》は透《す》き通ったうす黄色です。成虫は水草や落ち葉、あるいは魚の死がいなどを食べています。

ヒラタガムシの仲間はよく似た種類がたくさんいるので、見分けるのはむずかしいです。

プールにも来る身近なゲンゴロウ

完

ヒメゲンゴロウ

〔分類〕コウチュウ目ゲンゴロウ科〔大きさ〕11～12.5㎜〔分布〕全国　〔時期〕通年

出会い率 ★★★★☆　池、田んぼなどの水辺

両眼の間と胸に黒い模様

屋外にある学校のプールにも来るほど、身近なゲンゴロウです。体は黄土色で、上翅《じょうし》には黒い点が密にあります。また両眼の間と胸の中央部には黒い帯模様があります。成長が早く1年で何度も世代交代をします。とくに夏場は、卵から20日ほどで成虫になります。

1 2 3 4 5 6 7 8 9 10 11 12

豆のように小さなゲンゴロウ

完

マメゲンゴロウ

写真：株式会社Gakken／アフロ

〔分類〕コウチュウ目ゲンゴロウ科〔大きさ〕6～8㎜〔分布〕全国〔時期〕通年

出会い率 ★★★☆☆　池、田んぼ、河川

上翅《じょうし》は茶色で頭と胸は黒

マメゲンゴロウは、平地の田んぼや水たまりなど、身近な水辺に暮らしています。上翅は茶色で、頭と胸の部分は黒色です。幼虫、成虫ともにアカムシなどの小さな水生生物をつかまえて食べます。メスは水草の茎をかじって穴を開け、その中に産卵します。

1 2 3 4 5 6 7 8 9 10 11 12

ゲンゴロウの仲間の脚は太くて毛が多く、水をかき分けて泳ぐのに便利です。

体長2㎜の小さなゲンゴロウ

チビゲンゴロウ

完

［分類］コウチュウ目ゲンゴロウ科［大きさ］2㎜
［分布］全国［時期］通年

出会い率 ★★★☆☆ 池、田んぼ、水たまりなど

1 2 3 4 5 6 7 8 9 10 11 12

はねには黄色い模様

田んぼや水たまりなど、流れの少ない水の中に生息しています。身近な場所に暮らし、数も多いのですが、体長は2㎜ほど。まるでゴマ粒のように小さいため、見つけるのは大変です。体は黒っぽい色ですが、はねに黄色っぽい模様が入ります。夜は明かりにも飛んできます。

しま模様のはねがおしゃれ

コシマゲンゴロウ

完

［分類］コウチュウ目ゲンゴロウ科［大きさ］9〜11㎜［分布］全国［時期］4〜11月

出会い率 ★★★☆☆ 池、田んぼ、水辺近くの灯火

1 2 3 4 5 6 7 8 9 10 11 12

近年急に数を減らしている

平地の田んぼや水たまりなどの流れの少ない水の中で暮らし、夜は明かりにも集まります。ただ、環境《かんきょう》の変化によって数を減らしつつあります。成虫、幼虫ともに昆虫や小さな魚などを食べています。体は黄土色で、はねはしま模様になっています。

ゲンゴロウ科の代表種であるゲンゴロウは激減し、めったに見られなくなりました。

完

ナラ枯《が》れ病を広める原因に

カシノナガキクイムシ

木くずにうもれてしまうほど小さいカシノナガキクイムシ。

〔分　類〕
コウチュウ目
ナガキクイムシ科

〔大きさ〕
4～5mm

〔分　布〕
本州～九州

〔時　期〕
6～11月

出会い率
★★★☆☆
雑木林など

最近急に増えている

カシナガとも呼ばれる細長くて茶色い甲虫《こうちゅう》で、ナラ枯れ病（ブナ科樹木《じゅもく》萎凋病《いちょうびょう》）の病原体であるナラ菌《きん》を運びます。成虫はクヌギなどの「どんぐりの木」に集まり、幹の中に食い入ります。メスはナラ菌をもっており、それに食い入られた木はナラ菌に感染し、ナラ枯れ病を発症《はっしょう》して枯《か》れてしまうのです。日本在来種ではありますが、ここ最近、急激にすみかを広げ、それにともなってナラ枯れ病の被《ひ》害《がい》も拡大しています。

観察のポイント

樹皮に小さな穴が開いている。

被害にあった木の見つけかた

カシノナガキクイムシが侵入《しんにゅう》すると、幹とその周辺にフラスと呼ばれる粉状のものが大量に発生します。フラスとは木くずやふんが混じったものです。侵入された木の多くは発症してから1～2週間のうちに急速にすい弱し、葉が茶色く枯れて目立つようになります。

ナラ枯れ病が起きた後、地面から猛毒（もうどく）のカエンタケというキノコが生えることも。

ウリ科作物の害虫としてきらわれる

ウリハムシ

完

お腹側は黒っぽい色をしている。

〔分　類〕
コウチュウ目
ハムシ科

〔大きさ〕
6～8㎜

〔分　布〕
本州～南西諸島

〔時　期〕
4～10月

出会い率
★★★★☆
野原、畑、雑木林など

体はオレンジ色で光沢《こうたく》がある

名前のとおりウリ科の植物を食べるハムシです。ウリ科はスイカやカボチャなど、作物として栽培《さいばい》されるものが多く、幼虫は根を、成虫は葉を食べるため、農業害虫としてきらわれています。春先はソラマメやハクサイなど、ほかの作物を食べることもあります。動きがすばしっこく、歩きまわって、人が近づくとすぐに飛んでいきます。またウリハムシは成虫で越冬《えっとう》する昆虫で、石のすきまなどに集まり、集団で冬を越します。

観察のポイント

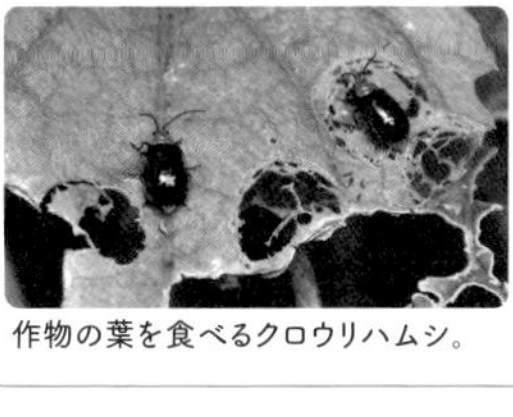

作物の葉を食べるクロウリハムシ。

ウリ科以外も食べるクロウリハムシ

クロウリハムシは、ウリハムシの仲間で、上《じょう》翅《し》は黒く光沢があります。都市部でもよく見られ、カラスウリなどウリ科植物の葉を食べています。ただウリハムシよりも食べる植物の種類の幅が広く、ナデシコ科やキキョウ科、ダイズやシソなどにもやってきます。

1 2 3 4 5 6 7 8 9 10 11 12

ハムシの仲間は種類によって食べる植物が異なります。

春の到来《とうらい》を告げるハムシ

完

コガタルリハムシ

体は瑠《る》璃《り》色《いろ》にかがやく

春が近づくといち早く活動をはじめ、スイバやギシギシなどの葉を食べます。成虫は葉に卵を産み、そこから生まれた幼虫はしばらく葉を食べて育ちますが、やがて土の中でさなぎとなり羽化《うか》します。しかし成虫になってもそのまますごし、翌春に地上に出てきます。

〔分類〕コウチュウ目ハムシ科〔大きさ〕5～6㎜
〔分布〕北海道～九州〔時期〕3～7月

出会い率 ★★★★★ 道ばた、公園、野原など

1 2 3 4 5 6 7 8 9 10 11 12

名前のとおりヨモギが大好き

完

ヨモギハムシ

ずんぐりとした姿のハムシ

ヨモギをはじめとしたキク科植物の葉を食べる、身近なハムシの仲間です。活動期間が長く、陽だまりでは晩秋まで活動しています。ヨモギハムシは成虫で越冬《えっとう》します。瑠《る》璃《り》色《いろ》にかがやく個体が多いですが、体の色には個体差があり、銅色にかがやくものもいます。

〔分類〕コウチュウ目ハムシ科〔大きさ〕7～10㎜
〔分布〕全国〔時期〕5～11月

出会い率 ★★★★★ 道ばた、公園、野原など

1 2 3 4 5 6 7 8 9 10 11 12

美しい見た目だがブドウの害虫

アカガネサルハムシ

完

［分類］コウチュウ目ハムシ科［大きさ］5～8㎜
［分布］北海道～南西諸島［時期］5～8月

出会い率 ★★☆☆☆ 雑木林など

1 2 3 4 5 6 7 8 9 10 11 12

上翅《じょうし》が赤銅色《しゃくどういろ》をしている

ブドウ科植物の葉を食べるため、ブドウの害虫として知られています。雑木林周辺に多く、自然のなかではノブドウやエビヅルなどのブドウ科植物の葉を食べています。体は緑色で金属光沢《こうたく》が強く、上翅は赤銅色も混じって色あざやかに見えます。

金色にかがやく小さな陣笠《じんがさ》

ジンガサハムシ

完

［分類］コウチュウ目ハムシ科［大きさ］7～8㎜
［分布］北海道～九州［時期］4～9月

出会い率 ★☆☆☆☆ 野原、公園、河川敷など

1 2 3 4 5 6 7 8 9 10 11 12

幼虫は脱皮殻《だっぴがら》をおしりにつける

ジンガサハムシは、ヒルガオの葉を食べて育つハムシで、まるで透明《とうめい》な甲羅《こうら》を背負ったようなユニークな姿をしています。体の真ん中はキラキラと金色にかがやきますが、死んでしまうとそのかがやきは失われます。スキバジンガサハムシなど、よく似た種類がいくつかいます。

ハムシの仲間の幼虫は、身を守るために脱皮殻やふんをつける種類が多いです。

日本の昆虫界屈指《くっし》の美しさ

ヤマトタマムシ

完

真夏に葉っぱの上にいるのはメスが多い。

〔分　類〕
コウチュウ目
タマムシ科

〔大きさ〕
24〜40㎜

〔分　布〕
本州〜南西諸島

〔時　期〕
5〜9月

出会い率
★★★☆☆
雑木林、公園など

宝石のように緑色にかがやく

ヤマトタマムシは、雑木林の周辺に生息している細長い形をした昆虫です。体の表面はかたくて強い光沢《こうたく》があり、さわるとつるつるしています。真夏の炎天《えんてん》下《か》のなか、木の上の高いところをさかんに飛び回るため、観察するのは大変です。体は緑色で宝石のようにキラキラとかがやき、胸から上翅《じょうし》にかけては1対の赤い帯があります。成虫はエノキやケヤキ、サクラなどの葉を食べます。幼虫はイモムシ型で、枯《か》れ木の中で育ちます。

観察のポイント

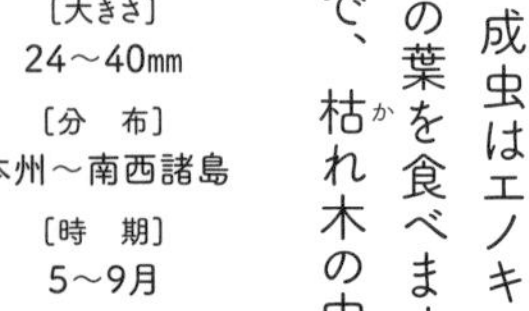

同じ虫でも色味に個体差がある。

見る角度によって色が変わる

ヤマトタマムシのはねは緑色ですが、光の当たり具合で色が変わって見えます。これは、はねの表面がたくさんのうすい層の重なりからなっていて、それぞれの層で光が屈折《くっせつ》や干渉《かんしょう》するからです。このように色素ではなく物質の特殊《とくしゅ》な構造がつくり出している色を構造色《こうぞうしょく》といいます。

飛鳥時代につくられた工芸品「玉虫厨子《たまむしのずし》」はヤマトタマムシのはねが使われています。

山地の清流を代表するホタル

ゲンジボタル

完 固

〔分類〕コウチュウ目ホタル科〔大きさ〕12～18㎜
〔分布〕本州～九州〔時期〕5～7月

出会い率 ★★☆☆☆ 山地の川筋、田んぼなど

東と西で光り方がちがう

山地の清らかな水辺でもっともよく見られるホタルで、幼虫は水中でカワニナなどを食べて育ちます。成虫は早ければ5月ごろから出現し、オスは群れて発光します。光りかたには地域差があり、東日本では約4秒に1回、西日本では約2秒に1回です。

平地を代表するホタル

ヘイケボタル

完

〔分類〕コウチュウ目ホタル科〔大きさ〕7～10㎜
〔分布〕北海道～九州〔時期〕6～8月

出会い率 ★★☆☆☆ 平地の田んぼなど

ゲンジボタルより遅く現れる

平地の田んぼに多く、ゲンジボタルより成虫の出現期は少し遅めです。幼虫は水の中で暮らし、おもにモノアラガイ（P.281）を食べますが、サカマキガイ（P.280）などの外来種などもえさにしています。ゲンジボタルと同じく、成虫になるとえさを食べず、水のみで生きています。

日本には50種類くらいのホタルがいますが、そのうちの3分の2は光りません。

サノ先生の
昆虫採集テクニック

小さな昆虫はとてもこわがりです。ちょっとしたことを気をつけるだけで、いろいろな昆虫に出会うことができますよ。

虫とり網《あみ》は短くもとう！

昆虫採集のときに使う虫とり網は、長い柄《え》がついているので、高いところにいる昆虫にも届き、とても便利な道具です。ですが、昆虫にはいつ出会うか分かりません。長いままもち歩いていると、昆虫に気づかれてかくれてしまうのです。もち歩くときは短く、そして昆虫を見つけたときにすばやくのばしてつかまえましょう。

大きく動くと
昆虫が
おどろいちゃうよ!

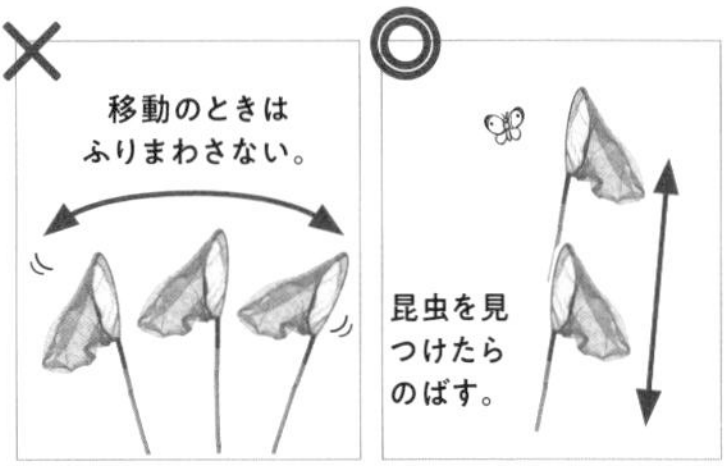

×
移動のときは
ふりまわさない。
◎
昆虫を見
つけたら
のばす。

うしろから、そっと近づこう！

昆虫は危険にとても敏感《びんかん》です。昆虫をつかまえようと近づいたときに目が合うと、パッと飛んで逃げてしまうこともしばしば。なるべく目が合わないようにするには、うしろから、そっと近づくのが一番です。

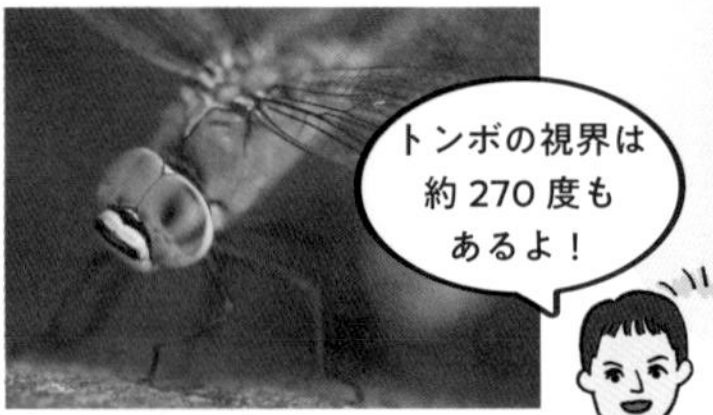

トンボの視界は
約 270 度も
あるよ！

ギンヤンマ（P.154）の目

昆虫が集まる木を見つけよう！

木は幹に傷ができると、そこから樹液が出ることがあります。この樹液には糖分が含まれていて、発酵《はっこう》するとアルコールに変化して、そのにおいにさまざまな昆虫が集まります。樹液がよく出る木には、クヌギやコナラ、シラカシ、アカガシなどがありますので、これらの木を見つけたら、樹液が出ているか探してみましょう！

樹液が出て、虫が集まる場所を「樹液レストラン」と呼びます。

昆虫が集まる代表的な木

クヌギ

コナラ

シラカシ

アカガシ

写真を撮《と》るときはカメラを前後に！

昆虫は、横に動くものに敏感《びんかん》に反応します。スマートフォンやデジタルカメラで昆虫を近くから撮影《さつえい》するときには、ゆっくりと手前から昆虫に近づけると気づきにくいので、シャッターチャンスをのがしません！

昆虫に気づかれないよう、ゆっくり動かそう

日本最大のカマキリ

不

オオカマキリ

前脚《まえあし》のつけ根はうす黄色

オオカマキリは、日本最大のカマキリで、草やぶや林の縁《ふち》などでよく見かけます。体は緑色または茶色で、前脚のつけ根はうす黄色、後翅《こうし》は濃《こ》い紫色《むらさきいろ》です。前脚のかまで生きものをかって食べています。昆虫だけでなく、カエルやトカゲなどをとらえることもあります。

〔分類〕カマキリ目カマキリ科 〔大きさ〕70～95㎜
〔分布〕北海道～九州 〔時期〕3～11月

出会い率 ★★★★★ 家のまわり、公園、野原など

1 2 3 4 5 6 7 8 9 10 11 12

いわゆるカマキリはこれ！

不

チョウセンカマキリ

前脚《まえあし》のつけ根はオレンジ色！

水辺近くの草むらに多く、オオカマキリによく似ています。前脚のつけ根はオレンジ色なところ、後翅《こうし》が透明《とうめい》である点が異なります。また卵《らん》しょうは、幅《はば》が広いオオカマキリに対してこちらは細長い形をしています。単にカマキリとも呼ばれます。

〔分類〕カマキリ目カマキリ科 〔大きさ〕70～95㎜
〔分布〕全国 〔時期〕8～11月

出会い率 ★★★★★ 家のまわり、公園、野原など

1 2 3 4 5 6 7 8 9 10 11 12

カマキリの仲間は、複眼の特徴で夜になると目が黒くなります。

腹が幅広《はばひろ》ではねには白い紋《もん》

ハラビロカマキリ

不

いかにも腹部の幅が広いハラビロカマキリ。右下は卵しょう。

〔分　類〕
カマキリ目
カマキリ科
〔大きさ〕
45〜70㎜
〔分　布〕
本州〜南西諸島
〔時　期〕
8〜11月

出会い率
★★★★☆
林縁、公園など

木の上に暮らし狩《か》りをする

木に暮らすカマキリで、樹木のまわりでよく見かけます。枝葉の上でじっと待ちぶせし、近くを通った虫をつかまえて食べます。名前のとおり、ほかのカマキリに比べて腹の幅《はば》が広く、ずんぐりとしています。体はふつう緑色ですが、茶色い個体もいます。どちらも前翅《ぜんし》には1対の白い斑紋《はんもん》があります。ほかのカマキリ同様に卵で越冬《えっとう》します。卵《らん》しょうの形はオオカマキリ似ですが、より小さく細長く黒っぽい色をしています。

もっと知りたい

外来種のムネアカハラビロカマキリ

ムネアカハラビロカマキリの成虫。

近年、ハラビロカマキリによく似た姿をした、外来種のムネアカハラビロカマキリが急速に分布を拡大しています。正体ははっきりしていませんが、中国原産と考えられています。ムネアカハラビロカマキリは、胸から腹にかけた部分がピンク色なのが特徴《とくちょう》です。

カマキリの若虫は、腹の先を上に向けていることが多いという特徴があります。

かまの内側の模様がおしゃれ

コカマキリ

不

体が茶色の個体が多い

とても身近なカマキリで、道路や土の上でよく見かけます。明かりに集まる性質も強く、夜、コンビニの窓などにもよく現れます。ふつう体はうす茶色～こげ茶色ですが、まれに緑色の個体も見られます。前脚《まえあし》のかまの内側に白や黒の帯があります。

〔分類〕カマキリ目カマキリ科〔大きさ〕35～65㎜
〔分布〕本州～九州〔時期〕8～11月

出会い率 ★★★★☆ 野原、林縁など

2㎝弱と程度と日本最小

ヒナカマキリ

不

オスよりメスが圧倒的《あっとうてき》多数

照葉樹林《しょうようじゅりん》の地面近くに暮らす、とても小さな茶色いカマキリです。あまりにも地味で小さいうえに、動きがすばしっこいため、発見はかんたんではありませんが、東京都心でも公園や街中などにも生息しています。メスの方が多く、オスはまれといわれています。

〔分類〕カマキリ目コブヒナカマキリ科〔大きさ〕12～18㎜〔分布〕本州～南西諸島〔時期〕8～10月

出会い率 ★☆☆☆☆ 山地、林内など

ヒナカマキリは2019年に、カマキリ科からコブヒナカマキリ科に変更されました。

果樹の害虫としてきらわれる

チャバネアオカメムシ

不

緑色の体に茶色いはねが目立ちます。

体は緑色ではねは茶色

カメムシは、三角形の頭部と五角形をした体が「カメ」を連想させることからその名がつきました。チャバネアオカメムシは、都市部をふくむ身近な場所で、よく見られる一種です。体の緑色とはねの茶色の対比がよく目立ちます。それが、秋になると全体が茶色の個体も出現します。種類を問わずさまざまな木の実の汁《しる》を吸うため、果樹を傷める害虫として知られています。また、幼虫は5回脱《だっ》皮《ぴ》して成虫になります。

〔分　類〕
カメムシ目
カメムシ科

〔大きさ〕
10～12㎜

〔分　布〕
全国

〔時　期〕
4～11月

出会い率
★★★★☆
林縁、公園など

もっと知りたい

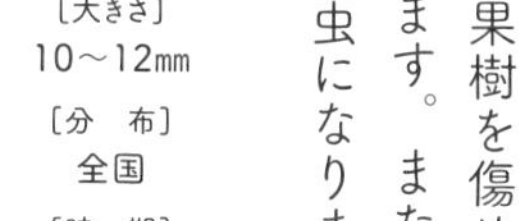

褐色型のチャバネアオカメムシ。

カメムシ自体はくさくない

「くさい」ときらわれがちなカメムシですが、カメムシの体そのものはくさくありません。危険を感じたとき、身を守るために悪臭《あくしゅう》を放っているのです。だから、洋服などに止まっても、刺激《しげき》しないようやさしく別の場所に移してあげれば、においになやまされることはありません。

カメムシの仲間は、成虫で越冬（えっとう）する種類が多いことが分かっています。

越冬《えっとう》のため家の中にも侵入《しんにゅう》

不 クサギカメムシ

［分類］カメムシ目カメムシ科［大きさ］13〜18㎜
［分布］本州〜南西諸島［時期］4〜11月

出会い率 ★★★★★ 家のまわり、野原、林縁など

発するにおいはかなり強烈《きょうれつ》

　とても身近なカメムシで、越冬《えっとう》などのため室内にもよく入ってきます。クサギ以外にもさまざまな種類の植物の汁《しる》を吸い、モモやリンゴなどの果樹をいためる害虫としても知られています。刺激《しげき》したときに発するにおいは、カメムシのなかでは強烈な部類に入ります。

メスは自分の卵を守る

不 エサキモンキツノカメムシ

［分類］カメムシ目ツノカメムシ科［大きさ］11〜13㎜
［分布］北海道〜九州［時期］4〜11月

出会い率 ★★★☆☆ 林縁など

胸のハートがアクセント

　胸にあるうす黄色のハートマークが特《とく》徴的《ちょうてき》なカメムシです。体は赤茶色で周縁《しゅうえん》部《ぶ》は緑っぽい色をしています。幼虫・成虫ともにミズキやサンショウなどの樹木の汁《しる》を吸います。メスは葉の上に産卵し、自分が産んだ卵や幼虫の世話を自分でします。

宝石のような美しさ

アカスジキンカメムシ

不

幼虫時代の姿も個性的

アカスジキンカメムシは、雑木林とその周辺に生息し、ミズキやフジ、ヒノキなどさまざまな樹種の葉や果実の汁《しる》を吸っています。成虫は緑色にかがやき、赤いラインがアクセントになって見ばえがします。幼虫は色こそ地味なものの、腹の模様が笑った顔のように見えます。

［分類］カメムシ目キンカメムシ科［大きさ］16〜20㎜
［分布］本州〜九州［時期］3〜10月

出会い率 ★★★☆☆　林縁など

1 2 3 4 5 6 7 8 9 10 11 12

さされると痛いので要注意

ヨコヅナサシガメ

不 外 危

サクラの幹がお好み？

中国やインド、インドシナ半島原産の外来種で、都市部でもよく見かけます。サクラの幹にとくに多く、毛虫などをつかまえ、その体液を吸っています。動きはにぶく、積極的に人をおそう虫ではありませんが、つかむとさされることがあるので要注意。

［分類］カメムシ目サシガメ科［大きさ］16〜24㎜
［分布］本州〜九州［時期］5〜9月

出会い率 ★★★★★　公園など

1 2 3 4 5 6 7 8 9 10 11 12

ヨコヅナサシガメは、ガの仲間であるヒロヘリアオイラガ（P.92）の天敵です。

不

どこでも見られる定番種
アブラゼミ

〔分類〕カメムシ目セミ科〔大きさ〕53〜58mm
〔分布〕北海道〜九州〔時期〕7〜9月

出会い率 ★★★★★ 家のまわり、公園、雑木林など

都市部では減少傾向？

アブラゼミは、身近な場所に多く生息するセミです。はね全体が茶色で、ジュクジュクと大きな声で鳴きます。ただし、近年都市部では数が減ってきているといわれています。また、沖縄にはおらず、かわりに同じ仲間のリュウキュウアブラゼミが生息しています。

不

夏の到来《とうらい》を告げる
ニイニイゼミ

〔分類〕カメムシ目セミ科〔大きさ〕33〜38mm
〔分布〕全国〔時期〕6〜9月

出会い率 ★★★★★ 家のまわり、公園、雑木林など

幼虫のぬけ殻《がら》は泥《どろ》まみれ

ほかのセミに先がけて、夏の到来を知らせるように、本州でも早ければ6月から鳴きはじめます。はねは茶色い斑《まだら》模様。鳴き声は高くかわいた音色で、「シーチー」と一定の強さで長く鳴きつづけます。幼虫は泥を身にまとっていますが、なぜなのかは分かっていません。

セミの腹の中には大きな空洞があって、そこで音を大きく響かせて鳴いています。

西日本でおなじみ

クマゼミ

不

〔分類〕カメムシ目セミ科〔大きさ〕61～68㎜
〔分布〕本州～南西諸島〔時期〕7～9月

出会い率 ★★★★☆ 家のまわり、公園、雑木林など

1 2 3 4 5 6 7 8 9 10 11 12

体長も鳴き声も日本一

西日本では定番、暖かい地域の平地や低山地に暮らすセミで、体の大きさ、鳴き声の大きさともに日本最大級。朝と夕方に「シャアシャア」と鳴きます。幼虫が土とともに運ばれて、東京など本来生息しない地域でも見られるようになってきました。

青緑色の模様が美しい

ミンミンゼミ

不

〔分類〕カメムシ目セミ科〔大きさ〕55～65㎜
〔分布〕北海道～九州〔時期〕7～10月

出会い率 ★★★★☆ 家のまわり、公園、雑木林など

1 2 3 4 5 6 7 8 9 10 11 12

西日本では山のセミ

夏の炎天下《えんてんか》に、「ミンミン」と大きな声で鳴きます。街中でも多く見られるので、セミといえばミンミンゼミを思いうかべる人も多いくらい、とても身近な存在です。ただしそれは東日本での話。西日本の街中では少数派で、どちらかというと山のセミです。

セミが飛ぶときにおしっこをするのは、体を軽くするためといわれています。

朝夕にさみしい声で鳴く

ヒグラシ

不

〔分類〕カメムシ目セミ科〔大きさ〕42～50㎜
〔分布〕北海道～九州〔時期〕7～9月

出会い率 ★★★★☆ 家のまわり、公園、雑木林など

鳴き声はカナカナ

ヒグラシは秋の季語として知られていますが、鳴きはじめは意外に早く、7月下旬にはその声が聞こえてきます。朝と夕方、「カナカナ」とさみしそうな声で鳴きます。くもりの日や、うす暗い林内では日中も鳴きます。動きがすばやく、姿を見つけづらいセミのひとつです。

夏の後半に現れる個性派

ツクツクボウシ

不

〔分類〕カメムシ目セミ科〔大きさ〕40～45㎜
〔分布〕北海道～九州〔時期〕7～10月

出会い率 ★★★★★ 家のまわり、公園、雑木林など

体はやや細長い

8月に入って本格的に鳴くセミで、年によっては10月ごろまで声をきくことがあります。鳴き声はとても個性的で、ツクツクボウシの名前もそれにちなみます。やや細長い体型が特徴的《とくちょうてき》。また、人の気配に敏感《びんかん》なため、姿を見つけるのは大変です。

1 2 3 4 5 6 7 8 9 10 11 12

セミの羽化（うか）は夜におこなわれます。カブトムシ探しのついでに観察してみよう！

幼虫は白い綿を出し身をかくす

アオバハゴロモ

不

成虫ははねを閉じて止まる

幼虫・成虫ともに草木の茎《くき》に止まり、その汁《しる》を吸っています。成虫はあわい青緑色で、縁《ふち》はほんのりピンクがかり、よく見るとなかなか美しい昆虫です。幼虫は白い綿状の物質を出してその中にまぎれこみますが、つかもうとするとぴょんとはねます。

［分類］カメムシ目アオバハゴロモ科 ［大きさ］9～11㎜
［分布］本州～南西諸島 ［時期］7～10月

出会い率 ★★★★★ 公園、雑木林など

1 2 3 4 5 6 7 8 9 10 11 12

愛称はバナナムシ

ツマグロオオヨコバイ

不

頭部と胸部に黒い斑点《はんてん》

ヨコバイの仲間は種類が多いですが、もっとも身近でよく見かける種類がこれ。頭部と胸部に黒い斑点があり、見た目からバナナムシの愛称《あいしょう》があります。危険を感じると、体を横に動かして葉の裏などに身をかくします。ヨコバイ（横ばい）の名はそこからきています。

［分類］カメムシ目オオヨコバイ科 ［大きさ］13㎜
［分布］北海道～九州 ［時期］5～10月

出会い率 ★★★★★ 公園、野原、林縁など

1 2 3 4 5 6 7 8 9 10 11 12

ヨコバイやウンカの仲間は、人には聞こえないような小さな音で鳴いています。

不

水の上をスイスイ動く
アメンボ

水の上でも沈まない。

〔分　類〕
カメムシ目
アメンボ科
〔大きさ〕
11〜16㎜
〔分　布〕
全国
〔時　期〕
4〜10月

出会い率
★★★★☆
田んぼ、公園の池、水たまりなど

流れのない水辺が好き

流れが小さい田んぼや池の水の上をスイスイ移動していくアメンボは、あまり似ていませんが、カメムシの仲間です。水の上で暮らしていて、水に落ちた昆虫などをつかまえると、針のような口で体液を吸ってしまいます。アメンボが水に沈まないのは、体や脚に油分をもった細かい毛がびっしりと生えていて、その毛が水をはじくからです。アメンボの成虫は、りっぱな4枚のはねをもっていて、晴れた日には水辺を飛び回っています。

もっと知りたい

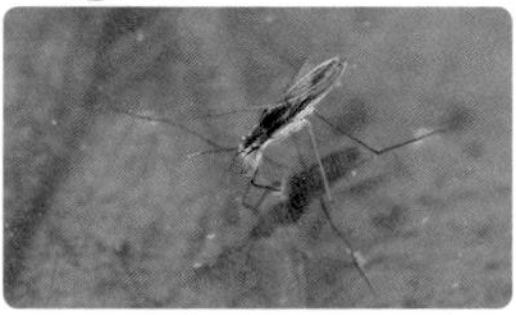

アメンボと一緒に見かけることも多い。

アメンボより小さいヒメアメンボ

ヒメアメンボは、アメンボの仲間です。大きさは10㎜ほどでアメンボよりも小さく、体の両側やはねに灰色っぽい細かな毛が生えているのが特徴です。ヒメアメンボは、アメンボと一緒《いっしょ》にいることも多く、池や田んぼ、水たまりなどでよく見られます。

1
2
3
4
5
6
7
8
9
10
11
12

さわるとアメのような甘いにおいがするので、アメンボという名前がついています。

背中の色が名前の由来

コセアカアメンボ

不

植物が多い山の水辺に暮らす

コセアカアメンボは、その名前のようにふつうのアメンボより少し小さめで、背中が赤茶色をしたアメンボです。山の中の植物が茂《しげ》った池や沼にすんでいて、水面に落ちた虫などをつかまえて体液を吸います。成虫は、はねで空を飛ぶことができます。

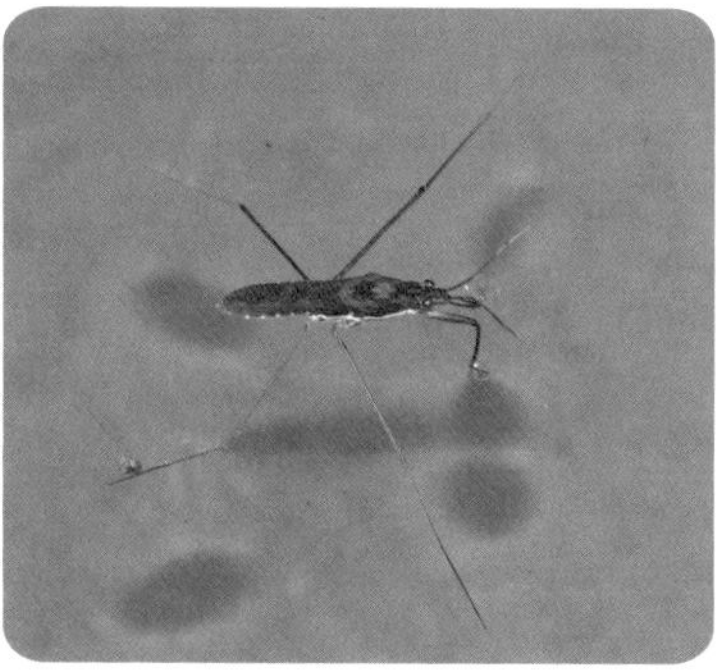

〔分類〕カメムシ目アメンボ科〔大きさ〕11～16㎜
〔分布〕全国〔時期〕4～5月

出会い率 ★★★★☆ 植物がしげった池や沼

1 2 3 4 5 6 7 8 9 10 11 12

コセアカアメンボにそっくり

ヤスマツアメンボ

不

うす暗い水たまりが好き

ヤスマツアメンボは、背中が赤茶色をしているなどコセアカアメンボにとてもよく似たアメンボで、なかなか見分けがつきません。見分けるポイントとしては、コセアカアメンボより体が少し小さいところです。うす暗い場所が好きで、木におおわれた暗い池などにすんでいます。

写真：香田ひろし／アフロ

〔分類〕カメムシ目アメンボ科〔大きさ〕9～14㎜
〔分布〕北海道～九州〔時期〕3～12月

出会い率 ★★★★☆ 山の近くの木におおわれた暗い池

1 2 3 4 5 6 7 8 9 10 11 12

コセアカアメンボとヤスマツアメンボは、同じ水たまりで暮らしていることがあります。

不

オスが卵を背中に乗せて守る

コオイムシ

するどい前脚をもつ。左は卵を背負ったオス。

浅い水辺にすんでいる

コオイムシは、平野にある池や田んぼなどに生息する昆虫です。体の色は茶褐色《ちゃかっしょく》で、かまのような形をした前脚《まえあし》で小さな魚やオタマジャクシ、ヤゴ、巻貝などをつかまえて口針《こうしん》をさし、体液を吸います。おしりの先に呼吸するための管があり、呼吸が必要なときは水面に近づき、おしりの先を水の外に出して息をします。メスは、卵をオスの背中に産みつけ、オスは卵を背中に乗せたまま、卵がふ化するまで守りつづけます。

〔分　類〕
カメムシ目
コオイムシ科

〔大きさ〕
17～25㎜

〔分　布〕
北海道～九州

〔時　期〕
通年

出会い率
★★★☆☆
平野の池や沼、田んぼなど

もっと知りたい

日本最大級の水生昆虫タガメ

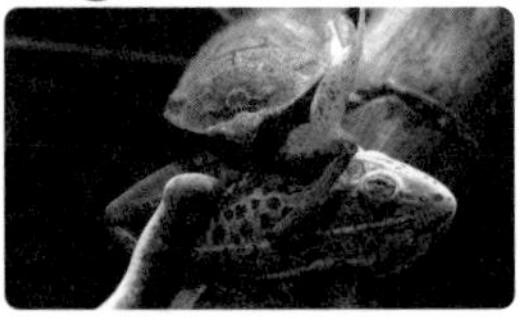

カエルを食べるタガメ。

タガメは、田んぼや沼にすむコオイムシによく似た昆虫です。大きさは約60㎜とコオイムシよりずっと大きく、日本の水生昆虫では最大級のサイズです。体の色は暗い黄褐色《おうかっしょく》をしており、前脚で魚やカエルをとらえて、口針を使って体液を吸います。

メスが産みつけた卵を、オスが背中に乗せていることからコオイムシと呼ばれています。

太鼓《たいこ》を打つ仕草をする昆虫

タイコウチ

不

動かずじっと獲物《えもの》を待つ

田んぼや池など、水の中にいる昆虫です。成虫は、水中に生息する昆虫やオタマジャクシ、小魚、小さなカエルなどを大きな前脚《まえあし》でつかまえて体液を吸います。幼虫のときはボウフラなどを食べてすごします。おしりの先に呼吸をするための長い管があるのが特徴《とくちょう》です。

〔分類〕カメムシ目タイコウチ科〔大きさ〕30～38㎜
〔分布〕本州～南西諸島〔時期〕4～11月

出会い率 ★★☆☆☆ 田んぼ、池、流れのゆるやかな川など

1 2 3 4 5 6 7 8 9 10 11 12

カマキリに似たタイコウチ

ミズカマキリ

不

細長い体の端《はし》に長い管

タイコウチの仲間ですが、細長い体とかまのような形の前脚《まえあし》がカマキリに似ているので、ミズカマキリと呼ばれています。細長い体の後ろ端《はし》に、呼吸のための長い管があるのが特徴《とくちょう》です。前脚を使って水に落ちた昆虫や水生昆虫などをつかまえて食べます。

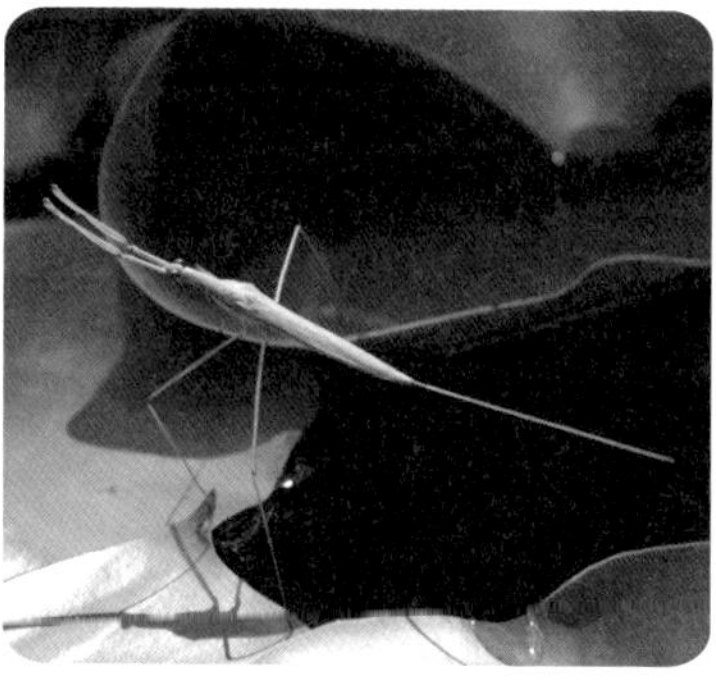

〔分類〕カメムシ目タイコウチ科〔大きさ〕40～45㎜
〔分布〕全国〔時期〕通年

出会い率 ★★★☆☆ 田んぼや池、沼、流れのゆるやかな小川など

1 2 3 4 5 6 7 8 9 10 11 12

前脚を動かす様子が、太鼓を打つように見えるので、タイコウチと名づけられました。

不 危

水面をスイスイ背泳ぎ

マツモムシ

水面の近くであお向けになって泳ぐ。

〔分　類〕
カメムシ目
マツモムシ科

〔大きさ〕
11～14㎜

〔分　布〕
北海道～九州

〔時　期〕
通年

出会い率
★★★★☆

水草が生えた
池や沼

後脚《うしろあし》で水面を器用に泳ぐ

水草の生えた池や沼に暮らす昆虫です。水面のすぐ下であお向けになり、長い後脚をオールのように使って背泳ぎで泳ぎます。飛び立つときは、くるりと反転し、背中を上に向けてはねを広げます。オタマジャクシや水に落ちてきた昆虫をつかまえて、とがった口をつきさし、体液を吸って食べてしまいます。素手でマツモムシをつかまえようとすると、さされて、腫《は》れたり痛みが走ったりするので注意が必要です。

観察のポイント

水から上がったマツモムシ。

どうして背泳ぎするの？

昆虫は、空気を吸って呼吸をしています。マツモムシのお腹には、水をはじく細かい毛がたくさん生えています。その毛の間に空気の泡《あわ》をかかえこんで、水中で呼吸するのに使っています。そのため空気の浮力《ふりょく》がはたらいて、お腹を上にして泳いでいるのです。

マツモなどの水草が生えているところにいるため、マツモムシと名づけられました。

もっともよく見かけるトンボ

シオカラトンボ

不

おしりの形や体の色で見分けられる。

〔分　類〕
トンボ目トンボ科

〔大きさ〕
47～61㎜

〔分　布〕
全国

〔時　期〕
5～10月

出会い率
★★★★★

平地の田んぼや
低い山の水辺

白い粉におおわれた体

シオカラトンボは、春から秋にかけてもっともよく見かけるトンボのひとつで、深い青緑色をした大きな目が特徴《とくちょう》です。メスや若いオスの体は、くすんだ黄色をしているので、ムギワラトンボと呼ばれることもあります。

成虫のオスは、体が黒っぽくなり、お腹や背中が白い粉でおおわれます。その白い粉を塩こんぶにつく塩にたとえられ、シオカラトンボと名づけられました。成虫は、おもにカヤチョウなどの昆虫を食べてすごします。

もっと知りたい

シオカラトンボとどこがちがう？

体が太くまっすぐのびている。

オオシオカラトンボは、シオカラトンボによく似ていますが、全長49～61㎜とシオカラトンボよりやや大きく、目の色も黒っぽいのが特徴です。お腹のつくりも、シオカラトンボのように急にくびれて細くなるのではなく、後ろ端《はし》に向かって少しずつ細くなっていきます。

シオカラトンボは、日本の童謡「とんぼのめがね」のモデルともいわれています。

不

群れで大移動する赤トンボ
アキアカネ

田んぼでよく見かけるトンボの代表格。

〔分　類〕
トンボ目トンボ科

〔大きさ〕
32～46㎜

〔分　布〕
北海道～九州

〔時　期〕
6～12月

出会い率
★★★☆☆

平地～
山の水田、池沼、
湿地など

暑さに弱い赤いトンボ

アキアカネは「赤トンボ」と呼ばれているトンボのひとつです。横から見ると胸の部分に3本の黒い線の模様があり、羽化《うか》したばかりのころは黄色っぽい体をしています。成熟するとオスはお腹の部分が赤くなり、メスは背中の部分が赤くなるか、お腹が全体的にオレンジ色になります。アキアカネは、暑さに弱いので、夏になると群れをつくり平地からすずしい山へと移動します。その距離《きょり》は、数十kmにもなるといわれています。

もっと知りたい

体全体が真っ赤なナツアカネ。

体全体が赤くなるナツアカネ

ナツアカネも「赤トンボ」と呼ばれている、アキアカネによく似たトンボです。アキアカネは、お腹の部分が赤くなりますが、ナツアカネの成熟したオスは、体全体が赤くなります。ナツアカネも暑さが苦手で、夏の間は雑木林などに移動してすごします。

「トンボ目トンボ科アカネ属」に含まれるトンボの仲間が「赤トンボ」と呼ばれます。

赤くならない赤トンボ

ノシメトンボ

不

はねの先の色が特徴的。

〔分　類〕
トンボ目トンボ科
〔大きさ〕
40～50㎜
〔分　布〕
北海道～九州
〔時　期〕
6～11月

出会い率
★★★★★
平地～低い山の池や沼、田んぼ

ほかの赤トンボより大きな体

ノシメトンボは、アキアカネ（P.150）と同じ赤トンボの仲間ですが、体が赤くなることはありません。はねの先が茶褐色《ちゃかっしょく》になっているのが特徴《とくちょう》で、羽化《うか》したばかりのころは、オス・メスともに黄褐色《おうかっしょく》の体色をしています。成熟すると、オスはお腹や背中が茶褐色に変わり、メスは少し体の色が濃《こ》くなります。ほかの赤トンボよりも大きな体をもっていて、平地から低い山の田んぼや池、沼などでよく見ることができます。

もっと知りたい

より赤みの強い体のコノシメトンボ。

体も顔もまっ赤なトンボ

コノシメトンボは、ノシメトンボによく似ていますが、ノシメトンボより少し小さく、はねの先が焦げ茶色なのが特徴です。コノシメトンボのオスは成熟すると、体も顔も真っ赤になり、メスは背中の色が濃くなります。丘陵《きゅうりょう》の池や田んぼなどで見られます。

ノシメトンボのノシメとは、腰とそでの部分に色がついている和服の模様のことです。

お腹に白や黄色い帯がある

コシアキトンボ

不

〔分類〕トンボ目トンボ科〔大きさ〕40～50㎜
〔分布〕本州～南西諸島〔時期〕6～9月

出会い率 ★★★★☆ 平地や低い山の池や沼など

オスはお腹の色が変化する

体の色は黒で、メスや成熟していないオスは、お腹に黄色いテープを巻いたような部分があります。成熟するとオスは黄色の部分が白くなりますが、メスは黄色のままです。本州から沖縄までの平地や丘陵《きゅうりょう》、低い山の池や沼などにすんでいます。

南から海をこえてやって来る

ウスバキトンボ

不

〔分類〕トンボ目トンボ科〔大きさ〕40～50㎜
〔分布〕全国〔時期〕4～11月

出会い率 ★★★★☆ 平地の池や水田など

うすく大きなはねとスマートな体

ウスバキトンボは、体が黄褐色《おうかっしょく》や赤褐《せきかっ》色《しょく》をしたトンボです。透明《とうめい》でうすくて幅《はば》広《ひろ》のはねをもっているのが特徴《とくちょう》です。5月ごろに南から海を渡って飛んできて、8月のお盆《ぼん》のころになると、日本各地で群れをつくって飛んでいる姿が見られるようになります。

コシアキトンボは腰の白い部分が空いているように見えるので、この名がつきました。

1
2
3
4
5
6
7
8
9
10
11
12

青色にかがやく最速のトンボ

マルタンヤンマ

不

［分類］トンボ目ヤンマ科［大きさ］60～80㎜
［分布］本州～九州［時期］6～9月

出会い率 ★★★☆☆ 植物がしげっている池や沼、湿地など

早朝や夕方に飛び回る

マルタンヤンマは褐色《かっしょく》のはねをもち、オスは濃《こ》い褐色の体にコバルトブルーのまだら模様（斑紋《はんもん》）を、メスは茶褐色《ちゃかっしょく》の体に黄色のまだら模様をしています。オスはおもに早朝や夕方に谷の中を猛《もう》スピードで飛び回るため、あまり人の目にふれることがありません。

1
2
3
4
5
6
7
8
9
10
11
12

暗いやぶにすんでいるトンボ

ヤブヤンマ

不

［分類］トンボ目ヤンマ科［大きさ］80㎜
［分布］本州～南西諸島［時期］6～9月

出会い率 ★★☆☆☆ 丘や低い山の木陰の池や沼

成熟したオスの目は水色

ヤブヤンマはヤンマ科のトンボです。成熟したオスは、水色の目と、胸に黒と黄緑色の斑紋《はんもん》があるのが特徴《とくちょう》です。いっぽうで、メスは成熟しても体の色は未成熟時のまま黄色です。暗いやぶにすんでおり、うす暗い夕方に、木に囲まれた日当たりの悪いため池などに産卵します。

マルタンヤンマの名前は、フランスのトンボ学者マルタンにちなんでつけられました。

不

なわばり意識が強いトンボ

ギンヤンマ

メスでオスをおびき寄せる「トンボ釣り」でも有名。

広い水辺を飛び回る

ギンヤンマは、頭と胸はあざやかな黄緑色、お腹は黄褐色《おうかっしょく》をしており、オスのお腹のつけ根は明るい青色をしています。オスもメスも成熟するとはねが茶褐色《ちゃかっしょく》になります。平地や丘の日当たりのよい水辺でよく見られます。オスはなわばり意識がとても強く、田んぼや池の上を行ったり来たりして見張りをしています。そして、ほかのオスやトンボがなわばりに入ってくると、飛んでいって追いはらおうとします。

〔分　類〕
トンボ目ヤンマ科
〔大きさ〕
70～80㎜
〔分　布〕
全国
〔時　期〕
5～10月

出会い率
★★★★☆
平地や丘の日当たりのよい池など

もっと知りたい

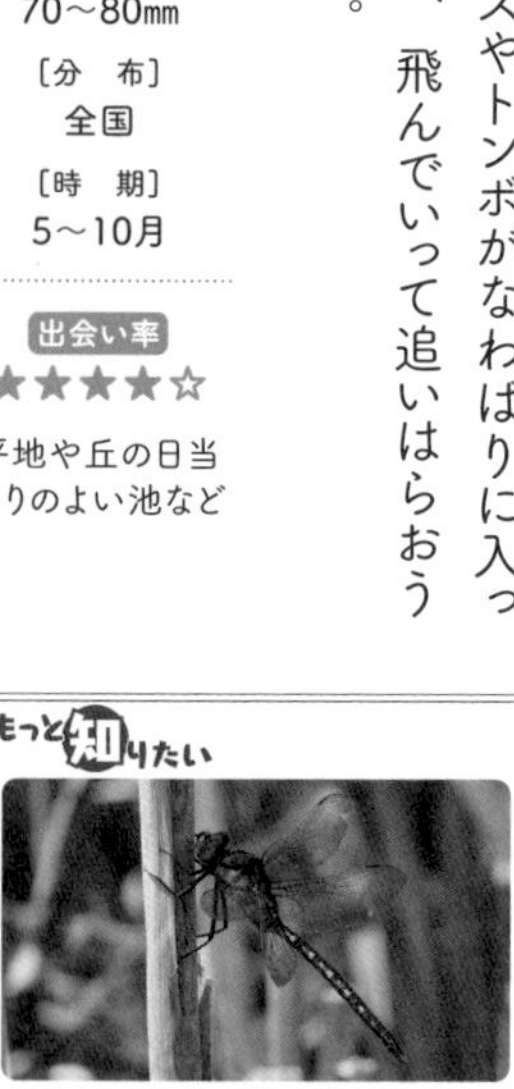

胸の模様が見分けるポイント。

胸の黒いすじが目じるし

クロスジギンヤンマは、ギンヤンマに姿がよく似ていて、大きさも同じくらいです。見分けるには胸部を確認し、黒いすじが2本あればクロスジギンヤンマです。日の当たる明るいところが好きなギンヤンマとは異なり、小さい池やうす暗い池などにも見られます。

お腹の裏側に銀白色の模様があるので、ギンヤンマと呼ばれています。

昆虫

日本で最大のトンボ

オニヤンマ

不

ほかのトンボに比べ、低い位置で飛ぶ。

〔分　類〕
トンボ目
オニヤンマ科

〔大きさ〕
90〜110㎜

〔分　布〕
全国

〔時　期〕
6〜10月

出会い率
★★★★★

里山の田んぼや池

早朝に水辺で羽化《うか》する

エメラルドグリーンの複眼と、黒と黄色のしま模様のお腹をもつ、日本最大のトンボです。オニヤンマは、自分のなわばりをもっていて、なわばりの中を見張るように飛んでいます。するどくて大きなあごで、ガやアブ、ハチなどの昆虫をかみくだいて食べます。オニヤンマの幼虫(ヤゴ)は、3〜5年ものあいだ水中で暮らし、15回も脱皮《だっぴ》をくり返して成虫になります。ヤゴは、水中のミジンコ、昆虫、小魚などをつかまえて食べています。

もっと知りたい

オニヤンマのびっくり飛行能力

川辺を飛ぶオニヤンマ。

オニヤンマは、トンボのなかでは大きな体をもっていますが、すぐれた飛行能力のもち主でもあります。たとえば、4枚のはねをうまく使って高速で急旋回《きゅうせんかい》したり、急停止したりすることもできます。ホバリング(空中静止)してから急発進したり、バックしたりすることも得意です。

こわい顔と黒と黄色の模様が鬼(おに)のフンドシを思わせるので、オニヤンマと呼ばれています。

不

オスのお腹の端《はし》が美しいブルー

アオモンイトトンボ

〔分類〕トンボ目イトトンボ科〔大きさ〕30～35㎜
〔分布〕本州～南西諸島〔時期〕5～11月

出会い率 ★★★☆☆ 池や沼、田んぼ、湿地など

メスにはいくつかの色

アオモンイトトンボは、細長いお腹をもつイトトンボの仲間です。オスは胸の両側が水色やあわい緑色で、お腹のはしが美しい青色をしています。メスは、オスと同じような水色をしているタイプ（同色型）と、緑がかった褐色《かっしょく》か濃《こ》い褐色をしたタイプ（異色型）があります。

不

アオモンイトトンボにそっくり

アジアイトトンボ

〔分類〕トンボ目イトトンボ科〔大きさ〕24～33㎜
〔分布〕全国〔時期〕4～11月

出会い率 ★★★☆☆ 平地や丘陵地の植物の多い池や湿地、田んぼなど

腹部の青色の部分に注目

アオモンイトトンボとよく似たトンボですが、アジアイトトンボのオスは、お腹の端《はし》にある青い模様のある位置が異なります。アジアイトトンボは「腹部第9節」という部分（赤矢印）が青くなっていますが、アオモンイトトンボは少し手前となる「腹部第8節」が青色です。

1 2 3 4 5 6 7 8 9 10 11 12

イトトンボは、体が細くて糸のようなトンボという見た目から名づけられました。

黒いはねが目印

ハグロトンボ

不

オスの体はメタリックカラーだが、メス（右）はしぶい色合い。

〔分　類〕
トンボ目
カワトンボ科

〔大きさ〕
60～70㎜

〔分　布〕
本州～九州

〔時　期〕
6～9月

出会い率
★★★★★

平地や低い山のゆるやかな川、用水路など

ゆったり水面近くを飛行

ハグロトンボは、川の近くにすんでいるカワトンボの仲間です。カワトンボはどれも似た姿をしていますが、ハグロトンボははねが黒いところが大きな特徴《とくちょう》です。オスの体の色は、全体的に黒っぽく、緑色の金属のような光沢《こうたく》がありますが、メスの体の色は、濃《こ》い茶色です。まっすぐすばやく飛ぶことはなく、ゆるやかなスピードで、水面の近くをひらひらと飛びます。肉食性で、おもに小さな昆虫などをつかまえて食べています。

もっと知りたい

はねが青っぽいアオハダトンボ

日光に当たったはねが美しい。

アオハダトンボは、ハグロトンボにとてもよく似たトンボです。ハグロトンボに比べるとはねの色が青っぽく、お腹が金属のような光沢をもった青緑色をしていることからこの名がつけられました。大きさもハグロトンボより少し小さいのが特徴です。

ハグロトンボは、はねの色が歯を黒くぬるお歯黒に似ていることから名づけられました。

不

オニヤンマにそっくり!?

コオニヤンマ

〔分類〕トンボ目サナエトンボ科〔大きさ〕70～90㎜
〔分布〕北海道～九州〔時期〕6～9月

出会い率 ★★★☆☆ まわりに木が生えている川の中～下流

頭のうしろに小さな角をもつ

コオニヤンマは、黒い体に黄色い模様があって、オニヤンマに似たトンボですが、サナエトンボの仲間です。オニヤンマ(P.155)と比べて頭が小さく、後脚《うしろあし》が長いのが特徴《とくちょう》です。またオニヤンマは左右の目がくっついていますが、コオニヤンマの目ははなれています。

渓流《けいりゅう》で見られるサナエトンボ

ヤマサナエ

不

〔分類〕トンボ目サナエトンボ科〔大きさ〕60～70㎜
〔分布〕本州～九州〔時期〕5～7月

出会い率 ★★★★☆ 平地や低い山の川

夏にかけて飛ぶ大型種

ヤマサナエは、胸の部分に2本の黒い模様があるサナエトンボの仲間です。川の近く、とくに渓流沿いで見られることが多く、ハエなどの小さな虫をつかまえて食べています。このほかにも、キイロサナエという、ヤマサナエによく似たサナエトンボの仲間がいます。

早苗(さなえ=稲の苗)を田に植えるころに見られるので、サナエトンボと呼ばれています。

もっともよく見かけるアリ
クロヤマアリ

完

女王とたくさんの働きアリ

クロヤマアリは、体の色が灰色っぽい黒か黒褐色《こくかっしょく》をした、もっともよく見られるアリです。地面の中に巣をつくり、巣の中には1～数匹の女王アリと、その子どもである数千匹の働きアリがいます。働きアリは幼虫の世話など、いろいろな仕事をしています。

〔分類〕ハチ目アリ科〔大きさ〕4～6㎜
〔分布〕北海道～九州〔時期〕3～11月

出会い率 ★★★★★ 低地や山の明るい場所

1 2 3 4 5 6 7 8 9 10 11 12

日本で最大級のアリ
クロオオアリ

完

約1㎝の大型のアリ

クロオオアリは、日本で見られるアリの仲間のなかで最大級のアリのひとつです。毎年5～6月ごろになると、新しい女王アリとオスのアリが、巣から飛び立って飛んでいく「結婚飛行」をおこないます。オスと交尾《こうび》した女工アリは、新しい巣づくりをはじめます。

〔分類〕ハチ目アリ科〔大きさ〕10㎜
〔分布〕北海道～九州〔時期〕4～10月

出会い率 ★★★★★ 日当たりのいい畑や公園など

1 2 3 4 5 6 7 8 9 10 11 12

アリの結婚飛行は、雨があがったあと、晴れて風がない蒸し暑い日によく見られます。

世界最大のスズメバチ

オオスズメバチ

完 毒 危

アレチウリの蜜を吸うオオスズメバチ。

夏の終わりから秋は要注意

オオスズメバチは、世界最大のスズメバチの仲間です。頭は黄色っぽいオレンジ色、胸は黒、お腹は黒と黄色っぽいオレンジ色のしま模様になっています。はねは茶色で、メスは毒針をもっています。スズメバチの毒はとても強く、短期間のうちに何度もさされると、ショックをおこして人間でも死んでしまうことがあります。どう猛《もう》なハチなので、山などで出会ったら、巣に近づいたり刺激《しげき》したりしないように注意が必要です。

〔分　類〕
ハチ目
スズメバチ科

〔大きさ〕
30～40㎜

〔分　布〕
北海道～九州

〔時　期〕
4～10月

出会い率
★★★★☆
里山や山間部

もっと知りたい

スズメバチ同士で栄養を口移しする。

肉団子を食べられないスズメバチの成虫

スズメバチは、コガネムシやカミキリなどの昆虫をつかまえて強力なあごでかみくだき、肉団子にすると巣にもち帰って幼虫や女王バチのえさにします。ところが成虫のスズメバチは、お腹の部分が細いので、つくった肉団子を食べることができません。樹液や花の蜜《みつ》を食べます。

スズメバチという名前は、スズメ(P.24)ぐらい大きなハチというところからきています。

小さいけれど攻撃的《こうげきてき》

キイロスズメバチ

完 毒 危

1 2 3 4 5 6 7 8 9 10 11 12

［分類］ハチ目スズメバチ科［大きさ］20～25㎜
［分布］北海道～九州［時期］3～11月

出会い率 ★★★★☆ 里山や林の近く

マーブル模様のような巣が特徴《とくちょう》

キイロスズメバチは、体のオレンジ色に近い黄色の部分が目立つスズメバチの仲間です。スズメバチのなかでは小さいほうで、大きさもしま模様の色も、アシナガバチに似ています。攻撃的で、毒針で何度もさしてきます。マーブル模様の巣も特徴的です。

おとなしいスズメバチ

コガタスズメバチ

完 毒 危

1 2 3 4 5 6 7 8 9 10 11 12

［分類］ハチ目スズメバチ科［大きさ］25～30㎜
［分布］全国［時期］5～9月

出会い率 ★★★★☆ 庭木や生垣などの枝や草むらの中、軒下

朽《く》ち木《き》に潜《ひそ》んで冬を越《こ》す

コガタスズメバチは、キイロスズメバチと同じくらい多く見かけるスズメバチの仲間です。朽ち木で越冬《えっとう》し、春先にとっくりをひっくり返したような形の巣をつくります。毒針をもっていて、ハチたちを刺激《しげき》してしまうと集団でおそってくることがあります。

コガタスズメバチは、オオスズメバチとくらべると小さいので「小型」と呼ばれています。

アシナガバチの仲間で最大

セグロアシナガバチ

完 毒 危

ヤブカラシの蜜（みつ）を吸いにきたセグロアシナガバチ。

攻撃的《こうげきてき》で毒性も強い

セグロアシナガバチは、日本国内にいるアシナガバチのなかで、もっとも大きなハチです。胴体《どうたい》が細長く、胸の部分の背中側が黒色をしているのが特徴《とくちょう》で、お腹には黒色と黄褐色《おうかっしょく》の模様があります。足の先が黄色というのもセグロアシナガバチの特徴のひとつです。アシナガバチのなかでは攻撃性が高く、毒性も強いので、さされるととても痛みます。家の軒下《のきした》などにシャワーヘッドのような形の巣をつくることがあります。

〔分　類〕
ハチ目
スズメバチ科

〔大きさ〕
10～25㎜

〔分　布〕
本州～南西諸島

〔時　期〕
3～11月

出会い率
★★★★☆

農地の近くや
民家の軒下、
木の枝など

もっと知りたい

家のそばで見られるアシナガバチ

民家の近くではねを休めるハチ。

セグロアシナガバチによく似た大型のアシナガバチが、キアシナガバチです。キアシナガバチは、体の色があざやかな黄色で、はねの後ろ側に黄色の縦線《たてせん》が2本あるのが特徴です。木の枝だけでなく、家の軒下や戸袋《とぶくろ》、木の枝などにも巣をつくります。

アシナガバチは、ほかのハチより長い後脚をダラリと下げて飛ぶことから名づけられました。

昔から日本にすんでいるハチ

ニホンミツバチ

完 固 毒 危

茶褐《ちゃかっしょく》色でおだやかな性格

ニホンミツバチは、昔から日本にすんでいるミツバチです。体の色は暗い茶褐色で、お腹にしま模様があります。家の屋根裏や床下《ゆかした》、木の中など、せまいところに巣をつくりますが、性格はおだやかで、自分から人間を襲《おそ》うことはほとんどありません。

〔分類〕ハチ目ミツバチ科〔大きさ〕13㎜（働きバチ）
〔分布〕本州〜九州〔時期〕3〜11月

出会い率 ★★★★☆ 里山などの山際の木の洞など

1 2 3 4 5 6 7 8 9 10 11 12

養蜂《ようほう》のために輸入されたハチ

セイヨウミツバチ

完 外 毒 危

お腹部分が明るいオレンジ色

セイヨウミツバチは、明治時代にヨーロッパから輸入された外来種ですが、現在では日本でよく見られるミツバチです。体の色は茶褐《ちゃかっしょく》色で、お腹にしま模様があります。また、お腹の上部の色がニホンミツバチより明るいオレンジ色をしているのが特徴《とくちょう》です。

〔分類〕ハチ目ミツバチ科〔大きさ〕15㎜（働きバチ）
〔分布〕全国〔時期〕3〜11月

出会い率 ★★★★★ 里山など

1 2 3 4 5 6 7 8 9 10 11 12

現在お店で売られているハチミツは、ほとんどがセイヨウミツバチのものです。

完 毒 危

ずんぐりとした黒いハチ

クマバチ

タンポポを抱えこむクマバチ。

〔分　類〕
ハチ目ミツバチ科
〔大きさ〕
20㎜
〔分　布〕
北海道～九州
〔時　期〕
4～11月

出会い率
★★★★☆
町中や郊外、低い山など

花の蜜《みつ》や花粉が大好き

一般的《いっぱんてき》にクマバチと呼ばれているのは、胸の部分が黄色いキムネクマバチです。ずんぐりとした約20㎜以上ある体が特徴《とくちょう》で、沖縄を除く日本全土で見ることができ、平地などの木に穴をあけて巣をつくります。クマバチがおもに食べているのは、花の蜜《みつ》や花粉なので花の近くでよく見られます。なかでも一番好きなのはフジの花で、強いあごの力で、かたいフタにとざされたフジの花の花弁をこじ開け、蜜を吸います。

もっと知りたい

花粉で体が黄色に染まっている。

単独行動が基本のクマバチ

クマバチは、スズメバチやミツバチとちがって、女王バチと働きバチからなる社会性をもたず、単独行動を基本にしています。花の近くでブンブンと羽音をたてて、ホバリングしているのはオスで、毒針はもっていません。メスのクマバチは、さす毒針をもっています。

黒くて毛が多く、大きな体をしているのでクマバチ（熊蜂）と名づけられました。

殿様のようにえらそう?

トノサマバッタ

不

暮らしている場所により体の色が大きく異なる。

大量発生で被害《ひがい》が出ることも

濃《こ》い茶色と白の斑《まだら》模様のはねをもった、国内でもっとも大きなバッタのひとつです。体の色は、緑色のものと褐《かっ》色《しょく》のもの、黒っぽいものがいます。ジャンプ力やはねを開いて飛ぶ能力が高く、大きくてえらそうな姿を殿様《とのさま》になぞらえてトノサマバッタと呼ばれています。イネやススキなどのイネ科の植物の葉が大好物で食べながら移動するため、畑をあらしてしまいます。中国などではトノサマバッタが大発生し、問題になることがあります。

〔分　類〕
バッタ目バッタ科

〔大きさ〕
40～70㎜

〔分　布〕
全国

〔時　期〕
7～11月

出会い率
★★★★★
川原や草原など

もっと知りたい

後翅（こうし）を広げて長い距離を飛ぶ。

トノサマバッタは跳躍力《ちょうやくりょく》ナンバー1

バッタはハチの針のような武器をもっていないので、敵が近くに来たらジャンプしたり、はねを使って飛んだりして逃げます。なかでもトノサマバッタは、1回のジャンプで数十mも移動することができます。この跳躍力は、バッタのなかでもナンバー1です。

写真：茂木伸二／アフロ

トノサマバッタは、えらそうな見かけからダイミョウバッタとも呼ばれています。

不

成虫のまま冬を越《こ》す
ツチイナゴ

緑色から土色に変化

イナゴはバッタの仲間です。ツチイナゴは、幼虫のときは緑色ですが、成虫になるとうすい土色に変化します。イナゴのなかでは大きいほうで、目の下に模様があるのが特徴《とくちょう》です。クズの葉が好物で、日本でただ一種、成虫のまま冬を越すイナゴです。

〔分類〕バッタ目バッタ科〔大きさ〕50～70㎜
〔分布〕本州～南西諸島〔時期〕4～7月、9～12月

出会い率 ★★★★☆ 平地や丘陵

不

はねが短くイネを食べる
コバネイナゴ

イネの葉を食べるやっかいもの

明るい緑色の体をしているイナゴで、背中はうすい茶色や緑色をしています。体の両側に、濃《こ》い茶色のすじがしっぽまで入っているのが特徴です。はねが短い（小さなはね）ことから「コバネイナゴ」と呼ばれています。イネの葉を食べてしまう害虫でもあります。

〔分類〕バッタ目バッタ科〔大きさ〕30～40㎜
〔分布〕北海道～九州〔時期〕8～11月

出会い率 ★★★★☆ 田んぼや草原

1 2 3 4 5 6 7 8 9 10 11 12

コバネイナゴは、日本各地でイナゴのつくだにや甘露煮（かんろに）として食べられています。

オスはチキチキと音を出す

ショウリョウバッタ

不

暮らしている場所によって体の色が変化する。

長くとがった頭と細長い体

ショウリョウバッタは、よく草むらで見かけるバッタで、オスの成虫が飛ぶときに「チキチキチキ」という音を出すので「チキチキバッタ」とも呼ばれています。オスは約50㎜、メスは約80㎜と、オスとメスでは大きさがちがいます。また体は細長く、緑色か茶色をしており、頭は長くとがって、ななめ上を向いているのが特徴《とくちょう》です。梅雨明けから秋にかけてよく見られ、おもにイネ科の植物の葉を食べて生活しています。

〔分　類〕
バッタ目バッタ科

〔大きさ〕
オス40～50㎜
メス75～80㎜

〔分　布〕
本州～南西諸島

〔時　期〕
8～11月

出会い率
★★★★☆
明るい草原

もっと知りたい

ショウリョウバッタモドキ

葉の上で休むショウリョウバッタモドキ。

ショウリョウバッタモドキは、ショウリョウバッタによく似た、とがった頭と細長い体をもっているバッタです。しかしショウリョウバッタモドキは体がやや小さいうえに脚《あし》も短く、オスが飛ぶときには「チキチキチキ」という音を出すことはありません。

お盆の精霊（しょうろう）流しの船に似ていることから、ショウリョウバッタと呼ばれています。

不

飛ぶと半円の模様が見える
クルマバッタ

飛んだときに見えるはねの黒い模様（右下）が名前の由来。

〔分　類〕
バッタ目バッタ科
〔大きさ〕
オス35〜45㎜
メス55〜65㎜
〔分　布〕
本州〜南西諸島
〔時　期〕
7〜11月

出会い率
★★★★☆
丘陵や山あいの草原

後翅《こうし》の真ん中に黒い模様

クルマバッタは、メスは55〜65㎜もある大型のバッタで、頭の後ろの部分がもり上がっているのが特徴《とくちょう》です。体の色は緑色か茶色をしており、はねは白と濃《こ》い茶色のまだら模様になっています。後翅の真ん中に黒い模様があり、はねを広げて飛ぶときに黒い半円がまわっているように見えることから、クルマバッタと呼ばれています。ススキが生えている草原にすんでいて、飛ぶときに大きな音をたてることも特徴のひとつです。

もっと知りたい

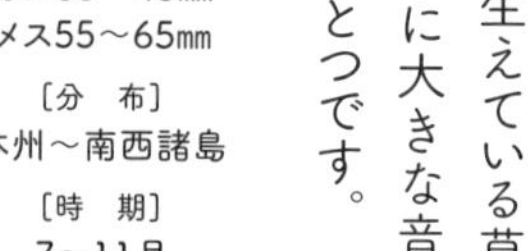

体型や色と模様で見分けられる。

クルマバッタによく似たバッタ

クルマバッタモドキは、はねに黒い模様があり、クルマバッタによく似ているバッタです。しかし頭のうしろのもり上がりがなく、体もクルマバッタより少し小さいことで見分けることができます。体の色は、濃い茶色とうすい灰色のまだら模様をしています。

1
2
3
4
5
6
7
8
9
10
11
12

クルマバッタモドキは、日本国内ではクルマバッタより多く見かけることができます。

小さいバッタを背中に乗せる

オンブバッタ

不

短めの触角（しょっかく）をもつ。

［分　類］
バッタ目
オンブバッタ科

［大きさ］
オス20～25㎜
メス40～42㎜

［分　布］
全国

［時　期］
8～12月

出会い率
★★★★☆
草地

オスより大きなメス

大きなバッタが背中に小さなバッタを乗せたまま移動しているのを見かけることがあります。それがオンブバッタです。オンブバッタは、体の色が緑色か茶色をしていて頭がとがっているので、ショウリョウバッタ（P.167）によく似ていますが、ショウリョウバッタと比べて少し小さく、メスのほうがオスよりずんぐりしています。キク科やシソ科の植物を好んでよく食べるので、ほおっておくとキクやシソに悪影響《あくえいきょう》をもたらすことがあります。

もっと知りたい

オスがメスの体にしがみついている。

乗っているのは子ではなくオス

オンブバッタのメスが乗せているのは、子どもではなく小さなオスです。オスは交尾《こうび》の後、メスがほかのオスと交尾しないように背中に乗っているのです。そのため、オスが乗っているときにほかのオスが寄ってくると、ケンカになることがあります。

小さなバッタをおんぶしているように見えるので、オンブバッタと呼ばれています。

不

「チン、チン」と鳴く秋の虫

カネタタキ

メス（右）はおしりの近くから産卵管がのびている。

〔分　類〕
バッタ目
カネタタキ科

〔大きさ〕
7〜11㎜

〔分　布〕
本州〜南西諸島

〔時　期〕
8〜11月

出会い率
★★★★☆
庭木や生け垣

10㎜ほどのコオロギの仲間

カネタタキは、体長10㎜ほどの小さなカネタタキ科の昆虫で、コオロギの仲間です。体が平べったく、頭が小さいのが特徴《とくちょう》で、体の色は茶褐色《ちゃかっしょく》です。オスにははねがありますが、メスにはありません。しげみや林の近くなどで「チン、チン、チン」と小さな区切った声で鳴いています。秋に鳴く虫として知られ、広く親しまれています。とはいえカネタタキは鳴きながら動きまわっているため、なかなか姿を見ることはできません。

観察のポイント

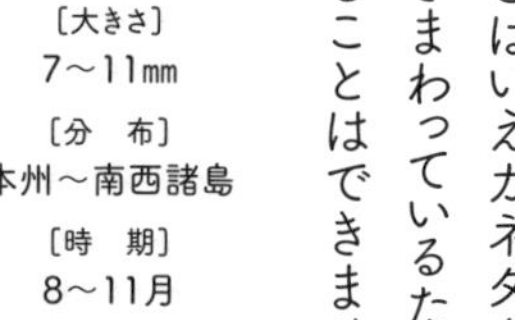

朽（く）ち木の中でメスに向かって鳴く。

短いはねをふるわせて鳴くカネタタキ

カネタタキのはねは、ほとんど退化していて、飛ぶことはできません。メスにははねがなく、オスは成虫になると、とても短いはねが生えます。オスは、その短いはねをふるわせて、メスを呼んだり、ほかのオスを威嚇《いかく》したりするために「チン、チン、チン」と鳴きます。

鳴き声がかねをたたく音に似ていることから、カネタタキという名前がつけられました。

かみつくとはなさない

クビキリギス

不

細長い体にとがった頭

クビキリギスはキリギリスの仲間で、細長い体ととがった頭が特徴《とくちょう》です。体の色は緑色や褐色《かっしょく》のものがいます。イネ科の植物や昆虫などを食べる雑食性で、かむ力が強く、むりにはなそうとすると首が取れてしまいそうだというので、クビキリギスという名前がつけられました。

［分類］バッタ目キリギリス科［大きさ］27～34㎜
［分布］全国［時期］5～11月

出会い率 ★★★★★ 草むら

1 2 3 4 5 6 7 8 9 10 11 12

「ジー」と鳴くキリギリス

カヤキリ

不

頭からはねのつけ根に白いすじ

カヤキリは、キリギリスとしては大きなほうで、イネ科の植物を好み、ススキの原っぱなどでよく見られます。頭がとがっていて、体は緑色。頭からはねのつけ根にかけて白いすじがあります。オスは夏のあいだ、草むらなどで「ジー」という大きな音で鳴いています。

［分類］バッタ目キリギリス科［大きさ］63～67㎜
［分布］本州～九州［時期］7～9月

出会い率 ★★★★★ ススキやヨシが生えている草原

1 2 3 4 5 6 7 8 9 10 11 12

キリギリスはバッタの仲間ですが、触角（しょっかく）の長さが自分の体より長いのが特徴です。

不

「ジー、スイッチョン」と鳴く虫

ウマオイ

夜に活動するハヤシノウマオイ。

前脚《まえあし》のトゲで獲物《えもの》をとらえる

ウマオイはキリギリスの仲間です。体は緑色で、頭から背中にかけて濃《こ》い褐色《かっしょく》の太い帯のような模様があります。ウマオイが活動するのはおもに夜で、トゲが生えた脚でほかの昆虫をつかまえて食べてしまいます。ウマオイは、夏から秋にかけて「ジー、スイッチョン」と鳴くので「スイッチョ」とも呼ばれています。その声が馬子《まご》（馬で荷物を運ぶ人）に似ているので「ウマオイ（馬追い）」と呼ばれるようになりました。

〔分　類〕
バッタ目
キリギリス科

〔大きさ〕
オス45mm
メス65mm

〔分　布〕
本州～九州

〔時　期〕
8～11月

出会い率
★★★★☆
雑木林の近くの草地など

もっと知りたい

ハヤシノウマオイとハタケノウマオイ

写真はハタケノウマオイ。

ウマオイは、すんでいる場所や鳴き声のちがいで、ハヤシノウマオイとハタケノウマオイに分けられることがあります。ハタケノウマオイは「スイッチョンスイッチョン」と短く鳴き、ハヤシノウマオイは「スィーッチョン」とのばして鳴きます。見た目だけでは見分けにくい姿をしています。

ハタケノウマオイは平地の草むら、ハヤシノウマオイは山の草むらなどにすんでいます。

木の上にすむキリギリスの仲間

ヤブキリ

不

キリギリスに比べ、はねが長く、脚のトゲもするどい。

〔分　類〕
バッタ目
キリギリス科

〔大きさ〕
30～60㎜

〔分　布〕
本州～四国

〔時　期〕
6～10月

出会い率
★★★☆☆
町や山の木の上

後脚《うしろあし》のつけ根付近にトゲ

ヤブキリはキリギリスの仲間です。体の色は緑色で、背中が褐色《かっしょく》なのが特徴《とくちょう》です。なかには、体が黒っぽいヤブキリもいます。幼虫のときは草や花粉を食べていますが、成虫になると前脚《まえあし》のするどいトゲで、ほかの虫をとらえて食べます。成虫になるとおもに木の上で生活するので、なかなか姿を見ることができません。ウマオイ（P.172）に似ていますが、後脚のつけ根近くの太い部分にトゲがあるのが、見分けるポイントです。

もっと知りたい

肉食でどう猛《もう》なヤブキリ

えさを食べるヤブキリ。

ヤブキリの成虫は、おもに肉食で、とてもどう猛な性格をしています。セミなどの大きな昆虫や小動物などをおそって、強力なあごでかみくだいて食べてしまいます。もし飼育するときは、えさとしてバッタ、コオロギ、ミルワームなどをあたえるとよいでしょう。

ヤブキリという名前は、ヤブにすむキリギリスということから名づけられました。

不

すんだ緑色のキリギリス

サトクダマキモドキ

日中は葉の中ですごす

全身がすんだ緑色をしているキリギリスです。夜行性で日中は木の葉の中で過ごします。食べ物は植物の葉。平地にいるのがサトクダマキモドキで、標高が高い山にいるのは、よく似たヤマクダマキモドキです。ヤマクダマキモドキの前脚《まえあし》はうすい褐色《かっしょく》なので見分けがつきます。

〔分類〕バッタ目キリギリス科 〔大きさ〕45～62㎜
〔分布〕本州～九州 〔時期〕8～10月

出会い率 ★★★☆☆ 平地の木の上

不

秋の夜に「ガチャガチャ」と鳴く

クツワムシ

気温が高いうちによく鳴く

クツワムシは、緑色をしたキリギリスの仲間です。なかには褐色《かっしょく》のクツワムシもいます。幅《はば》が広く、上に丸くふくらんでいるはねと、長い後脚《うしろあし》をもっているのが特徴《とくちょう》です。クツワムシのオスは夏から秋の夜、とくに気温が高いうちに「ガチャガチャ」とにぎやかに鳴きます。

〔分類〕バッタ目キリギリス科 〔大きさ〕50～53㎜
〔分布〕本州～九州 〔時期〕8～10月

出会い率 ★★★★☆ 河川敷などの草やぶ

1 2 3 4 5 6 7 8 9 10 11 12

クダマキとはクツワムシの別名で、クツワムシに似た虫なのでクダマキモドキといいます。

秋に鳴く虫の女王

カンタン

不

ヨモギやクズ、ハギの葉を好む。

繊細《せんさい》な姿でもじつは肉食系

カンタンはコオロギの仲間で、体がうす緑色やうすい茶色をしています。山の中の草むらや木の上で暮らしているカンタンは、秋に鳴く虫の代表のひとつで、はねを立ててこすり合わせることで「ルルルルル……」と連続して鳴きます。その声の美しさから「鳴く虫の女王」と呼ばれますが、鳴くのはほかのコオロギと同じようにオスだけで、メスをおびき寄せるためと考えられています。雑食性で草や木の葉のほか、アブラムシも食べます。

〔分　類〕
バッタ目
マツムシ科

〔大きさ〕
15㎜

〔分　布〕
北海道～九州

〔時　期〕
8～11月

出会い率
★★★★☆
草原や木が
生えているところ

もっと知りたい

カンタンそっくりのヒロバネカンタン

カンタン同様にはねをふるわせる。

ヒロバネカンタンは、カンタンにそっくりなコオロギの仲間。オスのはねが、カンタンより少し幅《はば》広いのが特徴《とくちょう》です。「ルー、ルー、ルー」と切れ切れに鳴くのがヒロバネカンタンの特徴で、「ルルルルル」とつづけて鳴くカンタンと声にちがいがあります。

写真：松山史郎／アフロ

カンタンという名前は「邯鄲（かんたん）の夢」という昔の中国の話に由来しています。

「チリーチリー」と大声で鳴く

アオマツムシ

不 外

とても長い触角（しょっかく）が特徴。

[分 類]
バッタ目
マツムシ科

[大きさ]
21〜23mm

[分 布]
本州〜九州

[時 期]
8〜11月

出会い率
★★★☆☆

木が生えている
場所

街路樹の上で暮らす

アオマツムシは、スズムシ（P.177）やマツムシ（P.177）と同じコオロギの仲間で、オスは「チリーチリー」と大きな声で鳴きます。代表的な秋の虫のひとつで、街中でよく聞こえるのが、アオマツムシの声だといわれています。体の色は緑色で、マツムシより少し大きく、後脚（うしろあし）が短いのが特徴（とくちょう）です。いつもは木の上で暮らしていて、葉っぱなどを食べています。そのため、声が聞こえたとしても、なかなか姿を見ることはできません。

葉が保護色になって目立たない。

もっと知りたい

外国からやって来たアオマツムシ

大きな声で鳴くアオマツムシは、日本の秋を代表する虫のひとつになっています。ところが、アオマツムシは、もともと日本にすんでいた昆虫ではなく、明治時代に中国から輸入した苗木について日本にやって来た外来種だと考えられています。

1
2
3
4
5
6
7
8
9
10
11
12

マツムシに似ていて体が緑色（青色）をしているので、アオマツムシと呼ばれています

「チリ、チリリ」と鳴く秋の虫

マツムシ

不

〔分類〕バッタ目マツムシ科〔大きさ〕18～22㎜
〔分布〕本州～南西諸島〔時期〕9～10月

出会い率 ★★★☆☆ 雑木林の草むら、川原、土手

葉や小さな昆虫の死がいを食べる

コオロギの仲間で、秋の夕方から夜のあいだ、オスが大きなはねを広げて「チリ、チリリ」と鳴きます。スズムシより少し大きく、体の色はうすい茶色で、黒い小さな点々がついています。草むらにすんでいて、葉っぱや小さな昆虫の死がいなどを食べています。

秋に鳴く虫の代表

スズムシ

不

〔分類〕バッタ目コオロギ科〔大きさ〕20㎜
〔分布〕本州～九州〔時期〕8～10月

出会い率 ★★★★☆ 草原やしげみなど

はねをこすり合わせて鳴く

草むらにすんでいて、秋の夜に「リーンリーン」とオスが大きなはねを立てて鳴きます。オスもメスも黒っぽい体をしていて、触角《しょっかく》の真ん中あたりが白くなっているのが特徴《とくちょう》です。鈴のようにすんだ声で鳴くことから、スズムシと呼ばれています。

1
2
3
4
5
6
7
8
9
10
11
12

スズムシもマツムシも童謡『虫のこえ』に登場する、秋に鳴く虫の代表です。

エンマ様のような顔のコオロギ

エンマコオロギ

不

コオロギのなかで最大の種

コオロギの仲間で、国内では最大種。体の色は黒で丸っこく、平べったいのが特《とく》徴《ちょう》です。目の上にまゆ毛のような白っぽい模様があり、顔を正面から見るとエンマ様のように見えるので、エンマコオロギと呼ばれています。草や植物のタネ、昆虫の死がいなどを食べています。

〔分類〕バッタ目コオロギ科〔大きさ〕30㎜
〔分布〕北海道～九州〔時期〕7～12月

出会い率 ★★★★☆ 草深い原っぱや枯れ草の下

1 2 3 4 5 6 7 8 9 10 11 12

オカメに似た顔のコオロギ

オカメコオロギ

不

小さく「リリリリ」と鳴く秋の虫

コオロギの仲間で、オスの顔は、平たくて左右がふくらんでいるのが特徴《とくちょう》です。その顔がまるで「オカメ」のお面のように見えるところから、オカメコオロギと呼ばれています。草原や森、田んぼなどにすんでいて、小さな声で「リリリリ」と鳴きます。

〔分類〕バッタ目コオロギ科〔大きさ〕15～20㎜
〔分布〕北海道～九州〔時期〕8～11月

出会い率 ★★★★☆ 草原、森、田んぼ

1 2 3 4 5 6 7 8 9 10 11 12

オカメコオロギの仲間には、ハラオカメコオロギ、モリオカメコオロギなどがいます。

ずんぐりしたひし形のバッタ

ハラヒシバッタ

不

背中側に見えるひし形がポイント。

背中の模様と色が異なる

ヒシバッタの仲間は、上から見るとひし形をした小さなバッタです。具体的にはハラヒシバッタ、トゲヒシバッタ、ハネナガヒシバッタといった仲間がいて、草むらや畑などで見ることができます。なかでもハラヒシバッタは、畑などの土が見えている場所にいて、ススキなどのイネ科の植物を好んで食べます。また、ヒシバッタの仲間は前《ぜん》翅《し》が退化して小さくなっているため、飛ぶことができず、敵からにげるときはピョンとジャンプします。

〔分　類〕
バッタ目
ヒシバッタ科

〔大きさ〕
10㎜

〔分　布〕
北海道～九州

〔時　期〕
4～10月

出会い率
★★★★☆

畑、草の生えていない空き地、草地

もっと知りたい

ハラヒシバッタの仲間たち

雨にぬれたトゲヒシバッタ。

ヒシバッタの仲間は、どれも体がずんぐりしていて小さなバッタです。トゲヒシバッタは、ハラヒシバッタによく似ていますが、胸の両側から一対のトゲが突き出しているのが特徴《とくちょう》です。また、ハネナガヒシバッタは、茶色で長いはねをもっています。

ヒシバッタという名前は、上から見るとひし形に見えることからつけられました。

ジメジメを好むバッタの仲間

マダラカマドウマ

不

外では木にできたすき間で暮らす。

〔分　類〕
バッタ目
カマドウマ科

〔大きさ〕
20～30㎜

〔分　布〕
北海道～九州

〔時　期〕
8～11月

出会い率
★★★★☆
床下、雑木林など

雑食性で夜に活動

カマドウマは、家の床下《ゆかした》など湿気《しっけ》があってうす暗いところを好むバッタの仲間です。マダラカマドウマは、うす茶色の体に黒いまだら模様があるカマドウマで、はねはありませんが、後脚《うしろあし》が長く、ジャンプ力が強いのが特《とく》徴《ちょう》です。触角《しょっかく》も非常に長いですが、切れやすくなっています。雑食性で、夜活動し、小さな昆虫などを食べるほか、野菜なども食べています。夜になると家の中に侵入《しんにゅう》してきて、怖がられることも多いようです。

もっと知りたい

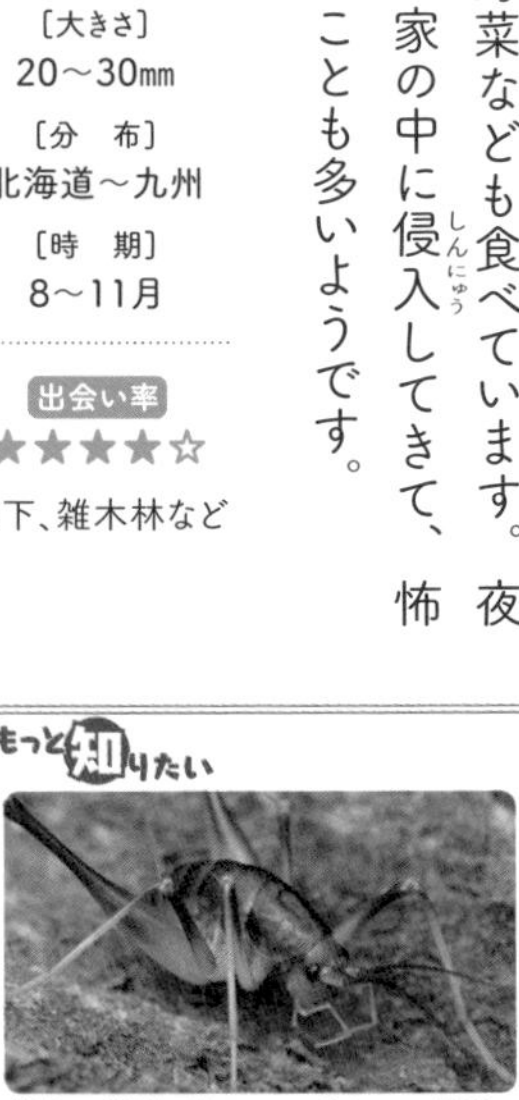

背中に模様が無いカマドウマの仲間。

カマドウマと呼ばれるわけ

カマドウマは、暗くジメジメした場所が好きなため、昔の台所にあったかまどの近くによくいました。また、茶色っぽい体の色や丸い背中、とびはねる様子が馬のようにも見えるということで、かまどと馬を組み合わせて「カマドウマ」と呼ばれるようになったといいます。

カマドウマは、便所の近くでよく見られるため、ベンジョコオロギとも呼ばれました。

木の枝のまねをする昆虫

ナナフシ

不

枝に擬態するため、体の色は樹皮に似た色をしているナナフシモドキ。

擬態《ぎたい》をして敵をあざむく

ナナフシは、木の枝や植物の茎《くき》によく似た形をした昆虫で、体の色は、緑色か褐色《かっしょく》をしています。雑木林にすんでおり、細い体を木の枝などに見せかける「擬態」をして敵をあざむき、身を守るのが、大きな特徴《とくちょう》といえるでしょう。ナナフシの仲間で、よく見かけるのは「ナナフシモドキ」という種です。春にふ化した幼虫は、コナラやエノキ、ケヤキなどの葉っぱを食べて、5~6回ほど脱皮《だっぴ》をくり返し、夏に成虫になります。

〔分　類〕
ナナフシ目
ナナフシ科

〔大きさ〕
60～80㎜

〔分　布〕
本州～九州

〔時　期〕
6～11月

出会い率
★★★☆☆
雑木林

もっと知りたい

脚《あし》を切って敵からにげるナナフシ

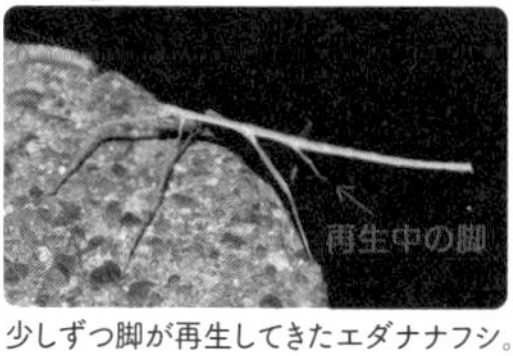

少しずつ脚が再生してきたエダナナフシ。

ナナフシは、敵を見つけると脚をのばして木の枝に擬態します。しかし、敵に擬態を見破られてしまうと、自分の脚を切りはなしてにげることがあります。まだ若いうちに脚を切りはなしても、脱皮するうちに、もとのように再生することができます。

枝の節がたくさんある様子に似ているので、ナナフシ（七節）と呼ばれています。

不

日本で唯一《ゆいいつ》トゲがあるナナフシ

トゲナナフシ

木の洞（ほら）の中にひっそりとかくれる。

湿度が高い広葉樹林にすむ

トゲナナフシはナナフシの仲間ですが、ナナフシより少し太めで、背中にたくさんの小さなトゲやコブがあるのが特徴《とくちょう》です。体の色は緑色や黄褐《おうかっ》色《しょく》、濃《こ》い褐色《かっしょく》をしています。日本にすんでいるナナフシのなかで、体にトゲをもっているのは、トゲナナフシだけです。湿《しめ》り気の多い広葉樹林などにすんでいて、おもに植物の葉っぱなどを食べています。トゲナナフシのうち野生で見つかるのはメスばかりで、オスはほとんどいません。

［分　類］
ナナフシ目
ナナフシ科

［大きさ］
50～70㎜

［分　布］
本州～南西諸島

［時　期］
6～12月

出会い率
★★★★☆

丘や山の
広葉樹林

もっと知りたい

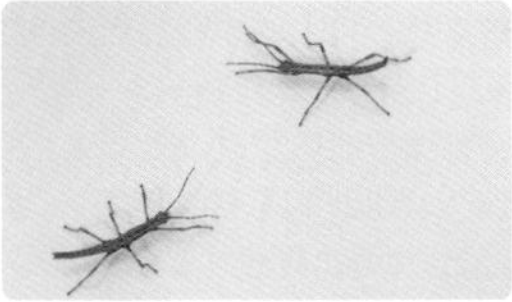

ふ化した幼虫。オスの発見例は少ない。

トゲナナフシの子どもはクローン？

トゲナナフシのオスは、野外でもほとんど見つからないことから、オスと交尾をせずにメスだけで子孫を残すことができると考えられています。このような繁殖《はんしょく》のしかたを「単《たん》為《い》生殖《せいしょく》」といいます。トゲナナフシは、まさにクローンを生んでいるといえるでしょう。

トゲナナフシの卵は植物のタネに似ています。これも擬態（ぎたい）のひとつかもしれません。

しましま模様のヤブカ

ヒトスジシマカ

完

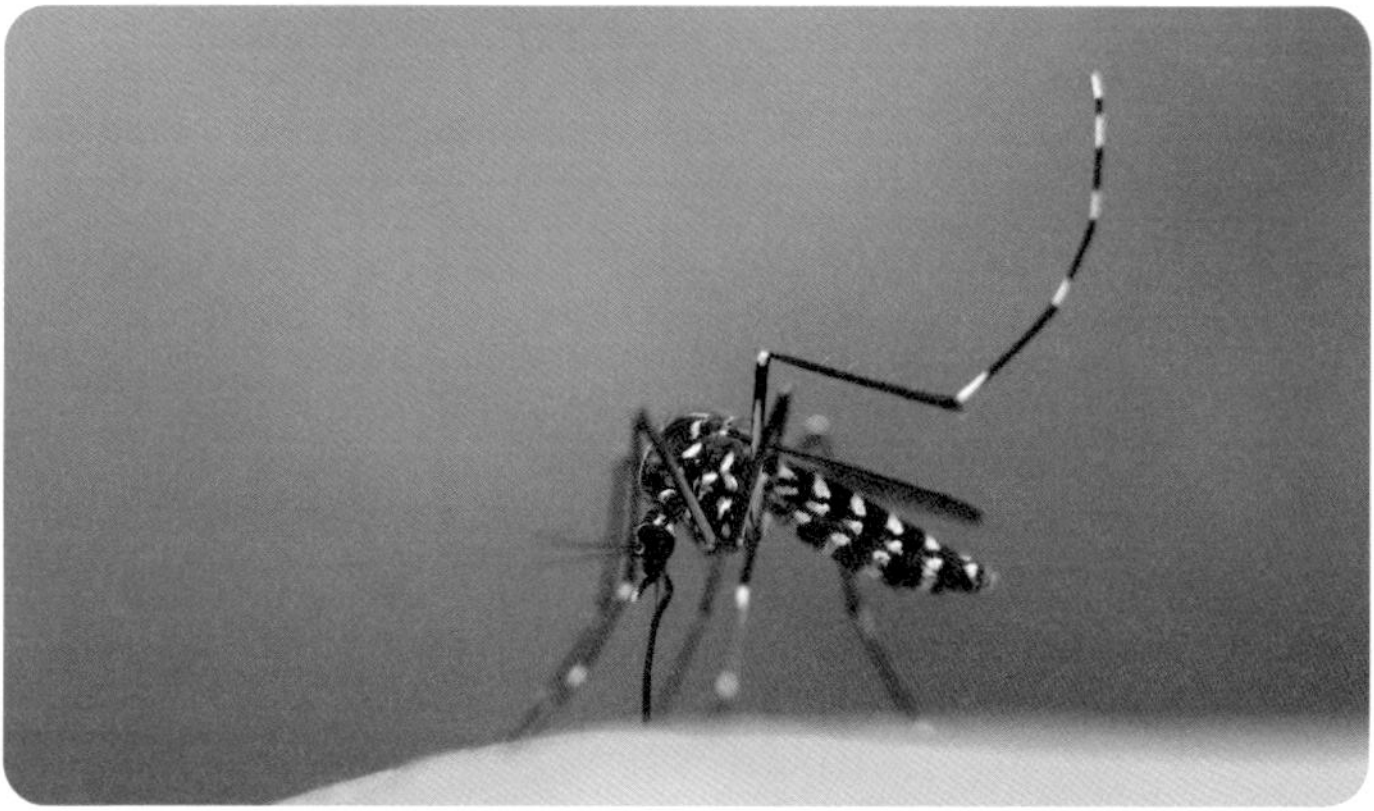

口の中にある細い針で生き物の血を吸う。

〔分　類〕
ハエ目カ科

〔大きさ〕
5㎜

〔分　布〕
本州～南西諸島

〔時　期〕
5～11月

出会い率
★★★★★
墓地、公園、
竹やぶ、雑木林

オスはおもに花の蜜《みつ》を吸う

ヤブカの仲間で、体は黒色で、背中に1本白い線が入っており、脚《あし》には白いしま模様がついているのが特徴《とくちょう》です。水たまりなどで発生し、暖かい気候を好むので夏の午前中から夕方にかけて活動が活発になります。オスは花の蜜を吸いますが、メスはお腹にある卵に必要な栄養をえるために人間や動物の血を吸います。ヒトスジシマカは血を吸うときに、デング熱やジカ熱といったおそろしい病気を伝染させることがあります。

もっと知りたい

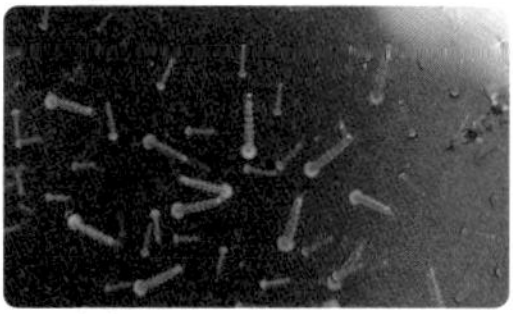

カの幼虫であるボウフラ。

温暖化でヒトスジシマカの生息域が北上中

ヒトスジシマカは、もともと熱帯地方で生活する昆虫のため、寒い地方ではあまり見られませんでした。ところが、地球温暖化の影響《えいきょう》によって年々生息地が北に広がり、最近では東北地方でもヒトスジシマカの姿が見られるようになっています。

カは、人間のはく息の二酸化炭素や体温、汗のにおいなどを感じて寄ってきます。

4つの星があるカゲロウ

完

ヨツボシクサカゲロウ

透明《とうめい》なはねに緑の体

カゲロウの仲間で、顔に4つの黒い星があることからヨツボシクサカゲロウと呼ばれています。カゲロウの仲間のなかでは大きめサイズで、体の色は緑色。はねは透明で、トンボのように網《あみ》のような脈があります。オスは、マタタビの葉や実に集まります。

〔分類〕アミメカゲロウ目クサカゲロウ科
〔大きさ〕20～30㎜〔分布〕全国〔時期〕4～10月

出会い率 ★★★☆☆ 里山など

幼虫はアリジゴク

完

ウスバカゲロウ

トンボによく似た触角《しょっかく》

カゲロウの仲間で、体の色は濃《こ》い褐色《かっしょく》。トンボのような触覚があり、透明《とうめい》のうすいはねをもっています。幼虫はアリジゴクとして知られていて、地面にすりばちのような穴をほって、落ちてくる昆虫などをつかまえて食べます。成虫は、長くても1カ月ほどで死んでしまいます。

〔分類〕アミメカゲロウ目ウスバカゲロウ科
〔大きさ〕40㎜〔分布〕全国〔時期〕6～10月

出会い率 ★★★☆☆ うす暗い林など

ゆらゆらと透明のはねで陽炎（かげろう）のように飛ぶので、カゲロウと呼ばれています。

おしりをくるりと上げている虫

ヤマトシリアゲ

完

脱皮した時期で体の色が変化する。

〔分　類〕
シリアゲムシ目
シリアゲムシ科

〔大きさ〕
20㎜

〔分　布〕
北海道～九州

〔時　期〕
4～9月

出会い率
★★★★★

湿った沢沿いの
林など

細い口で体液を吸う

ヤマトシリアゲはシリアゲムシの仲間で、メスのおしりはまっすぐですが、オスはくるりと巻き上がっているのが特徴的《とくちょうてき》です。体の色は黒いものと、黄色っぽいものがいて、はねに2本の黒いすじがあります。口は細長く、口の先には小さなあごがあり、ほかの虫をつかまえて細長い口で体液を吸います。春先に脱皮したものは体の色が黒っぽく、夏に脱皮《だっぴ》したものは黄色っぽいので、まるで別の種の虫のように見えます。

観察のポイント

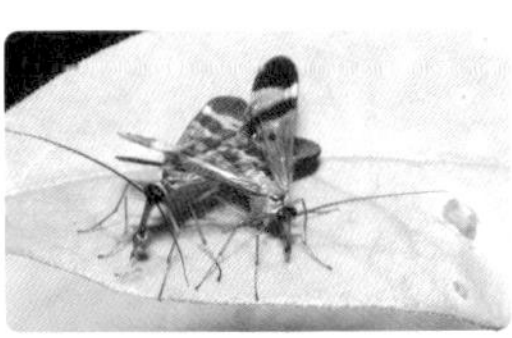

ヤマトシリアゲの交尾。

ハサミでケンカするシリアゲムシ

ヤマトシリアゲのオスのおしりの先は、ハサミのような形をしています。このハサミは、オス同士のケンカや、交尾《こうび》のときに、メスの体をおさえつけるために使います。オスはサソリのようにおしりの先を巻き上げていますが、毒はもっていません。

オスのおしりがサソリのように上に巻き上がっているので、シリアゲムシと呼ばれます。

おしりに大きなハサミをもつ虫

ハサミムシ

不

昼間は石の下などにかくれていることが多い。

〔分　類〕
ハサミムシ目
ハサミムシ科

〔大きさ〕
20〜30㎜

〔分　布〕
全国

〔時　期〕
4〜10月

出会い率
★★★★☆

草むらや落葉、倒木、床下、石の下など

ハサミで昆虫をつかまえる

ハサミムシは、尾《お》に大きなハサミがある昆虫で、はねはもっていません。体は細長く、色は光沢《こうたく》のある黒で、濃《こ》い褐色《かっしょく》や赤褐色《せきかっしょく》のものもいます。ふだんはごみの下など、暗くて湿っているところにすんでいて、敵を見つけるとハサミを使い、おどしたり攻撃《こうげき》したりします。ハサミムシは肉食で、ハサミを使って小さな昆虫をつかまえて食べます。毒はもっていませんが、はさむ力が強いので、つかまえるときには注意が必要です。

もっと知りたい

ふ化した幼虫がメスのそばに集まる。

子どもに食べられてしまうハサミムシ

ハサミムシのメスは、石の下などに卵を産みます。やがて卵からかえった幼虫には食べるエサがないので、母親の体のそばに集まると、その体を食べてしまいます。ハサミムシのメスは、自分の命を差し出して子どもたちを守っているのです。

ハサミムシという名前は、おしりにハサミがついていることから名づけられています。

クモ

クモといえば、網《あみ》のように張ったクモの巣を連想しますが、じつはそれだけではありません。

多様なクモの姿を見てみよう。

クモって、どんな生きもの？

クモは、世界に約48,000種いますが、日本には約1,600種が確認されています。昆虫とちがい、体は頭胸《とうきょう》部《ぶ》・腹部のふたつからなり、4対（8本）の脚《あし》をもっているのが特徴《とくちょう》です。

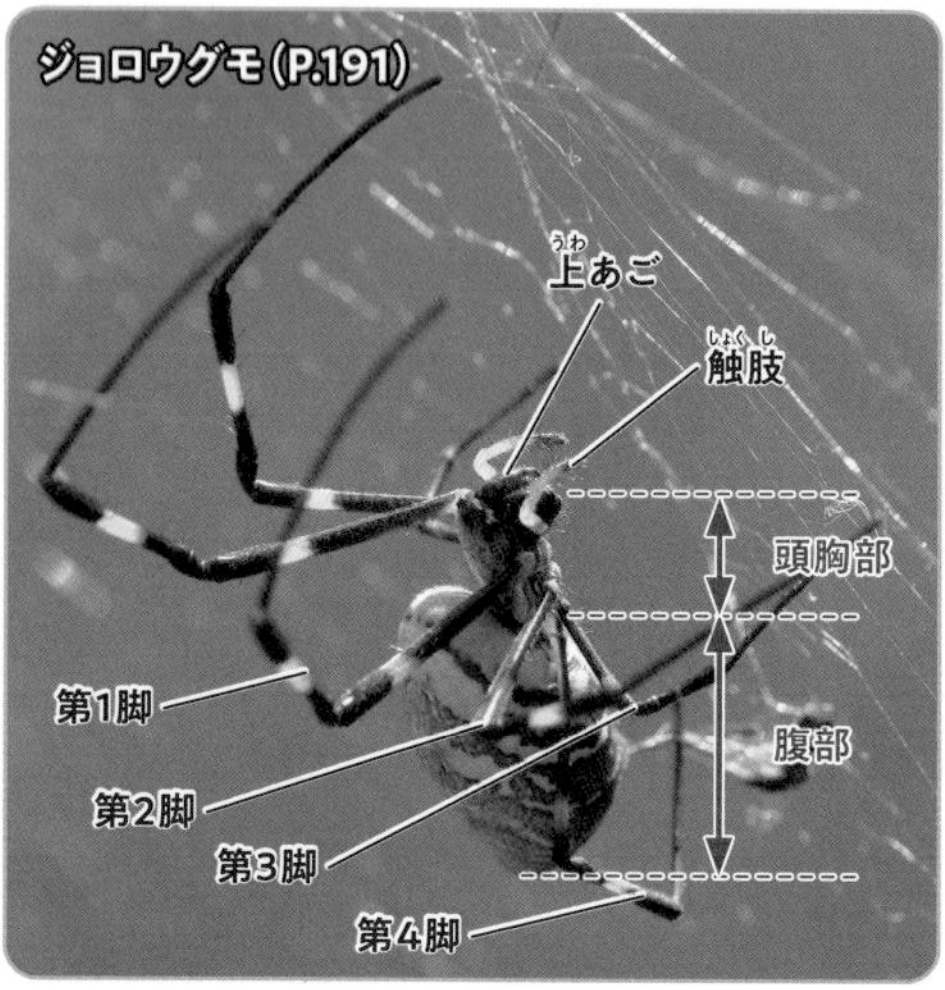

いろいろな形のクモの網《あみ》・巣

円形

立体

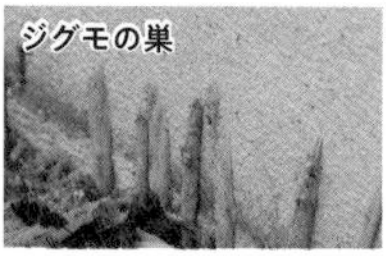

袋状《ふくろじょう》

クモはどうやって暮らしているの？

クモは、網を張るもの、地中で暮らすもの、網を張らずに狩りをするものの3種類がいます。ジョロウグモは網を張って、獲物《えもの》をつかまえます。ジグモ（P.194）は細長い袋状の巣をつくり、その中にかくれ獲物を待ちかまえます。ハナグモ（P.195）は花の上で獲物を待ちかまえ、ネコハエトリ（P.196）は動き回って獲物をとらえます。

どうしてクモは網にひっかからないの？

じつはクモは網を張るときに、糸を使い分けています。円形の網の骨組みとなるたて糸にはねばり気のないものを、横糸は粘着性《ねんちゃくせい》のある糸を使っているのです。いっぽう、立体的な形をした網の糸には粘着性はなく、糸にぶつかって網に落ちた獲物をとらえます。粘球《ねんきゅう》のついた糸をふり回して、獲物をつかまえるクモもいます。

昆虫とどこがちがうの？

昆虫は体が頭部、胸部、腹部と3つに分かれていますが、クモは頭胸部と腹部のふたつしかありません。脚は昆虫は6本ですが、クモには8本あります。腹部末端の糸いぼから糸を出して、網を張り、えさとなる生きものをとらえたり、移動するときの命綱《いのちづな》にしたり、卵を守る卵のうをつくったりします。

クモ観察の楽しみ方

クモは、廃墟《はいきょ》にかかったクモの巣のような、ちょっと不気味なイメージがありますが、じっくり見てみるとじつに多様な暮らし方をしており、とてもユニークな生きものであるのが分かります。

網《あみ》を見つけたら、よく見てみよう!

よく見てみると網の中で暮らすクモは1匹ではありません。メスよりも、小さなオスが一緒《いっしょ》に暮らしていたり、シロカネイソウロウグモ（P.191）のように、ちがう種のクモの網にちゃっかり居《い》候《そうろう》するクモもいます。いっぽう、地中にくらすクモは、建物の土台付近や木の根元などを探してみましょう。

コガネグモのオス（左）とメス（P.190）。

網の張り方を観察しよう!

クモが網をかけはじめるところを見かけたら、観察のチャンスです！　どこからつくりはじめるか確認してみましょう。網をこわさないよう注意しながら、どんな糸が使われているか、はしを少しさわってみるのもよいでしょう。さらに観察をつづけると、獲物《えもの》をつかまえるところが見られるかもしれません。

網をかけるジョロウグモ（P.191）。

毒のあるクモに注意!

クモはとらえた獲物を逃さぬよう、獲物の体を麻《ま》痺《ひ》させるための毒をもっています。一般的には、その毒が人の命を脅《おびや》かすことはありませんが、外来種でヒメグモ科のセアカゴケグモには、強い毒がありますので、決してさわらないようにしましょう。

人にも危険な毒をもつセアカゴケグモ。

もち帰らずにそのままで!

クモはえさとなる生きものをつかまえたら、消化液をかけて、溶かして吸い込みます。クモをつかまえてもち帰ったとしても、生きた昆虫などを採集してえさとして与えつづけるのは、とてもむずかしいです。もち帰らずに、その場で観察を楽しみましょう。

バッタを食べているナガコガネグモ（P.190）。

身近なクモだが数が減っている
コガネグモ

コガネグモのオス（上）とメス（下）。

〔分　類〕
クモ目コガネグモ科

〔大きさ〕
オス5～7㎜
メス20～30㎜

〔分　布〕
本州～南西諸島

〔時　期〕
6～8月

出会い率
★★☆☆☆
草地、田んぼのまわり、河原など

網《あみ》の中心にX字状の糸の装飾《そうしょく》

とても小さなオスとは対照的に、メスはクモのなかでは体が大きめで、腹部に黒と黄色のしま模様があります。夏に出現し、えさとなる昆虫が多くいる草地や田んぼの周辺に、丸くて大きな網を張ります。網の中心で、頭を下にしながら昆虫がかかるのをじっと待ちます。網の中心にはX字状に太い糸の装飾（かくれ帯《おび》）がありますが、これは昆虫をおびき寄せたり、天敵から網を守るなどの効果があるともいわれています。

もっと知りたい

ナガコガネグモの網。

かくれ帯の形がちがうナガコガネグモ

コガネグモと体の大きさや模様が似ているのがナガコガネグモです。網は丸く垂直につくられ、中央にはかくれ帯がありますが、コガネグモとちがってX字状につくることはあまりありません。全国に広く分布していて、草地や田んぼのまわりでよく見られます。

鹿児島県や高知県では、コガネグモ同士をケンカさせて遊ぶ「クモ合戦」がおこなわれています。

大きな昆虫も強力な糸で捕獲《ほかく》

ジョロウグモ

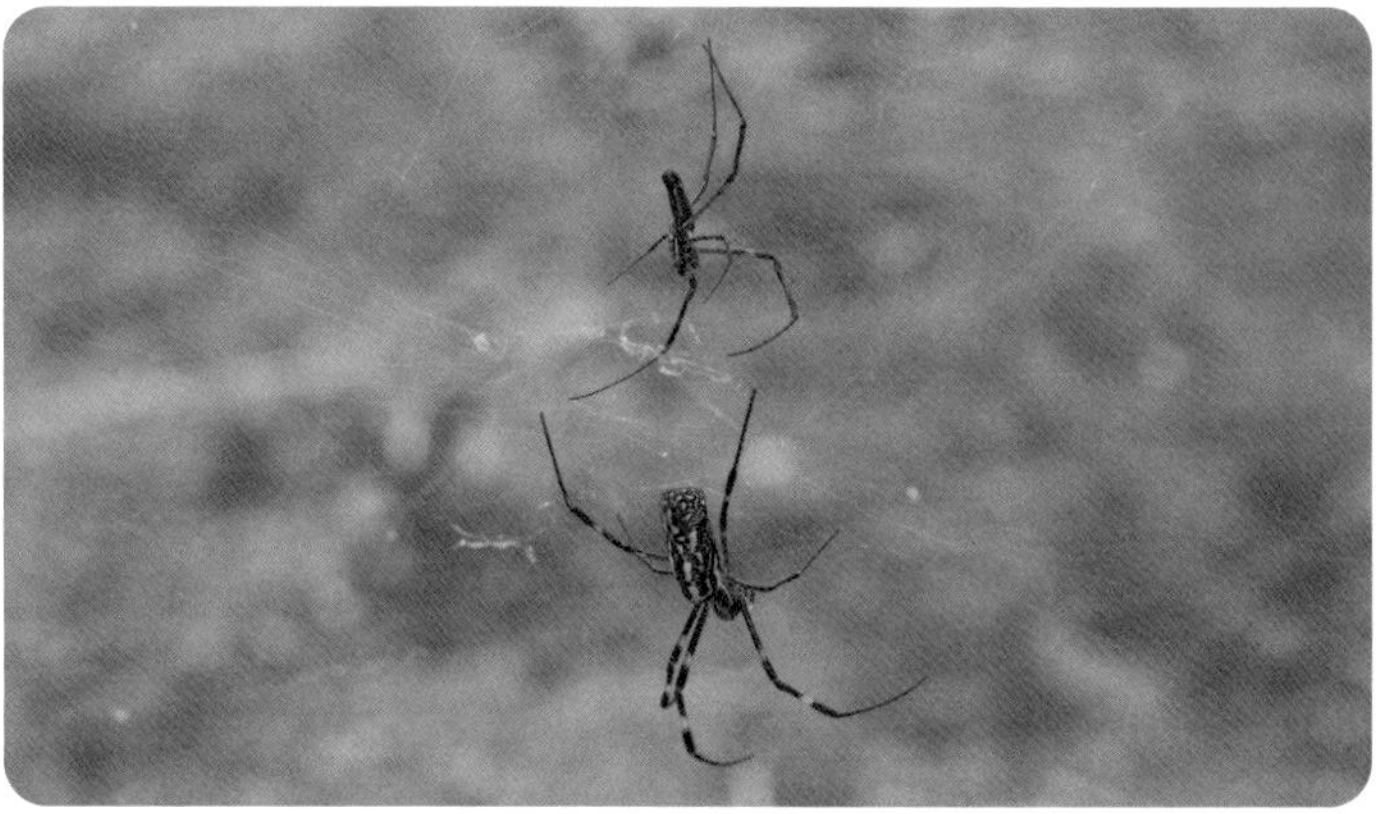

ジョロウグモのオス（上）とメス（下）。

〔分　類〕
クモ目コガネグモ科
〔大きさ〕
オス6〜10㎜
メス20〜30㎜
〔分　布〕
全国
〔時　期〕
5〜10月

出会い率
★★★★★
山地、草地、
人家近くなど

毒で獲物《えもの》を弱らせて食べる

メスは体が大きく水色と黄色のしま模様があり、オスは体が小さく色も地味です。オスは交尾のためにメスの網《あみ》に同居しますが、メスに食べられてしまうこともあります。網は縦糸《たていと》と横糸の本数が多いために目が細かく、大きさは直径1m以上にもなります。毒をもっており、網に獲物《えもの》がかかるとかみついて毒で麻酔《ますい》をかけ、さらに獲物に糸を巻きつけて動けないようにしてから食べます。セミやスズメバチも食べてしまいます。

もっと知りたい

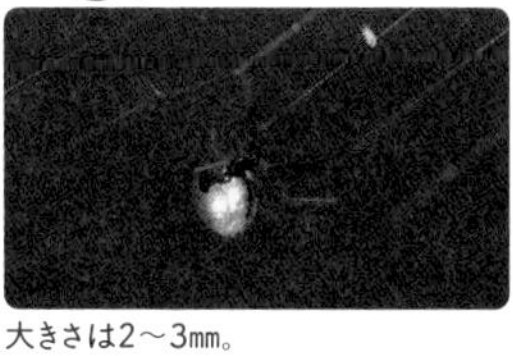

大きさは2〜3㎜。

ジョロウグモの獲物をおすそ分け

ジョロウグモやコガネグモ（P.190）の網に寄生《きせい》するのが、その名もシロカネイソウロウグモ。とても小形のクモで、ジョロウグモの網の中に数十匹いることもあり、網にかかった小さな昆虫などを拾って食べます。まるでジョロウグモからのおすそ分けのようです。

ジョロウグモは短命です。春にふ化して成長し、冬の前に死んでしまいます。

長い脚《あし》に生える多くのトゲ
オニグモ

網《あみ》をつくってはこわすのくり返し

オニグモは、体の色はさまざまですが、「オニ」の名がつくとおり、いかつい見た目で、長い脚にたくさんのトゲが生えています。日が暮れると網を張って獲物《えもの》をとらえ、昼間になると張っていた網をこわして食べ、その糸をふたたび網の材料として利用します。

〔分類〕クモ目コガネグモ科〔大きさ〕オス15〜20㎜ メス20〜30㎜〔分布〕全国〔時期〕5〜10月

出会い率 ★★★☆☆ 人家のそば、山地、森林など

ゴミで自分の身を守る
ゴミグモ

網《あみ》の中央に並べられたゴミ

人家や林などのあまり高くない場所に網を張ります。網の中央に食べかすや脱皮した殻《から》を縦一列に集めたゴミのかたまりをつくり、その中に潜《ひそ》んでいます。ゴミの中にいるのは天敵から身をかくすためといわれ、産卵期には卵《らん》のうもゴミに並べてつけるという徹底《てってい》ぶりです。

〔分類〕クモ目コガネグモ科〔大きさ〕オス8〜10㎜ メス10〜15㎜〔分布〕本州〜九州〔時期〕4〜9月

出会い率 ★★★☆☆ 人家のそば、雑木林など

ゴミグモの網の中央につけるゴミのかたまりは、通称「ゴミリボン」といいます。

網《あみ》の中の住居で獲物《えもの》をねらう

クサグモ

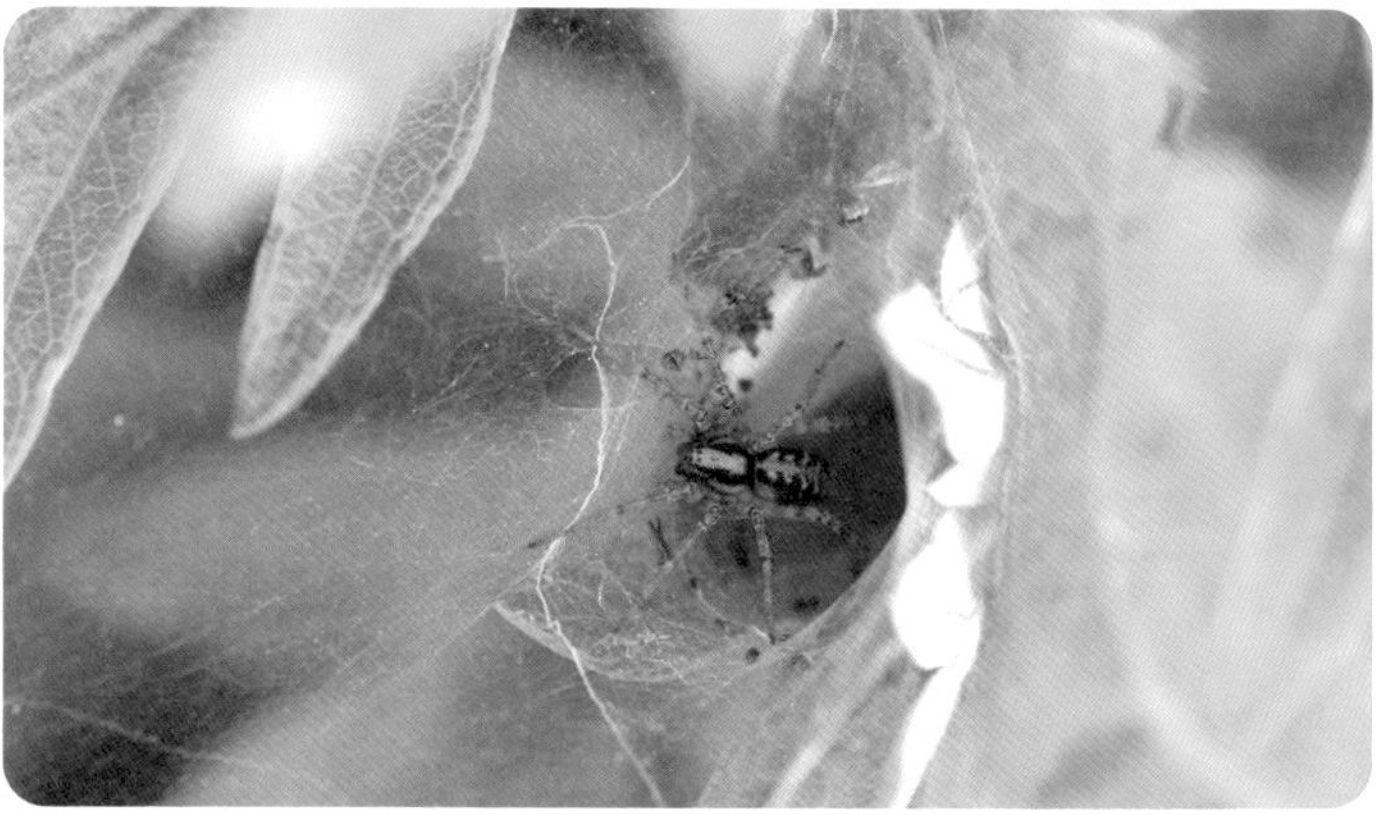

網を張るクサグモ。

〔分　類〕
クモ目タナグモ科

〔大きさ〕
オス12～14㎜
メス15～16㎜

〔分　布〕
北海道～九州

〔時　期〕
7～10月

出会い率
★★★★★
山地、草地、公園、人家近くなど

獲物を絶対ににがさない網

都市部でも見かけるやや大柄《おおがら》なクモ。樹木や公園の生《い》け垣《がき》の間にロート状の住居をもつ、シート状の網を張ります。多くの糸が不規則にひかれ、昆虫が入りこむと逃げられません。クサグモは住居の入り口で獲物を待ちかまえ、網にかかるとすばやく走ってとらえます。成体は夏になると多面体の卵のうをつくり、ふ化した幼体はそのなかで冬を越《こ》します。春に卵のうからでた子グモは頭胸部《とうきょうぶ》が赤く、腹部が黒いのが特徴《とくちょう》です。

もっと知りたい

クサグモを食べてしまう寄生クモ

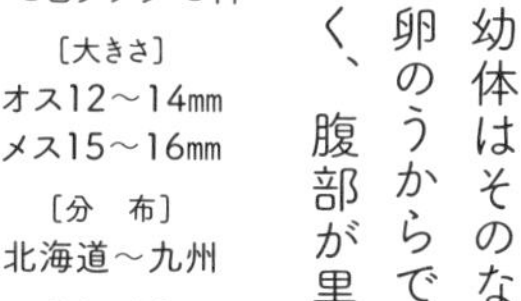

卵を守るチリイソウロウグモのメス。

クサグモなどの立体的な網に寄生するクモがヒメグモ科のチリイソウロウグモです。体はイソウロウグモの仲間では大きめ。クサグモの獲物を食べることもありますが、宿主のクサグモを食べてしまうこともあるからおどろきです。卵《らん》のうも宿主の網につるします。

クサグモは、外敵が近づくと網の住居に隠れてしまうので、見つけるのは難しいかも？

地上から地下までつづく細長い袋状《ふくろじょう》の巣

ジグモ

写真：株式会社Gakken／アフロ

巣をつくるジグモ。

〔分　類〕
クモ目ジグモ科
〔大きさ〕
オス12〜13㎜
メス17〜18㎜
〔分　布〕
全国
〔時　期〕
オス6〜8月
メス通年

出会い率
★★☆☆☆
公園、神社、人家近く、農地など

がまん強く獲物《えもの》を待つ

ジグモは、全身が黒色で上《うわ》あごがつき出しており、体はメスが大きく、オスは小さくて細いのが特徴《とくちょう》です。日が当たらない樹木や石垣、塀《へい》などの下に、細長い袋状の巣をつくります。ジグモはふだん、巣の地下の住居に潜《ひそ》んでいます。そこで、獲物をひたすら待ち、巣の上を昆虫などが歩くと巣の内側からかみついて、地下に引きこんで食べます。繁殖《はんしょく》の時期になると、オスがメスの住居を訪問し、そのまま同居します。

観察のポイント

建物の壁際などを探してみよう。

巣の中ですること・しないこと

ジグモは地中に穴をほって巣をつくりますが、穴ほりは苦手です。そのため穴をほりやすい場所を探してほります。住居となる巣の地下部では、脱皮《だっぴ》や交尾《こうび》がおこなわれますが、ぬけがらは外に捨てますし、ふんも外でします。意外ときれい好きなクモです。

ジグモは成体になるまで4年以上かかります。

花の上の昆虫ハンター

ハナグモ

前脚を広げて獲物を待つハナグモ。

〔分　類〕
クモ目
カニグモ科

〔大きさ〕
オス3～4㎜
メス5～6㎜

〔分　布〕
全国

〔時　期〕
5～10月

出会い率
★★★★☆
山地、草地、
雑木林、公園など

網《あみ》を張らずに獲物《えもの》をつかまえる

体が黄緑色をしたとてもかわいらしく美しいクモです。オスとメスともに腹部に茶色の斑紋《はんもん》がありますが、色が濃《こ》かったり、うすかったりと個体によってさまざまです。ハナグモは網を張らずに獲物をつかまえるクモです。草や木の葉や花を移動して、草や花のかげに潜《ひそ》み、やってくるハチやチョウ、アブなどの昆虫を待ち受けます。獲物を見つけると飛びつき、長い脚《あし》で抱えこみます。さながら花の上のハンターです。

1
2
3
4
5
6
7
8
9
10
11
12

観察のポイント

えさを食べているハナグモ。

頭胸部の見た目はまるでカニのよう

ハナグモは、長めの前脚《まえあし》を2本ずつそろえて、方向探知機のようにゆっくりと左右に動かしながら、花や葉の上を移動します。ハナグモはカニグモと同じ仲間で、ハンティングのときには、2本の前脚を左右に張って、まるでカニのようなポーズをします。

腹部背面にある斑紋が人の顔のように見える個体もいて、「人面クモ」と呼ぶ人もいます。

ぴょんぴょんはねて獲物《えもの》をキャッチ

ネコハエトリ

ネコのようにすばしっこく動く。

〔分　類〕
クモ目
ハエトリグモ科

〔大きさ〕
オス7〜13㎜
メス7〜13㎜

〔分　布〕
全国

〔時　期〕
4〜9月

出会い率
★★★★☆
山地、草地、公園など

すばやくてつかまえられない

ネコハエトリは、頭胸部《とうきょうぶ》は黒色、腹部は茶色で、全身に黄色や茶色の毛が細かく生えています。全国どこでもふつうに見られ、葉の上をぴょんぴょんはねまわります。そのすばやさと発達した大きな目で、えさをつかまえることができます。また、オス同士が出会うと第一脚《だいいっきゃく》を広げて威《い》嚇《かく》しあいます。この習性をいかして、神奈川県や千葉県ではオス同士を戦わせる「ホンチ」という遊びが昔からあります。

もっと知りたい

人の家にすむハエトリグモ

室内に現れたアダンソンハエトリ。

おもに人の家にすみ、かべや天井を動きまわるハエトリグモがアダンソンハエトリです。メスよりオスのほうがよく目撃《もくげき》され、腹部の白い斑点《はんてん》や頭胸部の後ろに三日月模様があるのが特徴《とくちょう》です。「アダンソン」の名前は、発見者の博物学者ミシェル・アダンソンが由来とされています。

樹皮の内側や割れ目などに糸でまゆ状の袋をつくり、その中で冬を越します

アリそっくりの見た目

アリグモ

ふとくて長い上あごをもつアリグモのオス。

〔分　類〕
クモ目
ハエトリグモ科

〔大きさ〕
オス5～6mm
メス6～7mm

〔分　布〕
全国

〔時　期〕
4～9月

出会い率
★★★☆☆

山地、草地、
雑木林、公園など

クモとは気づかない姿と動き

アリグモは、樹木の葉の上などで見られますが、ぴょんぴょんと飛びはねることはせず、まるでアリのように歩くので、糸を出して葉を降りるまでクモと気づきません。見た目はアリのような姿ですが、オスとメスでちがいがあり、オスはメスほど体に深いくびれがなく、さらに太く長い上《うわ》あごをもっています。アリにそっくりなのは、昆虫では強者のアリに姿を似せることで、ほかの生きものから身を守るためともいわれています。

観察のポイント

アリグモのメス。

細かい仕草までアリそっくり

昆虫は脚《あし》が6本で、クモは脚が8本です。アリグモはクモなので脚が8本ありますが、前の2本の脚をまるで触角《しょっかく》のように動かし、アリに見えるように工夫しています。しかし、体の形がアリに似ているのでとぶ力が弱く、獲物《えもの》をとるのは苦手です。

葉の上や下に糸でおおった家をつくり、じっと身を潜（ひそ）めていることもあります。

脚《あし》も体も長い大形のクモ

アシナガグモ

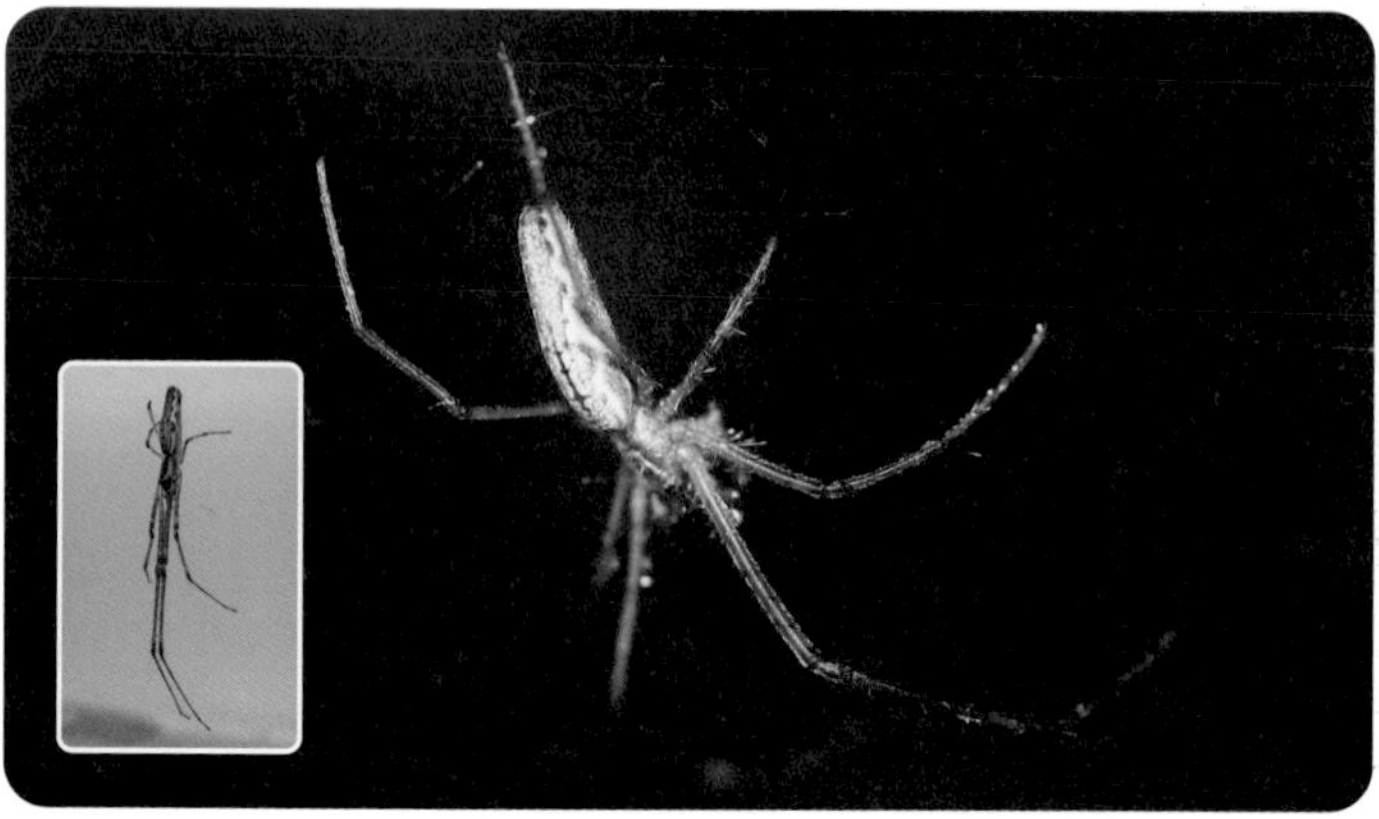

腹部の背面に黒い縦線がある。左は網の中心で静止している状態。

〔分　類〕
クモ目
アシナガグモ科

〔大きさ〕
オス5～12㎜
メス8～15㎜

〔分　布〕
全国

〔時　期〕
4～11月

出会い率
★★★☆☆
水辺、公園、山地、草地など

脚《あし》を一直線にのばして静止

アシナガグモは、その名のとおり、脚が長いクモです。体は細長く、腹部は銀色のウロコにつつまれ、腹部背面には縦に長い黒色の模様があります。長い脚が特徴《とくちょう》で、水平に張った丸い網の中心で体と脚を一直線にのばして静止しています。上《うわ》あごも長く、前につき出していて、するどいキバをもっています。都市部から山地まで日本全国に広く分布し、とくに田んぼや河川、池など水辺でよく見られます。

もっと知りたい

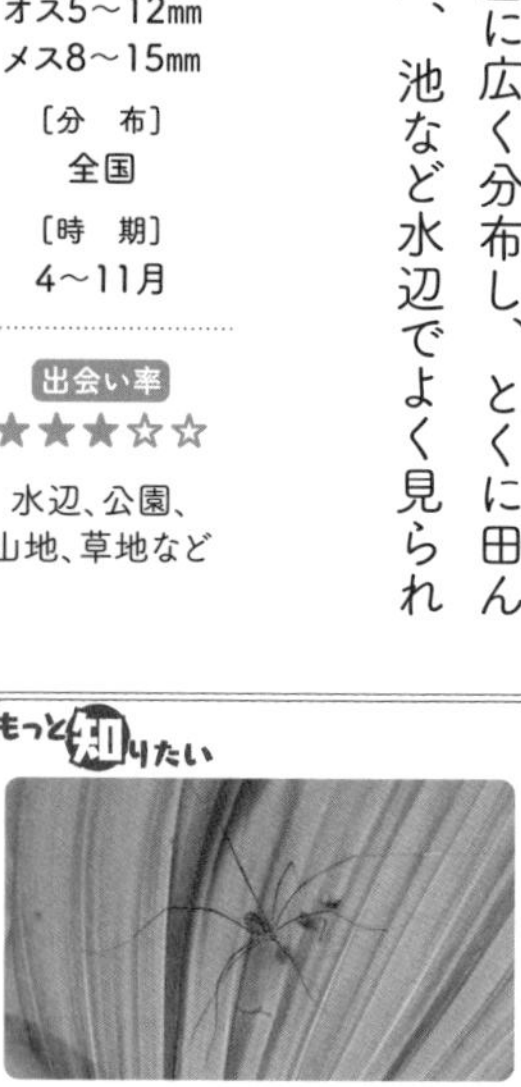

ゆっくり動くザトウムシ。

似ているけれど別の種類の生きもの

アシナガグモによくまちがえられる生きものがザトウムシです。脚が8本あるのでクモの仲間と思われがちですが、クモとは別の種類の節足動物です。ザトウムシは夜行性で集団で行動することも多く、雑食で昆虫から植物、菌類までいろいろなものを食べます。

田んぼに網を張り、イネの害虫を食べるアシナガグモは農家の味方でもあります。

徘徊《はいかい》するクモでは日本最大級

アシダカグモ

外

卵のうを抱くアシダカグモのメス。子グモが産まれるまでもち歩く。

〔分　類〕
クモ目
アシダカグモ科

〔大きさ〕
オス15～20㎜
メス25～30㎜

〔分　布〕
本州～南西諸島

〔時　期〕
通年

出会い率
★★☆☆☆
人家のそば、屋内など

家の害虫を食べてくれる

網《あみ》を張らずに移動して獲物《えもの》をとらえるタイプのクモでは日本最大級です。多くのトゲと毛がある長い脚《あし》をもち、体はメスのほうがオスよりも大きく、メスは頭胸部《とうきょうぶ》後端《こうたん》に細く三日月状の白い模様が入っています。おもに屋内にすんでいて、夜になると動き出し、ゴキブリやハエなどをつかまえて食べます。江戸～明治時代に南方から入ってきたといわれる外来種で、温かい場所を好みます。長生きで、3年以上生きることもあります。

もっと知りたい

ちょっと小さいアシダカグモの仲間

すばやい動きでガなどをつかまえる。

アシダカグモと似ているクモがコアシダカグモです。ただ見た目は似ていても両者の見分け方は簡単で、アシダカグモよりひとまわりほど小さく、頭胸部に三日月状の模様もありません。また、アシダカグモはおもに屋内にすみますが、コアシダカグモは屋外にすんでいます。

1
2
3
4
5
6
7
8
9
10
11
12

糸で網をつくらないクモですが、卵を守ったり、高所から降りるときには糸を出します。

ヒメグモの仲間では最大級
オオヒメグモ

地表の虫をつり上げてキャッチ

ヒメグモのなかでは最大級とされ、茶色の体で腹部は丸く、黒色や黄色などの色が混ざった複雑な模様があります。野外でも見かけますが、屋内で多く見られます。不規則に張った網《あみ》の糸の一部に粘着質《ねんちゃくしつ》の球がついていて、地表の昆虫などをつり上げ、つかまえて食べます。

〔分類〕クモ目ヒメグモ科〔大きさ〕オス4～5㎜ メス7～8㎜〔分布〕全国〔時期〕6～10月

出会い率 ★★★★★ 屋内、公園、港など

立体的で不規則な網《あみ》
ニホンヒメグモ

網の中央の枯《か》れ葉《は》がかくれ家

ニホンヒメグモは、全身がオレンジ色のとても小さなクモです。網で獲物《えもの》をとりますが、規則的な丸い網ではなく、不規則な網とシート状の網を組み合わせた立体的な網をつくります。網の中央に枯れ葉をつり下げ、卵のうをかくしたり、その中にかくれて獲物を待ちます。

〔分類〕クモ目ヒメグモ科〔大きさ〕オス2～3㎜ メス4～5㎜〔分布〕全国〔時期〕7～10月

出会い率 ★★☆☆☆ 人家、公園、雑木林、生け垣など

1 2 3 4 5 6 7 8 9 10 11 12

特定外来生物の毒グモ、セアカゴケグモやハイイロゴケグモはヒメグモの仲間です。

そのほかの生きもの

家のまわりや散歩の途中で
出会う生きものは、
ほかにもたくさんいます。
足元をそっと見てみよう。

そのほかの生きもの観察の楽しみ方

ダンゴムシやミミズ、カタツムリなどは、昆虫やクモとは脚《あし》の数も体のつくりもまったくちがいます。ちがいを比べながら、観察してみましょう。

石を動かしたりしたら、元にもどそう！

どんな生きものを観察するときも同じですが、石や朽《く》ち木《き》を動かしたりした後は、必ずもどしておきましょう。小さな生きものには、ちょっとした環境変化も大きなダメージになることがあります。そのようなことがないよう、心がけましょう。

石の下で越冬していたダンゴムシ。

湿《しめ》ったところを探してみよう！

姿や形、種類はさまざまですが、湿気が多いところに見られる生きものが多いです。石や植木鉢の下、枯《か》れ葉《は》がたまったところや朽《く》ち木《き》など、日が当たりにくい場所を探してみましょう。寒い時期は、越冬《えっとう》のために、たくさん集まっていることがあります。

落ち葉がたまった日かげの雑木林。

かまれないように注意！

なかにはムカデのように攻撃性《こうげきせい》があり、かむものがいます。ムカデは、毒がありますので、かまれないよう注意しましょう。昼間はうす暗く湿《しめ》ったところにいますが、夜はえさを探して部屋に入りこむこともあります。手で追いはらったりはしないようにしましょう。

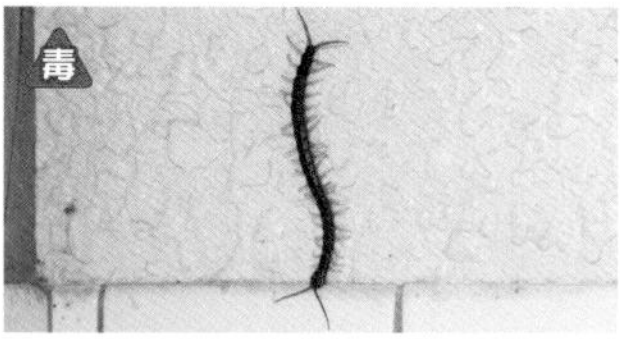

家の中で出会うことも。

さわったら、必ず手を洗いましょう！

ナメクジ（P.218）やカタツムリには、住血線虫《じゅうけつせんちゅう》という寄生虫《きせいちゅう》がいることがあります。人に寄生することもあるので、素手でさわったときには、よく洗うことが大切です。ふだんから生きものをさわったあとは、手をしっかり洗うことを習慣にしておきましょう。

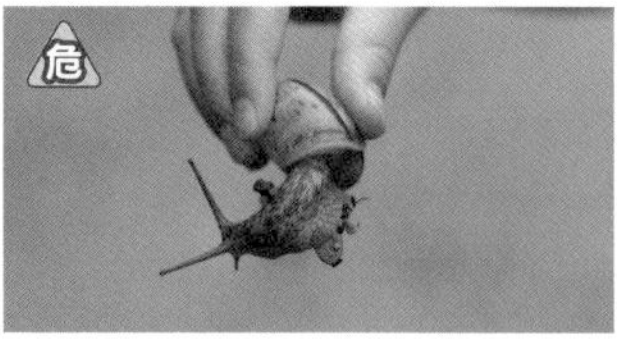

つかんだ手は必ず洗おう。

体のほとんどが腸の環形《かんけい》動物

ミミズ

湿(しめ)った場所に出てきたミミズ。

〔分　類〕
ナガミミズ目
フトミミズ科
〔大きさ〕
4～50㎝
〔分　布〕
全国
〔時　期〕
3～11月

出会い率
★★★★☆
畑や森林の落ち葉などの下や土の中など

体の大部分が腸の生きもの

細長い体をもつミミズは、体節《たいせつ》と呼ばれるリング状の構造が多数重なった形状をもつ環形動物です。体節には剛毛《ごうもう》が生えていて、これを用いて移動します。体のほとんどが腸で、目や鼻や耳はありませんが、頭部で光を感じることができます。ふだんは土の中に生息していますが、雨が降ると地上に姿を現すことが多いです。これは皮ふから酸素を取り入れるミミズにとって、呼吸しづらい状況《じょうきょう》からのがれるためだといわれています。

もっと知りたい

自然環境《かんきょう》を豊かにする縁《えん》の下の力もち

園芸用の土づくりに活躍。

ミミズは土の中の微生物《びせいぶつ》や枯《か》れ葉《は》などの有機物を栄養源としています。食べるときに土も一緒に飲み込み、窒素《ちっそ》やリンなどの栄養豊富なふんを排出《はいしゅつ》します。ミミズのふんは小さなすき間があるため保水性や通気性にもすぐれ、植物の成長を手助けするとても大切な存在です。

海外でも古くからその役割が評価されているミミズ。英語名はアースワーム（地球の虫）。

危

土壌《どじょう》動物で最強クラス

ムカデの仲間

東北以南に生息するトビズムカデ。

〔分　類〕
多足類ムカデ綱
〔大きさ〕
3～15㎝
〔分　布〕
全国
〔時　期〕
3～12月

出会い率
★★★☆☆
落ち葉や石の裏、石垣のすき間

梅雨の時期はとくに活発

漢字で「百足《むかで》」と書くように、たくさんの脚《あし》があるムカデ。多くの体《たい》節《せつ》をもち、各体節に1対の脚をもっています。目が退化しているため触《しょっ》角《かく》で周囲を把握《はあく》し、動くものに敏感《びんかん》です。触角《しょっかく》に刺激《しげき》を与えるハーブの香りなどをいやがるといわれています。あごでかみついて攻撃《こうげき》し、生きているミミズや昆虫、クモなどを捕食《ほしょく》します。夜行性で、日中は落ち葉や石の裏に潜《ひそ》み、温かい場所と湿気《しっけ》を好むので梅雨の時期にとくに活発です。

もっと知りたい

強い毒性のあるアオズムカデ。

種類によって脚の数もさまざまなムカデ

ムカデは、大型のオオムカデ目や小型のイシムカデ目、細長いジムカデ目、足の長いゲジ目に分けられ、種類によって毒をもっています。脚の数は種類によってさまざまで、15対から多いものでは170対にもおよびます。世界で3千種以上のムカデが知られています。

ムカデとちがっておとなしく腐植物《ふしょくぶつ》を好む

ヤスデの仲間

湿気の多い場所を好むヤスデ。

〔分　類〕
多足類ヤスデ綱

〔大きさ〕
0.5cm～10cm

〔分　布〕
全国

〔時　期〕
4～11月

出会い率
★★★☆☆

枯れ葉や腐葉土がたまった場所

成長すると脚《あし》が増える？

ムカデ類とちがいおとなしいヤスデ。強いアゴをもたず、落ち葉や朽《く》ち木《き》、きのこなどの腐植物を好んで食べます。ほとんどの体節《たいせつ》に2対の脚をもち、種類によっては脱皮《だっぴ》して新しい体《たい》節《せつ》ができるたびに脚の数が増えます。2021年には1306本脚の新種のヤスデが発見されました。湿気《しっけ》を好み、森林から人家のまわりまでさまざまな環境《かんきょう》に生息しています。刺激《しげき》されると異臭《いしゅう》を放ち、とぐろを巻いて身を守ります。

もっと知りたい

個性的な姿をした、いろいろなヤスデ

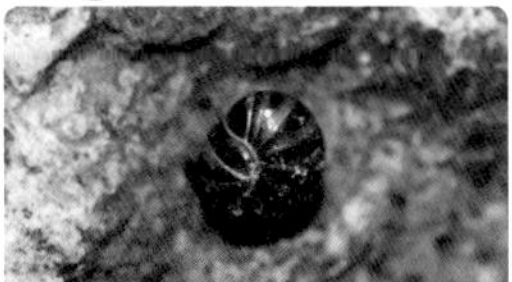

さわられて丸まったタマヤスデ。

日本には200種以上のヤスデが生息していますが、その姿もさまざま。体長が1cm前後のタマヤスデはダンゴムシのように体を丸くします。フサヤスデはおしりに筆状の毛があるのが特徴《とくちょう》で、日本最大のヤエヤママルヤスデは体長が10cm以上にもおよびます。

線路上に大量発生したヤスデが徘徊（はいかい）し、列車が運休したことも。

エビやカニと同じ甲殻類《こうかくるい》の仲間

オカダンゴムシ

身を守るためかたかたい殻（から）をもつ。

〔分　類〕
ワラジムシ目
オカダンゴムシ科

〔大きさ〕
10～15㎜

〔分　布〕
全国

〔時　期〕
通年

出会い率
★★★★★
湿気のある落ち葉の下や石の裏など

丸くなり乾燥《かんそう》から身を守る

じつはエビやカニと同じ甲殻類の仲間で、1対の複眼《ふくがん》と2対の触角《しょっかく》、7対の脚《あし》をもっています。名前のとおり刺激《しげき》を受けると体を丸めますが、天敵からだけではなく乾燥から体を守るために丸くなることも。雑食性で落ち葉や動物の死がいなどを食べ、カルシウム摂取《せっしゅ》のためにコンクリートをかじることもあります。植物の新芽も食べるので、農家にとってはきらわれ者です。夜間と朝方に活動し、昼間は湿《しめ》った物かげにかくれています。

観察のポイント

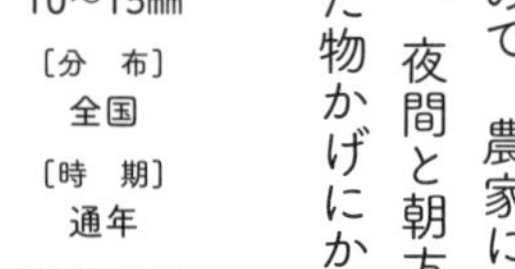

ダンゴムシの赤ちゃん。

お母さんのお腹で育つダンゴムシ

ダンゴムシが属するワラジムシ目は、繁殖期《はんしょくき》になるとメスがお腹に育児嚢《のう》と呼ばれる袋《ふくろ》を形成し、受精卵を産卵します。やがてふ化してしばらくすると、幼虫が育児嚢を食い破って外に出てきます。育児用の袋が破れるだけなので、メスの体には影響《えいきょう》がありません。

海岸の砂の中などで暮らす「ハマダンゴムシ」というダンゴムシの仲間も存在しています。

ふれると丸まらずにすばやく逃げる

ワラジムシ

平たいだ円形をした姿が草鞋（わらじ）のようなことから、その名がついた。

〔分　類〕
ワラジムシ目
ワラジムシ科
〔大きさ〕
10〜15㎜
〔分　布〕
全国
〔時　期〕
通年

出会い率
★★★★★
湿気のある落ち葉の下や石の裏など

粘液《ねんえき》で防衛《ぼうえい》するワラジムシ

ダンゴムシに似ていますが、やや細く少し平らな形をしています。体を球状に丸められず、ふれるとすばやく逃げ出します。尾端《びたん》に突起《とっき》があり、襲《おそ》われると相手に付着する粘液を出すことがあります。この粘液は敵からにげるための防御《ぼうぎょ》に使うのではないかと考えられており、仲間に危険を知らせる警報《けいほう》フェロモンであるという説もあります。ダンゴムシと同じく雑食性ですが、ダンゴムシが食べる植物の新芽などは食べません。

観察のポイント

ヨコヅナサシガメの幼虫につかまった！

遠くに逃げるためのワラジムシ目の習性

ワラジムシ目には、壁にぶつかり左に曲がると、次の壁では右にといった具合にジグザグに曲がってより遠くを目指すという習性があります。これを「交替制転向反応《こうたいせいてんこうはんのう》」といいます。同じ場所をぐるぐる回らないよう、天敵からのがれるための習性だという説があります。

昔はトイレ（便所）で見ることが多かったので、「便所ムシ」と呼ばれたりもします。

カタツムリって、どんな生きもの？

陸にすむ巻き貝の仲間であるカタツムリは、日本には約800種います。同じ種類でも、地域によって殻《から》の模様がちがうものがいます。

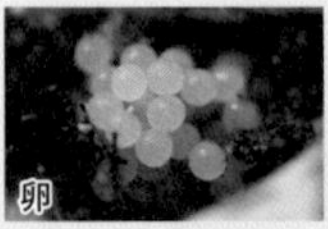

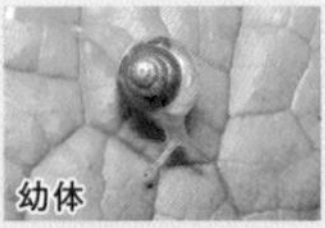

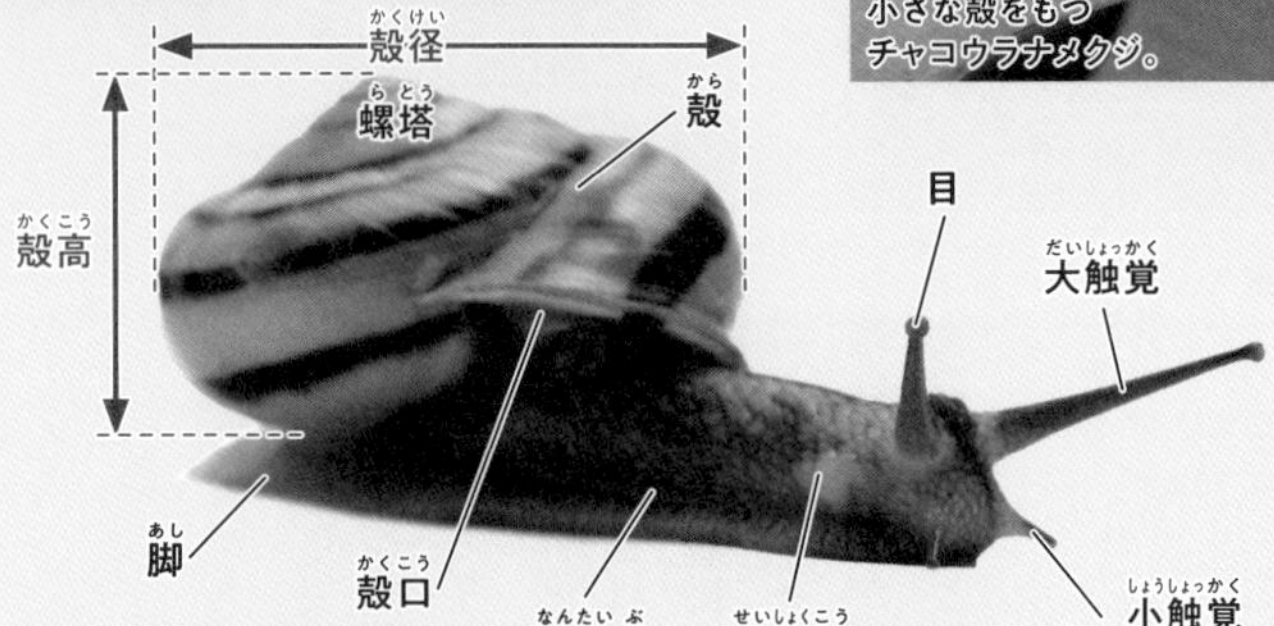

ミスジマイマイ（P.209）

カタツムリの殻はどんなもの？

卵から生まれたカタツムリの幼体は、すでに殻をもっています。この殻は、体から分泌された炭酸カルシウムからできており、成長するとともに大きくなっていきます。殻の中には心臓や肺、腸、両生管《りょうせいかん》と呼ばれる生殖器などの内臓が入っています。殻は体にくっついており、無理にはなそうとすると死んでしまいます。冬になると殻にふたをして、冬眠します。

ナメクジの殻はどうしたの？

殻をもっていませんが、ナメクジ（P.218）もカタツムリと同じ巻き貝の仲間です。進化の途中で殻がなくなりましたが、ナメクジのなかには小さな殻をもつものがいます。チャコウラナメクジ（右上）は、大触覚の後ろから体の中央付近の色が変わった部分が殻です。

カタツムリが雌雄《しゆう》同体って本当？

カタツムリは、ひとつの個体がオスとメス両方の生殖器《せいしょくき》をもっています。同じ種類のカタツムリが2匹出会えば、交尾《こうび》して子孫を増やせるというわけです。はうように移動するカタツムリは、行動範囲《はんい》がせまく、別の個体に出会うことが少ないため、少ないチャンスを活かせるよう進化したのです。

関東南部などでよく見られるカタツムリ

ミスジマイマイ

固

木の幹を移動するミスジマイマイ。

〔分　類〕
有肺目
オナジマイマイ科

〔大きさ〕
32～45㎜

〔分　布〕
本州（関東地方南部など）

〔時　期〕
3～11月

出会い率
★★★★☆
林、草地、人家周辺

殻《から》にある3本の帯が特徴《とくちょう》

大きな右巻きの殻をもつミスジマイマイ。やや平べったい殻には、名前のとおり3本の帯が入っていますが、帯がないものや4本あるものもいます。おもに木の上で生活し、雨の日に木の表面を移動している姿をよく目にします。関東の利根川《とねがわ》以南などでよく見られ、伊豆半島にも分布。黒い火炎彩《かえんさい》の入った亜種《あしゅ》のトラマイマイや、静岡県の一部地域にはシモダマイマイと呼ばれるやや小さな亜種が分布します。

もっと知りたい

赤みを帯びた殻の口。

同じく木の上で生活するクチベニマイマイ

近畿《きんき》地方や中部地方などに分布するクチベニマイマイは、ミスジマイマイと同じく木の上で暮らします。殻は、黄色をおびたあわい白色をしており、褐色《かっしょく》のすじが入っています。殻口《かくこう》が口紅をぬったように赤みをおびているのが名前の由来です。

ミスジマイマイは木の皮や木の葉、苔などを食べます。

殻《から》が左巻きの一般的なカタツムリ

ヒダリマキマイマイ

固

落ち葉の上を進むヒダリマキマイマイ。

〔分　類〕
有肺目
オナジマイマイ科

〔大きさ〕
40〜50㎜

〔分　布〕
本州（東北〜
中部地方）

〔時　期〕
3〜11月

出会い率
★★★★☆
森林、草地、
人家周辺

一本の帯とラッパ口が特徴《とくちょう》

ヒダリマキマイマイは、殻が左巻きで、地面付近の落ち葉や草の上などで目にします。木の幹に張りついているものもいますが、高いところには登りません。殻の表面はあわい黄褐色《おうかっしょく》をしており、巻きにそって1本の帯が入っています。殻口《かくこう》がラッパのように広がっているのが特徴で、東日本でふつうに見られます。チャイロヒダリマキマイマイなどの亜種《あしゅ》も存在し、巻き方が逆転したアオモリマイマイが近《きん》縁《えん》の種です。

もっと知りたい

イワサキセダカヘビ

巻き方がちがうカタツムリ

石垣島や西表島には、右巻きのカタツムリを効率よく食べられる口をもつイワサキセダカヘビが生息しています。この地域では、右巻きよりも左巻きの占める割合が圧倒的です。これは、天敵から身を守るべく左巻きになったからと考えられています。

性器の位置がちがうので、巻き方がちがう個体同士ではうまく交尾ができません。

殻《から》がうすく半透明《はんとうめい》なカタツムリ

ウスカワマイマイ

殻がうすくても乾燥に強いウスカワマイマイ。

〔分 類〕
有肺目
オナジマイマイ科
〔大きさ〕
23㎜
〔分 布〕
北海道〜九州
〔時 期〕
3〜11月

出会い率
★★★★☆
草地、農地、
人家周辺

乾燥《かんそう》に強い在来種

沖縄県以外に分布しているウスカワマイマイは、殻が丸く、すじがないのが特徴《とくちょう》です。右巻きの殻はあわい黄《おう》褐色《かっしょく》で、薄く半透明のため体の模様が透《す》けて見えます。オナジマイマイ(P.212)とよく似ていますが、殻口《かくこう》があまり厚くならず、成熟しても反りません。在来種のなかでは比較的《ひかくてき》乾燥に強く、畑や人家の周辺でよく見られます。いくつかの地方型があり、長崎県の壱岐《いき》に分布するイキウスカワマイマイなどがあげられます。

もっと知りたい

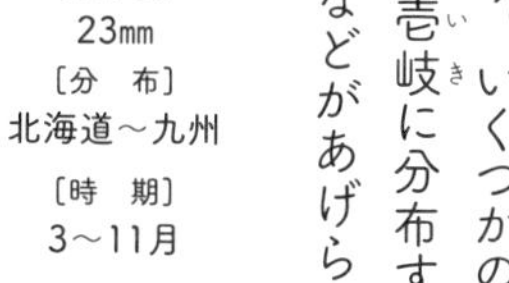

オキナワウスカワマイマイ。

ウスカワマイマイの仲間のカタツムリ

沖縄や八重山《やえやま》諸島に生息するのがオキナワウスカワマイマイ。ウスカワマイマイと比べて殻が厚く、殻表《かくひょう》の成長線が強いです。成長線とは、年輪のように殻口《かくこう》と平行に現れるすじのこと。佐《さ》多《た》岬《みさき》から口永良部島《くちのえらぶじま》にはオオスミウスカワマイマイがいます。

ウスカワマイマイは、コマツナ、ミズナなど、葉物野菜が大好きで、畑の害虫として知られています。

外

身近で見られる東南アジア原産種
オナジマイマイ

日本中どこでも見られるオナジマイマイ。

〔分　類〕
有肺目
オナジマイマイ科
〔大きさ〕
18㎜
〔分　布〕
全国
〔時　期〕
3〜11月

出会い率
★★★★☆
草地、農地、人家周辺

小さくて平べったい種

右巻きでやや平たい殻《から》をもつオナジマイマイは、日本全国で見られる東南アジア原産のカタツムリです。民家の庭などで見かける身近な種で、農地にも生息し、農作物を食べてしまいます。殻の色は黄褐色《おうかっしょく》や茶褐色《ちゃかっしょく》など個体によってさまざま。殻のまわりに褐色の色帯が入るタイプとそうでないタイプがいます。小さくて体層は大きく発達せず、殻口《かくこう》が厚くなっているのが特徴《とくちょう》です。越冬《えっとう》をして数年間生き、寿命《じゅみょう》は約3年です。

もっと知りたい

殻のうすいコハクオナジマイマイ。

オナジマイマイ属のカタツムリたち

沖縄県に生息しているパンダナマイマイは、オナジマイマイに似ていますが、より大きく殻が低いです。コハクオナジマイマイは形は似ていますが、殻がうすく体の色が透《す》けており、あわい黄緑色をしています。こちらは越冬せずに死んでしまいます。

この種が最初に報告されたのは、インドネシアのティモール島とされています。

塔《とう》のような殻《から》をもつとても小さいカタツムリ

オカチョウジガイ

細長い殻をもつオカチョウジガイ。

海産貝類のチョウジガイ似

一般的なカタツムリとは姿形が異なり、太く短い塔状の殻が特徴《とくちょう》です。海産貝類のチョウジガイに似た形をしており、陸貝のため「オカ」が名前についています。殻は光沢《こうたく》のある右巻きで、とても小さく動きがにぶいです。山地の朽《く》ち木《き》の下や民家の庭の石や植木鉢《ばち》の下で見られ、平地の開けた環境《かんきょう》にも生息しています。関東以南に生息するトクサオカチョウジガイや、細長いホソオカチョウジガイなどの似た種類も存在します。

〔分　類〕
有肺目オカクチキレガイ科

〔大きさ〕
3㎜

〔分　布〕
北海道～九州

〔時　期〕
3～11月

出会い率
★★★★☆
森林、人家周辺

もっと知りたい

チョウジガイって、どんな貝？

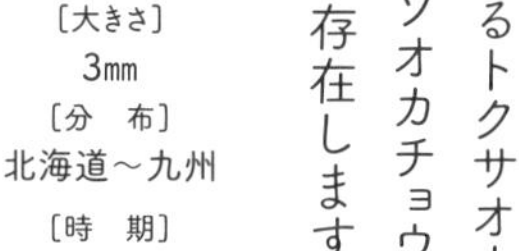

チョウジガイの貝殻。

オカチョウジガイの名前の由来となったチョウジガイは、房総《ぼうそう》半島から沖縄までの浅い砂底にすむトウガタガイ科の巻貝です。殻は小さく、長さは15mmにしかなりません。小さくて見つかりづらいですが、砂浜で拾えることがあるので、探してみましょう。

チョウジとは、香辛料に使われる丁子（ちょうじ）のこと。形が似ていることに由来。

円錐型のやや小さな殻をもつカタツムリ

ニッポンマイマイ

固

そのほか

先のとがった円錐形の殻のニッポンマイマイ。

〔分類〕
有肺目ナンバン
マイマイ科

〔大きさ〕
19mm

〔分布〕
本州

〔時期〕
3〜11月

出会い率
★★★☆☆

森林、林縁、草地

細長くのびる軟体部

円錐型の小さな殻が特徴のニッポンマイマイは、本州の各地で見られます。殻頂がとがっており、殻全体はうすく半透明で丸みがあります。黄褐色や濃い褐色など殻の色も多様で、周縁には不明瞭な色帯をもっています。高い山中や林縁部、草地などのさまざまな環境に生息し、地表に近い落ち葉の上や木の幹の低いところで目にします。上体をもち上げ、背のびをするかのように軟体をのばしている姿を時折見かけます。

もっと知りたい

ニッポンマイマイの仲間

ヌノメニッポンマイマイ。

　ニッポンマイマイの仲間には、殻の外縁が角張っているカドバリニッポンマイマイ、殻がより小さく、殻の表に細かい顆粒が並ぶヌノメニッポンマイマイ、殻がやや丸く殻の表には弱い絹のような光沢があるコニッポンマイマイなどがいます。

1
2
3
4
5
6
7
8
9
10
11
12

ニッポンマイマイは、びっくりするくらい細長くのびることも。ぜひ見つけてみよう。

身近で見られる大きなキセルガイ

ナミギセル

固

細長い殻をもつ。

〔分　類〕
有肺目
キセルガイ科

〔大きさ〕
6～10㎜

〔分　布〕
本州～九州

〔時　期〕
3～11月

出会い率
★★★☆☆
森林や草地、
公園

たくさんの地方名をもつ種

ナミギセルはこん棒型の大きなキセルガイです。森林から開けた平地まで、さまざまな環境《かんきょう》に生息しており、広葉樹などの朽《く》ち木《き》や落ち葉の下でも見られます。多くは殻の色が黄褐《おうかっ》色《しょく》ですが、生息地域によって差があり、多くの地方名があります。キセルガイの仲間はすべて左巻きでつやがあり、殻表《かくひょう》には成長線が見られ、殻《かく》口《こう》が厚く広がり反転しているのが特《とく》徴《ちょう》です。老いた個体は、殻《かく》皮《ひ》がはげて白っぽくなります。

もっと知りたい

殻口《かくこう》のヒダの形で種を区別

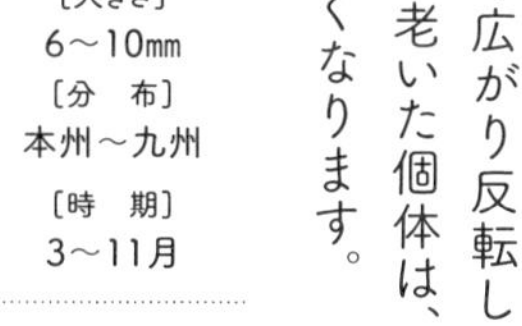

ナミギセルの殻口

カタツムリはふつう、殻の色や色帯、模様、殻の形などから種を識別します。キセルガイの仲間は世界で約1500種ほどが知られており、日本には200種近くも生息しています。それらを区別するには、殻口のヒダの形などで細かく判断します。

タバコを吸うための道具である煙管（きせる）に見えることからキセルガイと呼ばれています。

タニシに近い小豆色《あずきいろ》のカタツムリの仲間

アズキガイ

小豆色をした殻をもつ。

〔分　類〕
有肺目
アズキガイ科

〔大きさ〕
3.5～4.5mm

〔分　布〕
本州～九州

〔時　期〕
3～11月

出会い率
★★☆☆☆
山地～平地の
森林、草地

円形のうすいフタをもつ

小豆のような色の殻《から》をもつアズキガイ。丸くてうすい多旋型《たせんがた》のフタがあるのが特徴《とくちょう》です。白色の個体もいます。陸にすみますが、タニシに近い種です。森林や林縁《りんえん》などのほか、比較《ひかく》的《てき》開けた場所にも分布します。落ち葉や石の下、広葉樹の朽《く》ち木《き》などで見ることができ、しばしば集団で生息しています。幼貝は成貝とちがい円錐型《えんすいがた》をしているため、ほかの種と見分けるのがやや難しいですが、成貝と同じくフタをそなえています。

もっと知りたい

赤矢印部分がフタ。

フタをもつアズキガイ

カタツムリが冬眠をするときにはふつう、殻の入り口に膜《まく》を張ってフタにして、殻の中に閉じこもります。これにより、冬眠中の乾燥《かんそう》を防ぐのです。いっぽう、アズキガイにはもともと脚《あし》に丸いフタがついており、冬眠のときはこのフタを使います。

写真：中井寿一／アフロ

もともと西日本に生息していましたが、分布を広げ関東地方でも見られるようになりました。

平べったく小さなカタツムリ

コハクガイ

外

写真：Alamy／アフロ

大きさは5㎜程度。うすく平たい殻をもつ。

〔分　類〕
有肺目
コハクガイ科
〔大きさ〕
5㎜
〔分　布〕
北海道～九州
〔時　期〕
3～11月

出会い率
★★★☆☆
耕作地、
人家周辺

半透明《はんとうめい》で琥珀色《こはくいろ》の殻《から》

北アメリカ原産の外来種で、殻径《かくけい》が5㎜と小さいコハクガイ。殻はうすく半透明でツヤのある琥珀色をしており、螺塔《らとう》が低い円盤状《えんばんじょう》です。殻の裏側の中央部分は臍孔《さいこう》が開いています。軟体部《なんたいぶ》は黒褐色《こっかっしょく》です。自然が豊かな森林内では見られず、温室や庭園の植木鉢《ばち》の下や樹木の朽《く》ち木、腐《ふ》葉土《ようど》などに生息。野菜や花卉《かき》、果物などを食害します。アメリカからの物資にまぎれて移入し、1960年代に定着したと考えられています。

もっと知りたい

カタツムリの歯

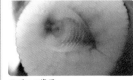

サザエの歯舌。

カタツムリは、植物の葉や茎《くき》、苔《こけ》、朽ち木などを、大根おろしの際に使用する「おろし金」のように歯がたくさん並んだ歯舌《しぜつ》を使って、なめとるようにして食べます。海に生息するサザエも同じ巻き貝の仲間なので、カタツムリと歯舌をもっています。

コハクガイ科には、殻径が約2㎜とさらに小さいヒメコハクガイが存在します。

腹ばいで進む殻《から》をもたない陸貝のなかま
ナメクジ

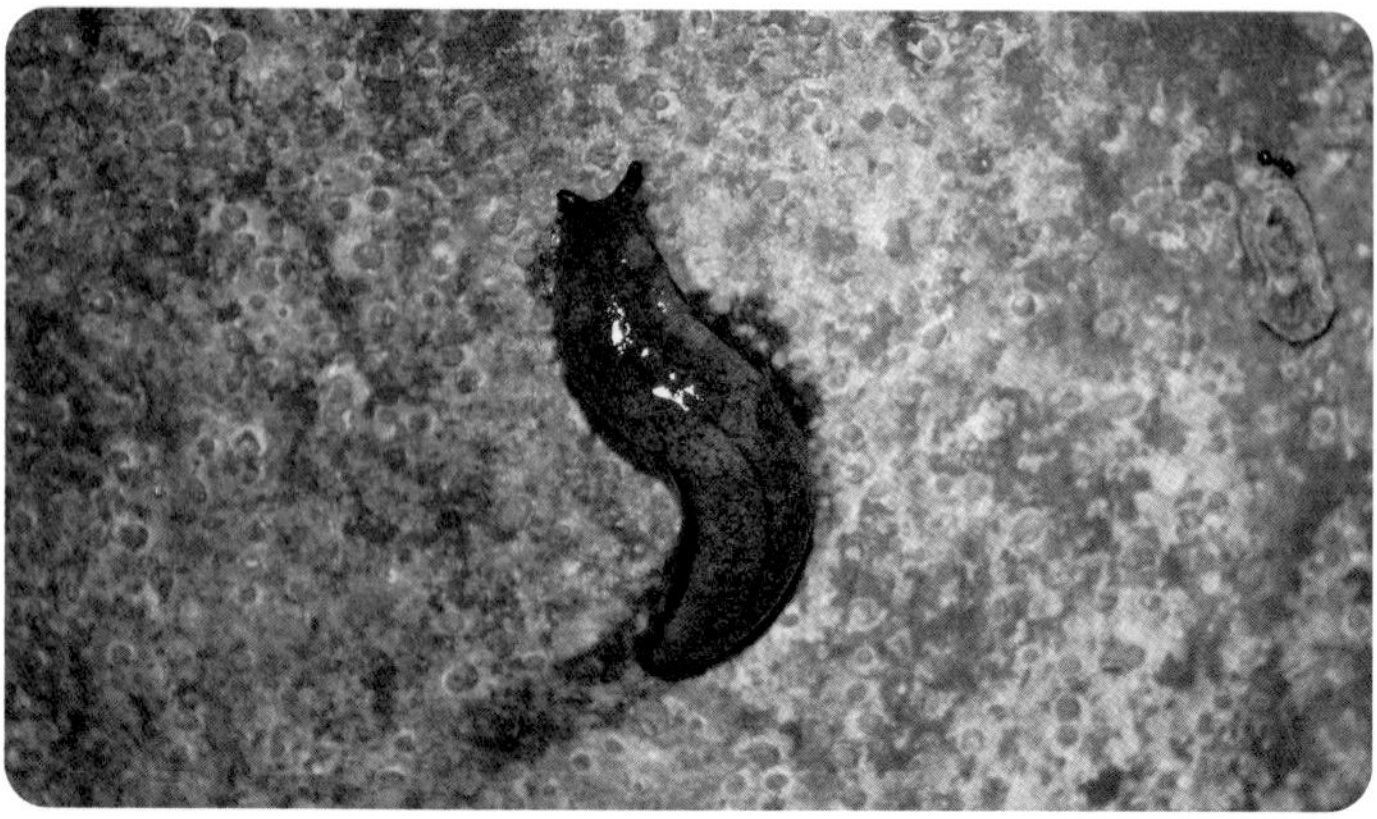

木の幹を登るナメクジ。

〔分　類〕
有肺目
ナメクジ科
〔大きさ〕
40〜50㎜
〔分　布〕
北海道〜九州
〔時　期〕
通年

出会い率
★★★★☆
草地や農地、人家周辺など

カタツムリと祖先は同じ

ナメクジは、分類的にはカタツムリの近縁ですが、殻をもたない点が大きなちがいです。小さいながらも殻をもつコウラナメクジなどの種類も存在し、カタツムリと同じ祖先から進化したことがうかがえます。雑食で、歯舌《しぜつ》を使って植物や動物の死がい、農作物も食べてしまいます。乾燥から身を守るためにつねに粘液《ねんえき》を出しています。夜行性で視覚より嗅覚《きゅうかく》がすぐれ、日中は落ち葉の下など湿った場所に潜《ひそ》んでいます。

観察のポイント

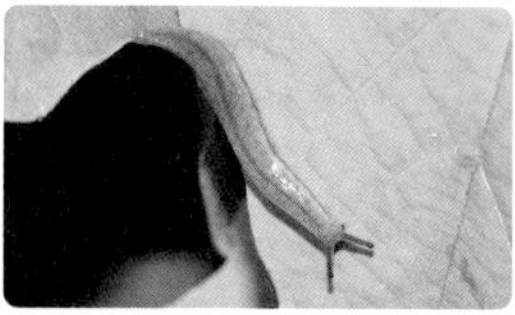

伸びたり縮んだりして動く。

殻から解放されたナメクジ

ナメクジは殻がないため、殻の主成分であるカルシウムを大量に摂取する必要がなく、体の成長のためだけに栄養を使うことができます。また、殻を背負っていないので、移動するためのエネルギーも節約でき、せまい場所にかくれることができます。

体の約90%が水分でできていて、塩や砂糖をかけると水分が抜けて縮みます。

ほ乳類

夜に活動する生きものが多いので、
なかなか出会えませんが、
もしかしたら意外なほ乳類が
近くにいるかもしれないよ。

ほ乳類観察の楽しみ方

身近に出会う生きもののなかでは、わりと大きめのものが多いです。昼間は姿をかくしており、なかなか出会うことはできませんが、夜になるとえさを求めて出てくるので会える可能性は高くなります。

痕跡《こんせき》を探してみよう!

なかなか出会えないほ乳類ですが、痕跡を残していることがあります。たとえば、「モグラ塚」と呼ばれる土のもり上がりは、モグラがその下をとおった跡《あと》です。また、クルミの実の両側に円形の穴が空いていたら、それはアカネズミ(P.223)が食べたあとです。

芝生の上にできたモグラ塚。

夜になると姿を現すよ!

昼間は建物のすき間や橋の下などにかくれており、夜にえさを求めて活動するほ乳類の代表が、アブラコウモリ(P.227)です。暗くなってくると空を飛び、えさを取ります。夜に飛んでいるのは鳥ではなくて、もしかしたらアブラコウモリかも。じっくり見てみよう!

夜に飛行するアブラコウモリ。

NG むやみに触ってはダメ!

ほ乳類は一見、かわいらしく見えるものもいますが、野生に暮らしている生きものには危険がいっぱい。下の写真は、ダニによって疥癬症《かいせんしょう》という皮ふ病にかかってしまったタヌキ(P.221)です。人間にもうつるので要注意です。遠くから見守るだけにしましょう。

皮ふ病にかかったタヌキ。

NG 餌《え》づけは厳禁!

どんな生きものも同じですが、いつも来てほしいからといって、えさをあたえてはいけません。自分でえさを探さなくなり、えさ場に集まった生きものが畑や庭の果樹をあらす原因になることもあります。自然の生きものは自然のままが一番です。

餌づけされたタイワンリス(P.228)。

夜に行動する雑食性のほ乳類

タヌキ

冬毛をまとうと、ふっくらした姿に。

〔分　類〕
食肉目イヌ科
〔大きさ〕
50～65cm
〔分　布〕
北海道～九州
〔時　期〕
通年

出会い率
★★☆☆☆
平地から山地の森林、市街地の緑地

冬はずんぐり夏はほっそり

夜行性ですが、まれに昼間も行動し、昆虫や木の実、ミミズ（P.203）のほか、魚、小形のほ乳類まで、さまざまなものを捕食《ほしょく》し、動物の死がいや農作物も食べます。秋から冬にかけてはたくわえた脂肪《しぼう》と長い冬毛でずんぐりとした体形ですが、夏毛の春から夏にかけてはほっそりと見えます。岩穴や木の根元のすき間などで繁殖《はんしょく》するほか、アナグマなどがほった穴も利用します。これが「同じ穴のムジナ」の由来になっています。

観察のポイント

種子や昆虫のかけらなどが混ざる。

共同でトイレを使うタヌキたち

タヌキは、複数の個体が特定の場所にふんを排泄《はいせつ》するという習性があります。これを「ためふん」と呼びます。タヌキはふだん単独、もしくは親子や家族が集まって生活をしていますが、「ためふん」にはなわばりを知らせる役割があると考えられています。

もとは東アジアにのみ生息していましたが、移入された欧州でも分布を広げています。

固

樹木も食べる日本固有種のウサギ

ニホンノウサギ

昼間に姿を現したニホンノウサギ。

〔分　類〕
ウサギ目
ウサギ科

〔大きさ〕
40～55cm

〔分　布〕
本州～九州

〔時　期〕
通年

出会い率
★★☆☆☆

草地、低木地、造林地、森林など

巣をつくらずに身をかくす

ニホンノウサギは、草木の葉や芽、茎《くき》、樹皮などを食べます。枝をかじった痕《あと》は刃物で切ったような特徴《とくちょう》のある切り口で、積雪地帯《せきせつちたい》では雪面から出た部分を採食する場合もあります。植林した苗木《なえぎ》や農作物も食べてしまいます。夜行性で巣はつくらず、キツネや猛禽類《もうきんるい》などから身を守るときは、昼間はやぶの中や窪地《くぼち》に身をかくします。体の毛は茶褐色《ちゃかっしょく》ですが、雪の多い地域では冬になると白い毛に変わります。

観察のポイント

雪に残ったウサギの足跡。

忍者のように移動するニホンノウサギ

ニホンノウサギは「止め足」と呼ばれる技をもっています。休息地点に到着すると、歩いてきた足あとの上を数メートルもどり、そこから横にジャンプして進み、足あとを途切れさせるのです。目線の低いキツネのような天敵からは突然消えたように見え、まさに忍者のようです。

写真：香田ひろし／アフロ

繁殖期のメスはオスにアピールするため「赤ション」という橙色の分泌液を排泄します。

森とともに生きる日本を代表する野ネズミ

アカネズミ

固

天敵にねらわれやすいため、夜に活動する。

〔分　類〕
げっ歯目ネズミ科

〔大きさ〕
8〜14cm

〔分　布〕
北海道〜九州

〔時　期〕
3〜11月

出会い率
★★☆☆☆

低地から高山帯までの明るい森林、田畑や河川敷など

食痕《しょっこん》でも分かる動物の生態

日本に広く分布する固有種のネズミ。名前のとおり背面が赤茶色で、お腹は白色です。木や草の根、種子、昆虫を食べます。アカネズミがクルミを食べると、殻《から》の両側に円形の穴が空きます。この食痕《しょっこん》を見つけることでアカネズミが近くに生息していることが分かります。跳躍力《ちょうやくりょく》があり移動能力が高いので、1日に数km動くこともありますが、木登りは得意ではありません。巣は地中につくり、夜行性です。

もっと知りたい

発芽したコナラのどんぐり。

冬にそなえてせっせとたくわえるアカネズミ

アカネズミは見つけたえさをその場で食べず、地中などにたくわえる習性があります。うめた種子を食べ忘れると、そのまま芽が出ることも。はなれた場所に運ばれてうめられた種から発芽すると、結果、森を広げることにつながります。アカネズミと木々は共生《きょうせい》しているのです。

よく似たヒメネズミは巣を樹上につくりますが、アカネズミは地中につくります。

都会に順応し日本全国に生息
ドブネズミ

泳ぎが得意なドブネズミ。

〔分　類〕
げっ歯目ネズミ科
〔大きさ〕
11〜28㎝
〔分　布〕
全国
〔時　期〕
通年

出会い率
★★☆☆☆
市街地の下水や
川など湿った場所
水田や耕作地

湿《しめ》った場所が好きな家ネズミ

日本全国に生息するドブネズミ。寒さに強く、夜行性ですが昼間も活動します。湿った環境を好み、泳ぎが得意で、市街地の下水や川などを動き回っています。動物質、植物質を問わずいろいろなものを食べますが、生息場所により変わります。気性が荒く、鳥の卵やひなを襲《おそ》うことも。繁《はん》華《か》街《がい》でゴミをあさる姿もしばしば見られます。建物やコンクリートのすき間に巣をつくりますが、地面に穴をほって生活することもあります。

もっと知りたい

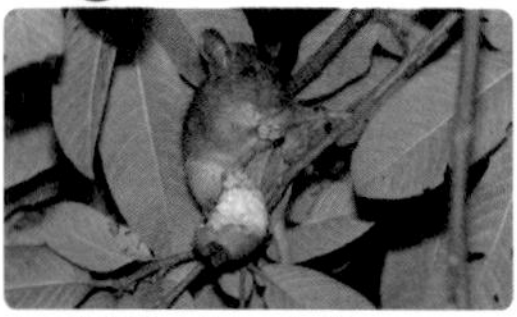

木の実を食べるクマネズミ。

同じく都会で暮らすクマネズミ

クマネズミも市街地にすみ着くネズミです。高いところへの上り下りが得意で、脚《あし》の肉球がすべりにくい構造になっています。ビルや天井裏など比較的乾燥した高所で暮らし、ドブネズミとはすみ分けています。森林では木の上で生活。雑食ですが、植物質のものを好みます。

人家やその周辺にすむネズミを「家ネズミ」、野外にすむネズミを「野ネズミ」といいます。

繁殖力《はんしょくりょく》の高さが名前の由来

ハツカネズミ

次々に子を産み育てるハツカネズミ。

〔分　類〕
げっ歯目ネズミ科
〔大きさ〕
5～9㎝
〔分　布〕
全国
〔時　期〕
通年

出会い率
★★☆☆☆
草地や田畑、河川敷、自然に隣接する家屋や納屋

水がなくても長時間平気！

植物の根茎《こんけい》や木の実、昆虫類のほか、農作物も食べてしまいます。繁殖力が高く、妊娠期間は20日間。一度に平均5～6匹の子を産み、子も約2カ月後には妊娠が可能になります。名前の由来は、この「20日《はつか》」からつけられたという説が通説です。腎《じん》臓《ぞう》がすぐれており、尿《にょう》に含まれる水分を再吸収できるため、渇《かわ》きに強いです。水がない場所でも長時間生きることができ、コンテナ内にまぎれて移入することも多いそうです。

もっと知りたい

ハツカネズミの変異種《へんいしゅ》

アルビノの白いハツカネズミ。

野生のハツカネズミは目が黒く、背面の毛もうすい茶色をしていますが、白毛、茶毛、黒毛、パンダのようなぶちなど、多くの変異種が存在します。実験などに使われる白くて赤い目をしたハツカネズミは、色素をもたない「アルビノ」という変異種です。

名前の由来には、程度が小さいという意味をもつ古語の「はつか」とする説もあります。

固

トンネル内で生活し姿を現さない

アズマモグラ

トンネルをほるためのするどい爪をもつアズマモグラ。

〔分　類〕
食虫目モグラ科
〔大きさ〕
12～16cm
〔分　布〕
本州（中部以北および紀伊半島や四国の山地の一部地域など）
〔時　期〕
通年

出会い率
★☆☆☆☆
草地や農耕地、河川敷など

鼻先の器官でものを判別

モグラは地下にトンネル網《もう》をほり、巣やトイレをつくり生活しています。生息場所では、地表にもり上がったトンネル掘削《くっさく》後の残土《ざんど》であるモグラ塚を見ることができます。トンネルを巡回《じゅんかい》し、顔を出しているミミズ（P.203）や昆虫などを捕食《ほしょく》、時には貯《ちょ》蔵《ぞう》することも。鼻先にある〝アイマー器官〟により接触《せっしょく》したものの形や性質を判別しているといわれています。アズマモグラは日本の固有種で、おもに本州の中部以北で暮らしています。

もっと知りたい

西代表のコウベモグラ

体長12～18cmのコウベモグラ。

本州の東側で暮らすアズマモグラに対し、西側で暮らすのがコウベモグラ。生息環境《せいそくかんきょう》が似ていることから、勢力争いがつづいています。先に広く分布していたアズマモグラですが、より大きくて体力のあるコウベモグラに徐々に追いやられているといわれています。

写真：株式会社Gakken／アフロ

モグラは数時間ごとに休眠をとり、昼夜関係なく活動しています。

唯一《ゆいいつ》飛ぶことのできる暗闇《くらやみ》が大好きなほ乳類

アブラコウモリ

人と近いところに暮らすアブラコウモリ

〔分　類〕
翼手目
ヒナコウモリ科
〔大きさ〕
4〜6cm
〔分　布〕
本州〜南西諸島
〔時　期〕
3〜11月

出会い率
★★★☆☆
市街地周辺の水辺や樹木が多い場所

超音波を駆使《くし》して飛翔《ひしょう》

ほ乳類のなかで唯一飛ぶことのできるコウモリ。目で見て飛ぶオオコウモリ科とはちがい、アブラコウモリは口や鼻から発する人間には聞こえない超音波で障害物やえさを発見し、飛行しています。そのため、耳が大きく発達しているのが特徴《とくちょう》です。アブラコウモリはイエコウモリとも呼ばれ、日本のコウモリのなかで唯一都会に適応したコウモリです。瓦《かわら》の下などの建物のすき間をすみかとし、カやユスリカなどの昆虫を食べます。

もっと知りたい

洞窟《どうくつ》にすむキクガシラコウモリ

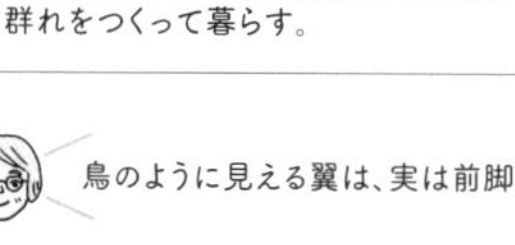

群れをつくって暮らす。

キクガシラコウモリは、鼻部《びぶ》が菊の花を想像させる形なので「菊頭（きくがしら）」と名づけられました。こちらはアブラコウモリとちがい、洞窟や廃坑《はいこう》などをおもなすみかにしています。ハエやガ、甲虫《こうちゅう》などを食べ、数頭から数百頭の群れをつくり、集団で出産や子育て、冬眠をします。

鳥のように見える翼は、実は前脚。指と指の間にある皮膜（ひまく）を使って飛んでいます。

かわいいけれど困った外来種

海外から人の手によって日本にもち込まれた生きものたち。それらが繁殖《はんしょく》し、もともとあった生態系に大きな影響をおよぼして、問題となっています。そのいくつかを見てみましょう。

〔分類〕食肉目アライグマ科〔大きさ〕40～60cm
〔分布〕北海道～九州　〔時期〕通年
出会い率 ★★☆☆☆ 丘陵地や山地の森林などの水辺
農耕地や人家周辺

アライグマ

原産は北米。夜行性で手先が器用です。食べものは小さなほ乳類や魚類、鳥類、両生類、は虫類、昆虫類、野菜、果実、穀類《こくるい》と幅広く、農作物や在来種にあたえる影響が心配されています。特定外来生物で、日本では1960年代以降に定着しはじめました。

〔分類〕げっ歯目リス科〔大きさ〕20～25cm　〔分布〕関東南部、中部、近畿、九州の限定的な地域〔時期〕通年
出会い率 ★★☆☆☆ 常緑広葉樹林、市街地、造林地

タイワンリス

クリハラリスの台湾亜種《たいわんあしゅ》。昼行性で、花、果実、種子、樹皮、昆虫類、鳥類の卵などを採食します。なんと天敵の種類に合わせたさまざまな鳴き声で仲間に危険を知らせます。樹皮をはいで木を枯《か》らすほか、農作物への被害《ひがい》も深刻。こちらも特定外来種です。

〔分類〕食肉目ジャコウネコ科〔大きさ〕40～60cm
〔分布〕本州～九州〔時期〕通年
出会い率 ★★★☆☆ 山麓や山地の森林、人家周辺

ハクビシン

原産地は、東南アジアとその周辺地域。額から鼻にかけて白帯の模様があり、「白鼻芯《はくびしん》」の名前の由来にもなっています。夜行性で雑食性に富み、甘い果実を好みます。バランス感覚がすぐれており、木登りがとても得意で、街中の電線などもかんたんに渡ります。

は虫類・両生類

かたい甲羅《こうら》をもつカメや長いヘビ、
カエル、ヤモリなど、どんな生きものか
知っていると、おもしろい
瞬間《しゅんかん》に出会えるかも。

は虫類観察の楽しみ方

は虫類は、背骨をもつ脊椎《せきつい》動物の仲間で、乾燥《かんそう》に強い皮ふと四肢《しし》をもっており、卵はかたい殻《から》におおわれています。は虫類の仲間には、毒があるヘビもいます。出会ったときはあわてずに、少しはなれて観察しましょう。

ヘビも泳ぐって、本当?

カエルを好むシマヘビ(P.234)やヤマカガシ(P.235)は水辺にすんでいて、泳ぎがとても得意です。体全体をウロコがおおっているため、表面積が広く、水の上でも沈《しず》まず泳ぐことができるのです。くねくねと水の上をすべるようにして泳ぐ姿を観察してみてください。

泳ぐヤマカガシ。

家の近くに現れるのはどうして?

夜行性のヤモリは明かりに集まる昆虫を食べるため、家の周囲に現れます。そのため、家の害虫を食べるヤモリは「家守《やもり》」として、昔から親しまれてきました。ニホンヤモリ(P.240)が現れたら、食べるところを見るチャンス。しばらく様子を見てみましょう。

家の中に現れたニホンヤモリ。

草むらを歩くときは注意!

猛毒《もうどく》をもつマムシ(P.237)は、ふだんは草むらや茂《しげ》みなどで、静かにしています。草むらに入るときは、うっかり踏《ふ》まないよう注意しましょう。もし、かまれたら傷口を洗い、毒が回らないよう傷口より心臓側を布などでしばり、安静にして病院を受診《じゅしん》しましょう。

草むらにひそむマムシ。

最期まで責任をもって育てる!

かつてはミドリガメと呼ばれていたミシシッピアカミミガメ(P.231)は、現在は「特定外来生物」として販売《はんばい》・飼育・放出が禁止されています。ただし、現在、ペットとしてすでに飼育している場合には、寿命《じゅみょう》をむかえるまで育てることを条件に飼育が認められています。

昔は縁日でよく売られていた。

都市部で見かける雑食の外来種

ミシシッピアカミミガメ

外

側頭部の赤い斑紋（はんもん）が耳のように見えることから名前がついた。

〔分類〕
カメ目ヌマガメ科

〔大きさ〕
24～28㎝

〔分布〕
全国

〔時期〕
4～10月

出会い率
★★★★☆

低地の河川や池、湖沼、市街地にも生息

生態系に影響《えいきょう》を与えるカメ

日光浴に適した陸の多い、流れのゆるやかな河川や湖沼《こしょう》に生息しており、汚水にも強いため、都市部にもいます。雑食で、水生植物や陸の植物、水生昆虫類、甲殻《こうかく》類、貝類、魚類などを食べます。甲羅《こうら》は緑褐色《りょくかっしょく》のドーム型で、左右の甲板《こうばん》には縦筋《たてすじ》模様が入っています。黄色い腹側には、濃《こ》い緑色の複雑な模様があります。2023年6月に特定外来生物に指定されましたが、寿命《じゅみょう》をむかえるまで飼育が認められています。

観察のポイント

ミシシッピアカミミガメの幼体。

脱皮《だっぴ》するカメの甲羅

甲羅の一番外側にある多角形状の個々の部分を角質甲板《かくしつこうばん》と呼びます。脱皮のときには、この角質甲板がはがれ落ちます。角質甲板は皮ふが変化したもので、この下にはろっ骨が変形してできた骨甲板《こつこうばん》があります。強度を上げるため、ふたつの甲板のつぎ目の位置は、ずれています。

ミシシッピアカミミガメのふるさとは、アメリカのミシシッピ川流域です。

甲羅《こうら》の3本の隆起線《りゅうきせん》が特徴的《とくちょうてき》
クサガメ

くさいにおいが名の由来

ゆるやかな流れの水域やよどみを好み、晴れた日には日光浴をし、冬場は池沼《ちしょう》などの深い水底や水ぎわの横穴などに潜《もぐ》り冬眠します。甲羅の背中側には、隆起線と呼ばれるすじ状のでっぱりが3本あります。危険を感じるとくさいにおいを放つのが名前の由来です。

〔分類〕カメ目イシガメ科〔大きさ〕18～30㎝
〔分布〕本州～九州〔時期〕4～10月

出会い率 ★★★☆☆ 低地の河川や池、湖沼、湿地、水田

1 2 3 4 5 6 7 8 9 10 11 12

幼体はゼニガメと呼ばれる日本固有種
固
ニホンイシガメ

オスよりメスが大きい

ニホンイシガメは日本固有種で、やや流れのある河川や湖沼《こしょう》、池、水田などに生息しています。オスよりメスの方が大きくなり、幼体は3本の隆起線をもち、甲羅の後ろ側がギザギザです。成長とともに目立たなくなり、1本の隆起線が残る程度です。

〔分類〕カメ目イシガメ科〔大きさ〕オス14㎝、メス21㎝
〔分布〕本州～九州〔時期〕4～10月

出会い率 ★★★☆☆ 低地の河川や池、湖沼、湿地、水田

1 2 3 4 5 6 7 8 9 10 11 12

クサガメの幼体を「ゼニガメ」と呼ぶこともあります。

成体は鳥や小形のほ乳類を捕食《ほしょく》

アオダイショウ

固 毒 危

とぐろを巻いたアオダイショウ。

〔分　類〕
有鱗目ヘビ亜目
ナミヘビ科

〔大きさ〕
110〜192cm

〔分　布〕
北海道〜九州

〔時　期〕
3〜10月

出会い率
★★★☆☆

平地〜山地の森林や草地、農地、人家周辺

全身の色が名前の由来

全身が褐色《かっしょく》を帯びたオリーブ色で、青っぽく見えることが、アオダイショウの名の由来。茶褐色《ちゃかっしょく》のものなど地域により色や模様が異なります。全身に長くのびる4本の不鮮明《ふせんめい》な暗色の帯をもち、幼体は、クリーム色の体に褐色のまだら模様があります。昼行性でさまざまな環境に適応し、木登りや泳ぎも得意。幼体はカエルやトカゲを好み、成体は鳥類や小形のほ乳類をつかまえます。木に登り、鳥の卵を丸のみすることも。

1
2
3
4
5
6
7
8
9
10
11
12

観察のポイント

前に進むアオダイショウ。

脚《あし》がないのにスルスルと進むヘビ

体を左右にくねらせて進む「蛇行《だこう》」や、体ののび縮みを利用して進む「アコーディオン運動」など、ヘビの移動方法はさまざま。お腹の腹板《ふくばん》と呼ばれるウロコも重要で、エッジを立てることで体の一部分をひっかけて、それ以外の部分をおし出してすべるように進みます。

岩国のシロヘビは、体の色素をもたない白いアオダイショウで、国の天然記念物です。

おこりっぽい性格なので注意

シマヘビ

固 危

とぐろを巻いたシマヘビ。

〔分　類〕
有鱗目ヘビ亜目
ナミヘビ科

〔大きさ〕
80～200cm

〔分　布〕
北海道～九州・
大隅諸島

〔時　期〕
4～10月

出会い率
★★★☆☆

平地～山地の森林や草地、農地、人家周辺

気性があらく動きがすばやい

背面が褐色《かっしょく》で、頭の根元から全身にかけて2対の黒い帯があります。動きがすばやく気性があらいので、よくかみつきます。頭をふくらませ、尾をふるわせて相手を威嚇《いかく》します。カエルを主食としているため、水辺を好み、トカゲや小形ほ乳類、鳥類も捕食《ほしょく》します。ほかのヘビを食べることも少なくありません。地表をはうことが多く、塀《へい》などをよじ登ることができないので、生息域が分断され、郊外《こうがい》では減少しています。

観察のポイント

抜け殻は縁起物とされます。

ヘビの脱皮《だっぴ》は人間の垢《あか》すり？

ヘビは、古い角質層をぬいで、新しい角質層にするために脱皮します。まぶたがないヘビの目には、保護するための膜《まく》がついており、この部分も脱皮します。脱皮するときは、まず口先を何かにこすりつけて皮をめくり、靴下《くつした》をぬぐようにおこないます。

真っ黒な「カラスヘビ」やしま模様がうすい「ムギワラヘビ」などの変異種が存在します。

黄色い毒を出すので要注意

ヤマカガシ

固 毒 危

［分類］有鱗目ヘビ亜目ナミヘビ科［大きさ］70～150cm
［分布］本州～九州［時期］4～11月

出会い率 ★★★☆☆ 低地～山地の河川や湿地、田んぼ

黒い斑点《はんてん》のある褐色《かっしょく》の体

背面の地色《じいろ》は褐色で黒斑《こくはん》がありますが、色彩《しきさい》には地域差があります。おもにカエルを食べ、オタマジャクシやドジョウ（P.261）なども捕食《ほしょく》します。頸部《けいぶ》を刺激《しげき》すると黄色の毒が飛び散り、目に入ると障害を起こすほか、深くかまれると毒が体内に入り危険です。

相手が強いと死んだふり

シロマダラ

固

［分類］有鱗目ヘビ亜目ナミヘビ科［大きさ］24～60cm［分布］本州～九州［時期］4～11月

出会い率 ★★★☆☆ 低山地の森林

白黒模様の夜行性のヘビ

白と黒の模様が特徴《とくちょう》。幼体の後頭部には対の幅《はば》広い白斑《はくはん》がありますが、成長するとうすれます。夜行性でトカゲやヤモリ、ヘビなどを捕食《ほしょく》します。首をS字状に曲げて威嚇《いかく》し、かみつきますが、毒はありません。強い相手には死んだふりをします。住宅街にも生息しています。

ヤマカガシのキバは一般的な毒牙（どくが）とちがい、注射器のような構造にはなっていません。

乾燥《かんそう》に弱く地中で暮らす

タカチホヘビ

［分類］有鱗目ヘビ亜目タカチホヘビ科［大きさ］30〜60cm［分布］本州〜九州［時期］4〜11月

出会い率 ★☆☆☆☆ 低地〜山地の林床または隣接する農地や草地

皮ふが露出《ろしゅつ》している

夜行性で、日中は落ち葉や石などの下ですごし、ミミズ（P.203）を食べます。ウロコがタイルばりのようにすき間が空いて皮ふが露出しているので、乾燥にとても弱く、地中に潜《もぐ》っていることが多いです。上あごが下あごにかぶさるような形状で、潜りやすくなっています。

毒ヘビだと思われていた

ヒバカリ

固

［分類］有鱗目ヘビ亜目ナミヘビ科［大きさ］40〜60cm［分布］本州〜九州［時期］4〜11月

出会い率 ★☆☆☆☆ 森林から草地、田んぼや湿地

威嚇《いかく》する姿から誤解され…

ヒバカリは「かまれれば、命はその日ばかり」といわれたことが名の由来ですが、無毒の小形のヘビです。かみ付くような激しい威嚇《いかく》行動から毒ヘビと誤解されていました。水辺や湿地《しっち》を好み、カエルやオタマジャクシ、小魚などを捕食《ほしょく》します。

1 2 3 4 5 6 7 8 9 10 11 12

タカチホヘビの和名は、昆虫学者の高千穂宣麿（たかちほのぶまろ）男爵に由来しています。

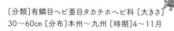

毒ヘビの代表種だが実際はおとなしい

マムシ

固 毒 危

三角形の頭と楕円形の模様が特徴。

〔分類〕
有鱗目ヘビ亜目
クサリヘビ科

〔大きさ〕
40～65cm

〔分布〕
北海道～九州

〔時期〕
4～11月

出会い率
★★☆☆☆

低地～山地の林床や農地、河川、湖沼

待ちぶせ型の毒ヘビ

頭はやや長い三角形で、頸部《けいぶ》がくびれています。表面は褐色《かっしょく》で、黒点があるだ円形の斑紋《はんもん》が並んでいます。水辺にとくに多く、田んぼでも見かけます。待ちぶせして、生きたネズミやトカゲなどを捕食《ほしょく》。胎生種《たいせいしゅ》で、一度に5～6匹の子を産み、生まれたときから毒をもっています。夜行性ですが、冬眠前後と妊娠《にんしん》しているメスは昼間に活動します。ふだんはおとなしいですが、茂《しげ》みに入った際、かまれる事故には注意が必要です。

1
2
3
4
5
6
7
8
9
10
11
12

観察のポイント

ふだん毒牙は出ていない。

強い毒には注意

マムシの毒牙《どくが》は注射針のような構造をしており、口の中にある折りたたまれた毒牙を起こして、針を打ちこむようにかみ付きます。毒の量は少ないですが、毒性は非常に高いです。かまれたら、口を使わずに傷口から毒をしぼり出し、医療機関で血清《けっせい》治療《ちりょう》を受けましょう。

目と鼻のあいだのピット器官で赤外線を感知して、夜間でも獲物（えもの）を正確にとらえます。

ニホントカゲに見た目はそっくり

ヒガシニホントカゲ

日光浴をしているヒガシニホントカゲ。

〔分　類〕
有鱗目トカゲ科

〔大きさ〕
20～25cm

〔分　布〕
北海道～本州東部

〔時　期〕
4～11月

出会い率
★★★☆☆

低地～山地の森林や農地、市街地

大人と子どもで色がちがう

日当たりの良い場所が好きで、日光浴をしている姿をよく見かけます。西日本に生息しているニホントカゲとよく似ており、かつては同名で呼ばれていましたが、遺伝子レベルでちがいがあるため別種あつかいになりました。幼体は黒い体に5本の黄色い線が入り、尾《お》はメタリックな青色で、成体は褐色《かっしょく》の体の側面に黒褐色《こっかっしょく》の線があり、幼体と成体で色が異なるのが特徴《とくちょう》です。昆虫やミミズ（P.203）を食べます。冬は冬眠します。

観察のポイント

尾が切れたヒガシニホントカゲ。

敵の注意をそらす尾の自切《じせつ》

トカゲの尾は、尾椎《びつい》と呼ばれる小さな骨がつながってできています。尾椎のなかには割れ目をもつものがあります。敵におそわれて刺激《しげき》を受けると、反射的に筋肉が収縮して割れ目を引っ張り、骨が外れる仕組みになっていると考えられています。

自切した尾は再生しますが、骨までは元通りにもどりません。自切しないトカゲもいます。

名前にヘビがつく尾《お》の長いトカゲ

ニホンカナヘビ

固

体よりも長い尾をもつカナヘビ。

〔分　類〕
有鱗目カナヘビ科

〔大きさ〕
16〜27cm

〔分　布〕
北海道〜九州

〔時　期〕
4〜11月

出会い率
★★★★☆

平地〜低山地の草地ややぶ、人家周辺

かさついた感じのウロコ

ニホンカナヘビは、名前に〝ヘビ〟がついていますが、トカゲの仲間です。全長の3分の2をしめる長い尾が特徴《とくちょう》。ウロコはかさついた感じで、キールと呼ばれる隆起《りゅうき》したすじがひとつひとつのウロコについています。背面は褐色《かっしょく》で、腹面は白っぽく、側面には細い白線と太い黒褐色《こっかっしょく》の線があります。おもに昆虫類やクモをとらえて食べます。昼行性で、日光浴をしている姿をよく見かけます。ニホンカナヘビも尾を自切《じせつ》します。

観察のポイント

ニホンカナヘビの交尾。

メスのお腹についているV字の歯型

ニホンカナヘビの繁殖《はんしょく》行動は3〜5月にはじまります。交尾《こうび》のときにオスがメスをかむので、交尾後のメスにはV字の歯型がついています。産卵は1年に複数回おこなわれ、1度に2〜6個の卵を産み、約2カ月でふ化します。ふ化したばかりの幼体は7cmほどです。

ヘビのように細長く、かわいらしいという意味の「愛蛇（かなへび）」に由来する説があります。

家の守り神として親しまれてきたヤモリ

ニホンヤモリ

外

木の幹と同化するニホンヤモリ。

〔分　類〕
有鱗目ヤモリ科

〔大きさ〕
10～14cm

〔分　布〕
本州～九州

〔時　期〕
4～10月

出会い率
★★★★★
人家周辺

細かい粒状《つぶじょう》のウロコ

家のかべにペタッと張りついている印象が強いニホンヤモリ。トカゲのような鱗片《りんぺん》はなく、細かい粒状のウロコでおおわれています。夜行性で、あかりに集まる昆虫などを捕食《ほしょく》し、昔から家の守り神として親しまれてきました。冬場は人家《じんか》の戸袋《とぶくろ》や床下、屋根裏などのすき間に潜《ひそ》み冬眠します。在来種ではなく外来種とされており、ここ数千年のあいだに中国から九州に渡来《とらい》後、人や物の移動とともに分布を広げたと考えられています。

観察のポイント

ガラスに張りついたニホンヤモリ。

壁《かべ》をよじ登る脚裏《あしうら》の秘密

忍者のようにガラスの窓でも滑《すべ》らず登ることができるニホンヤモリ。その秘密は指の裏にある指《し》下板《かばん》とよばれる幅広《はばひろ》いウロコです。指の下全面をおおうニホンヤモリの指下板の表面には、細かい鉤状《かぎじょう》の毛が生えており、これをひっかけて登ります。

基本的にヤモリにはまぶたがなく、目が乾燥すると舌で目をなめますが、例外もいます。

両生類観察の楽しみ方

両生類は、水中でも、陸上でも生きることができます。水中や水辺に産みつけられた卵が、陸でも生きられる体をもつ成体になるまでの変化を観察してみよう。

つかまえたら、つかまえた場所に！

岩手県と福島県の繁殖《はんしょく》地《ち》で国の天然記念物に指定されているモリアオガエル（P.247）ですが、本来いない場所に人の手によってもち込《こ》まれたものが増えています。このような生きものを「国内外来種」といいます。ちがう場所に放してはいけません。

産卵中のモリアオガエル。

カエルの卵を探してみよう！

ヤマアカガエル（P.244）の卵はかたまり状をしていますが、モリアオガエルの卵は泡状《あわじょう》、アズマヒキガエル（P.248）はひも状と、いろいろな形をしているカエルの卵。同じ形をしていても、弾力《だんりょく》がちがうものもいます。見つけたら、よく観察してみよう！

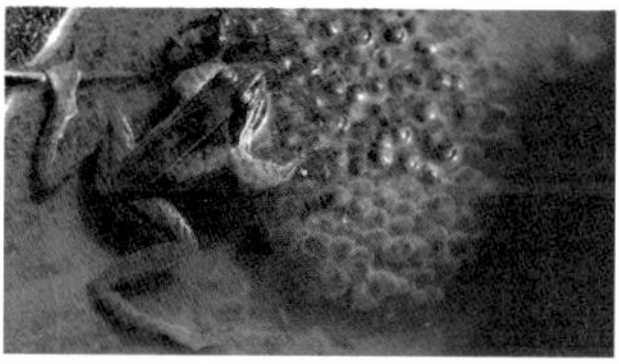

ヤマアカガエルの卵。

さわったら手を洗おう！

カエルのなかには毒をもっているものがいます。ニホンアマガエル（P.245）はかわいい外見をしていますが、皮ふから毒が出るので、さわった手で目をこすったり、傷をさわったりしないよう注意しましょう。さわったら手洗いを忘れずに。

皮ふに毒があるニホンアマガエル。

イモリとヤモリのちがい

イモリとヤモリは姿形が似ていますが、イモリは両生類で、ヤモリはは虫類でまったくちがう生きものです。ヤモリにはウロコがありますが、イモリにはなくて湿《しめ》っています。また、ヤモリにはまぶたがありません。見つけたら、どちらか確認してみよう。

泳ぐアカハライモリ（P.249）。

トノサマガエルとは親戚筋《しんせきすじ》

トウキョウダルマガエル

関東にいるトノサマガエルに似たカエルは、このカエル。

〔分　類〕
無尾目
アカガエル科

〔大きさ〕
オス3.5〜6cm
メス4.5〜8.5cm

〔分　布〕
本州

〔時　期〕
4〜10月

出会い率
★★★☆☆
田んぼ、池、川など

ずんぐりむっくりの体

胴回りが太く、後脚《うしろあし》が短いことから「ダルマ」とつきました。同じ種にナゴヤダルマガエル、トノサマガエルの2種がいますが、うまくすみ分け、たとえば、トノサマガエルが東京に自然分布することはありません。口先がとがった中型クラスのカエルで、背面から見るとずんぐり。体色は褐色《かっしょく》から緑色で、鼻先からおしりまで背《はい》中線《ちゅうせん》（赤矢印）とよばれるすじが走っています。池など一日中水辺で暮らし、小さなカエルも食べてしまいます。

観察のポイント

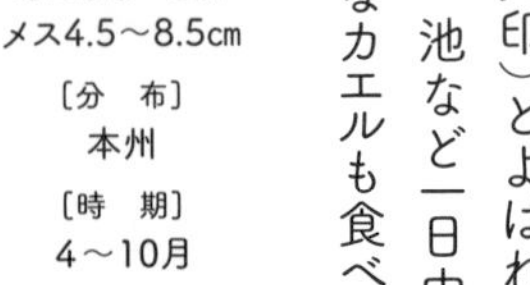

トノサマガエル。

よく似たトノサマガエルとのちがい

トウキョウダルマガエルとトノサマガエルとのちがいのひとつが、背面に縦に連なる隆条突起《りゅうじょうとっき》（盛上がり）で、ダルマガエルははっきりしていません。また、トノサマガエルは後脚が長く、後脚の中指が鼓膜《こまく》の下に届くほど。腹部が白いのもトノサマガエルの特徴《とくちょう》です。

目の後ろにある円形の器官はカエルの鼓膜です。外耳道がないので直接使用します。

アメリカからやってきたならず者

ウシガエル

外

ぼってりと大きなウシガエル。

カエルに思えない鳴き声

真夏の夜、池の茂《しげ》みから「ブオーン、ブオーン」という鳴き声がするのを聞いたことはありますか。不気味な声のもち主は、街の池から山間部《さんかんぶ》の沼まですみかを広げたウシガエルです。このカエルはアメリカからもち込《こ》まれた外来生物で、大きさは20cmにもなります。オスの背中は暗緑色《あんりょくしょく》、メスは褐色《かっしょく》、ともにまだら模様をもち、お腹が白いのも特徴《とくちょう》。貪欲《どんよく》な肉食で、小さなネズミから魚類、は虫類、鳥まで食べてしまいます。

〔分　類〕
無尾目
アカガエル科

〔大きさ〕
11～18cm

〔分　布〕
北海道～
南西諸島

〔時　期〕
4～10月

出会い率
★★★★☆
山間部の池、
湿原

もっと知りたい

輸出冷凍食品となったウシガエル

えさのアメリカザリガニ。

ウシガエルが日本にはじめてやってきたのは太平洋戦争前。ペットではなく食用が見こまれたからです。しかし、日本では食用には向かず、輸出冷凍肉として1969年には1000トン近くも生産されました。このウシガエルのえさが、外来生物のアメリカザリガニ（P.269）でした。

ウシガエルが自然に分布するのは、アメリカ中・東部、カナダ南東部、メキシコ北東部です。

長い脚《あし》ですごいジャンプ力

ヤマアカガエル

固

褐色のヤマアカガエル。

〔分　類〕
無尾目
アカガエル科
〔大きさ〕
4～8㎝
〔分　布〕
本州～九州
〔時　期〕
1～10月

出会い率
★★☆☆☆
林内、池、田んぼ

山間部の林や水辺に暮らす

アカガエルの仲間で、ニホンアカガエル（P.245）よりも奥地の山間部の林や周辺の水辺にすみ、昆虫やミミズ（P.203）など小動物をとって暮らしています。大きくて8㎝ほど。体色は褐色《かっしょく》で、くすんだ褐色から明るく映えた褐色まで変化に富み、腹部は白色です。脚は長く、座った状態で後《うしろ》脚《あし》の指が鼓膜《こまく》に届くほど。林で出会ったときに見せるジャンプ力はかなりのものです。11月ごろに冬眠に入り、2月に産卵し、再び冬眠します。

観察のポイント

背側線が異なるニホンアカガエル。

よく似たニホンアカガエルとのちがい

ヤマアカガエルとよく似たニホンアカガエルとの大きなちがいは背中に走る黄色い背側線《はいそくせん》です。ヤマアカガエルの場合、鼓膜手前で大きく外側に折れ、はなれてしまいますが、ニホンアカガエルの背側腺は目の裏までつづきます。また下あご周辺に黒斑点《こくはんてん》をもっています。

学名の「Rana ormativentris Wermer」は、「腹に模様をもったアカガエル」という意味。

里山にくらす日本固有種
ニホンアカガエル

固

真冬に活動する気の早さ

メスは体長8cmを超える中型のカエルで、ヤマアカガエル（P.244）とよく似た姿形をしています。赤褐色《せきかっしょく》の背中には黄色い2本の背側線《はいそくせん》が目の後部までのびています。真冬も活動することがあり、2月に産卵すると、また冬眠に入るという気の早さです。日本固有種です。

〔分類〕無尾目アカガエル科〔大きさ〕3.5～8.5cm
〔分布〕本州～九州〔時期〕1～10月

出会い率 ★★☆☆☆ 草地、林

1 2 3 4 5 6 7 8 9 10 11 12

樹上の昆虫ハンター
ニホンアマガエル

毒

木登りが得意な青いカエル

日本で青いカエルといえば、たいてい本種をさすおなじみのカエル。大きい個体でも4cmほどで、背中は緑色、腹部は白色ですが、皮ふが周囲の色に反応し変化する能力をもっています。指先にはよく吸いつく吸盤《きゅうばん》がついているため、木登りが上手です。

〔分類〕無尾目アマガエル科〔大きさ〕3～4cm
〔分布〕全国〔時期〕4～11月

出会い率 ★★★★☆ 田んぼ、林、草地

1 2 3 4 5 6 7 8 9 10 11 12

ニホンアマガエルの皮ふには毒腺（どくせん）があるので、直接ふれないよう注意しましょう。

ツチガエルによく似た褐色《かっしょく》のカエル

ヌマガエル

体にまだら模様がある。

〔分　類〕
無尾目
ヌマガエル科

〔大きさ〕
3〜4.5㎝

〔分　布〕
本州（中部以西）
〜南西諸島

〔時　期〕
4〜10月

出会い率
★★★☆☆

田んぼ、池、川
など

背中に白い線がある個体も！

本州西部から南西諸島まで、日本では南方にすむ小さなカエルです。ツチガエルと同じように、背中は褐色に濃《こ》いまだら模様が散在しています。分布域の九州の一部には背中の中央に白い背中線《はいちゅうせん》が走る個体がいて、「センヒキガエル」と呼ぶ地方もあります。これに対して本州や四国では、背中線をもつ割合は多くありません。おもに田んぼや池のまわり、川沿いなどの湿地《しっち》にいて、小さい昆虫などをえさにしています。

もっと知りたい

ツチガエル。

ヌマガエルとツチガエルのちがい

ヌマガエルは、アカガエル科のツチガエルと姿がよく似ています。ヌマガエルは背中の突起《とっき》が小さいので、ツチガエルのような背中のざらつきがなく、すべすべしています。また、ヌマガエルの腹部は白いのが特徴《とくちょう》で、ツチガエルは褐色をしています。

背中線とは、一部のカエルの背中にある縦線のことで、白色が多いです。

田んぼにくらす日本固有種

シュレーゲルアオガエル

固

〔分類〕無尾目アオガエル科〔大きさ〕3〜4.5cm
〔分布〕本州〜九州〔時期〕4〜10月

出会い率 ★★☆☆☆ 山間部の池、湿原、田んぼ

「コロコロ」と甲高《かんだか》く鳴く

里山は田植えの季節、夕暮れになると「コロコロ」と甲高い鳴き声がひびきます。シュレーゲルアオガエルです。外国名なので外来生物かと思いますが、日本固有種です。田んぼの畦《あぜ》の下に穴をほり、白い泡状《あわじょう》の卵塊《らんかい》を産みつけ、幼生はそこでふ化します。

樹上に卵を産みつける変わり者

モリアオガエル

固

〔分類〕無尾目アオガエル科〔大きさ〕4.5〜8cm
〔分布〕本州〔時期〕4〜10月

出会い率 ★★☆☆☆ 山間部の池、湿原

繁殖期《はんしょくき》はにぎやかに鳴く

山奥の池や川で暮らし、繁殖期、静かな山間でそうぞうしく鳴くのがモリアオガエル。産卵は水辺の樹上に泡状《あわじょう》の卵《らん》塊《かい》を産みつけます。ふ化したオタマジャクシは、雨にとけた泡とともに下の水面に落ちるので、天敵にねらわれやすく、ふ化は命がけのイベントとなります。

1 2 3 4 5 6 7 8 9 10 11 12

シュレーゲルアオガエルの名前は、本種の研究に携わったドイツの動物学者の名に由来。

毒

夜行性で雑木林にくらす

アズマヒキガエル

全体にイボがあるアズマヒキガエル。

ガマガエルと呼ばれた種

2月、公園の池に繁殖《はんしょく》で集まったカエルの集団を見ることがあります。細いひも状の卵塊《らんかい》の主は、東日本にすむアズマヒキガエル。西日本のニホンヒキガエルとうまくすみ分ける、15cmを超える大型のカエルです。褐色《かっしょく》の背中に黒い斑点《はんてん》を散りばめ、全体にイボが点在。これが昔、ガマガエルといわれた姿形で、産卵期のオスは黄色い体になります。夜行性で繁殖期以外は水辺に寄らず、雑木林などで昆虫やミミズ(P.203)をとらえます。

〔分　類〕
無尾目
ヒキガエル科

〔大きさ〕
4.5〜16cm

〔分　布〕
本州(近畿以東)

〔時　期〕
3〜10月

出会い率
★★★☆☆

農耕地、林、公園、住宅地

観察のポイント

ヤマカガシにつかまった！

毒を吹きかけるってホント？

ヒキガエルには眼の後ろに耳線《じせん》という器官があり、耳腺とイボの突起《とっき》から白い毒液を分泌《ぶんぴつ》します。これはブフォトキシンといって、人の皮ふにふれると炎症《えんしょう》を起こすので注意が必要です。毒ヘビのヤマカガシ(P.235)は、ヒキガエルを食べてその毒をためることができます。

ニホンヒキガエルは、近畿南部以西、島根半島を除く中国、四国、九州にいます。

毒をもつ日本固有種

アカハライモリ

あごの下からお腹が赤色のアカハライモリ。

赤いお腹が名前の由来

お腹が赤いことから名前がついたアカハライモリは、背中が真っ黒で、赤いお腹には黒いまだら模様があります。田んぼやきれいな水の湧《わ》く池などで見られ、10cmほどのトカゲのような体に、二対の脚《あし》と縦に幅《はば》のある長い尾《お》がついており、水底を上手に歩きます。愛らしい目をしていますが、フグと同じ有毒のテトラドトキシンをもっているので、注意が必要です。さわったあとは、必ず手を洗いましょう。日本固有のイモリです。

〔分　類〕
有尾目イモリ科

〔大きさ〕
7～14cm

〔分　布〕
本州～九州

〔時　期〕
3～11月

出会い率
★★☆☆☆

林、池、
田んぼなど

もっと知りたい

再生力がすごい！

アカハライモリの顔。

アカハライモリの性質でおどろかされるのは、その再生力です。もともと切られた脚や尾が再生することは知られていましたが、ドイツ人医師の研究で眼球の水晶体の再生が分かりました。現在は遺伝子レベルでの医学的研究が進められています。

アカハライモリは、湧水地など水の透明度の高い流れのある静かな場所を好みます。

東京で発見された日本固有種

固 トウキョウサンショウウオ

全体にヌメヌメした体のトウキョウサンショウウオ。

〔分　類〕
有尾目
サンショウウオ科

〔大きさ〕
7～13㎝

〔分　布〕
本州
（福島県南部～
関東地方）

〔時　期〕
通年

出会い率
★☆☆☆☆
低山の里山、丘陵地帯の林内、湧水地

里山にすむおだやかな小動物

標高の低いわき水のある里山や、丘陵《きゅうりょう》地《ち》の雑木林にすむ日本固有種のサンショウウオ。1931年に現在の東京都あきる野市で捕獲《ほかく》されたものが新種と分かり、この名前がつきました。体色は黒か黄土色で、斑点《はんてん》をもつものもいます。体型は、脚《あし》が短いずんぐり型が特徴《とくちょう》です。肉食で、日中は落ち葉の下やモグラの穴あとなどにかくれ、夜になるとえさを探します。繁殖期《はんしょくき》、林内の湧水地《ゆうすいち》や池などに集まり、産卵行動に入ります。

もっと知りたい

特別天然記念物のオオサンショウウオ。

日本産のサンショウウオ

サンショウウオは「山椒《さんしょう》」に似たにおいがするといわれ、その名がつきました。もっとも大きいのが西日本にいるオオサンショウウオで1m超もあります。続いて20㎝ほどのオオダイガハラサンショウウオと、現在、日本では計49種類もの存在が知られています（2022年11月現在）。

初夏の福島県檜枝岐村ではサンショウウオのからあげや、くんせい料理が出されます。

水辺の生きもの

川や田んぼ、池、沼など、水のあるところでは、魚やエビ、昆虫など、いろいろな生きものに出会うことができるよ。

水辺の生きもの観察の楽しみ方

同じ川でも、流れのあるところと草の生えているところ、岸に近いところなど、場所によって暮らす生きものがちがいます。安全に注意しながら、観察してみましょう。

誰かと一緒《いっしょ》に観察しよう！

水辺には、くずれやすい場所があったり、不安定な石があったりして、転んでけがをすることがあります。また、水の中に入ったりする場合には、思わぬ場所に深いところがあったりします。このように、水辺には危険がたくさんあるので、決してひとりでは行かないようにしましょう。

ひとりは危険！

観察したら、もとの場所にもどそう！

見つけた生きものをいつまでも手にもっていると弱ってしまいます。透明《とうめい》のケースがあると、じっくり観察できて便利です。終わったら、もといた場所にもどしてあげましょう。もち帰って育てる場合には、最後まで責任をもって育てましょう。ほかの場所に放してはいけません。

弱らせずに観察できる。

入ってはいけない場所があるよ！

田んぼではイネを大切に育てていますので、勝手に入らないようにしましょう。そのほかにも危険があるため立ち入り禁止の場所や、生きものを採集してはいけない場所があります。そのような場所には入らないように。

イネが植えられた田んぼ。

さわった後は手を洗おう！

カニやエビの仲間には、寄生虫がいるものがいます。さわった手で口をさわったりせず、観察が終わったら必ず手を洗うようにしましょう。また、食べられるものもいますが、生では食べず、しっかり火をとおしましょう。

清流にすむサワガニ（P.271）。

水辺の生きもの採集の服装ともちもの

水の中はすべりやすいうえに、不安定な石があったりします。水の中に入るときには、素足はもちろん、ビーチサンダルのように脱《ぬ》げやすいものは危険です。ウォーターシューズや長ぐつなど、すべりにくいものをはきましょう。暑い時期には帽子も忘れずに。

写真：イメージマート

もっていくと便利なもの

- タモ網《あみ》
- 水そう（透明なタッパーウェアでもOK）
- 虫めがね
- ぬれたとき用の着がえ、タオル
- デジタルカメラ（またはスマートフォン）
- 応急処置セット（ばんそうこう・消毒薬・虫さされの薬など）

川の状態を教えてくれる生きものたち

水の中で暮らす生きものは、水質によって生きられる場所が異なります。そのため、そこにすんでいる生きものを調べることにより、川の状態を知る目安にすることができます。このような生きものを「指《し》標《ひょう》生《せい》物《ぶつ》」といいます。身近な水辺に暮らす生きものを調べてみよう。

水の汚れと指標生物

水質階級	川の水の汚れ	指標生物
水質階級Ⅰ	きれいな水	アミカ類、ナミウズムシ、カワゲラ類、サワガニ、ナガレトビケラ類、ヒラタカゲロウ類、ブユ類、ヘビトンボ、ヤマトビケラ類、ヨコエビ類
水質階級Ⅱ	ややきれいな水	イシマキガイ、オオシマトビケラ、カワニナ類、ゲンジボタル、コオニヤンマ、コガタシマトビケラ類、ヒラタドロムシ類、ヤマトシジミ
水質階級Ⅲ	きたない水	タニシ類、ニホンドロソコエビ、シマイシビル、ミズカマキリ、ミズムシ
水質階級Ⅳ	とてもきたない水	アメリカザリガニ、エラミミズ、サカマキガイ、ユスリカ類、チョウバエ類

サノ先生の

水辺の生きもの採集テクニック

やみくもに水の中に網《あみ》を入れても、なかなか生きものはつかまりません。次のポイントをおさえて、試してみよう。

水生昆虫をつかまえる

水生昆虫は水の底にじっとしていることが多いので、岸に向かって、網を動かします。

水の中で使うタモ網は、平らな部分を底につけて使います！

オニヤンマ（P.155）
のヤゴ。

水草の根元にも
生きものが
かくれているよ!

魚をつかまえる

網を固定しておき、石の下や植物の根元などをふんで、かくれている魚を、網の中に追い込みます。

石のかげに
隠れて
いることも

ドジョウ（P.261）

採集のときは
大人と一緒《いっしょ》に
行動しよう

2種に分けられたニホンメダカ

メダカ

ミナミメダカのオス。

〔分　類〕
ダツ目メダカ科

〔大きさ〕
3.5cm

〔分　布〕
本州～南西諸島

〔時　期〕
通年

出会い率
★★★★☆

田んぼ、池、川など

何でも食べる

日本人の暮らしに近い淡水魚《たんすいぎょ》といえばメダカ。アジア各地で見られる小魚ですが、日本国内種は、青森から兵庫の日本海側にすむ種をキタノメダカ、それ以外をミナミメダカに分類されます。名前のとおり、えさを見つけやすいように目は高く出っ張り、受け口で、体の色は灰色か褐色《かっしょく》です。田んぼのまわりの小川や池、水路などにすみ、ボウフラやアカムシ、水草などをおもなえさとして、水面を泳ぎながら何でも食べます。

1
2
3
4
5
6
7
8
9
10
11
12

観察のポイント

ミナミメダカのメス。

ひと目でわかるオス・メスのちがい

メダカのオスとメスは、ひれで判断します。オスの背びれは基部に切れこみがありますが、メスにはありません。また、オスのしりびれは平行四辺形に近く、メスは尾びれに近づくほどせまくなります。繁殖《はんしょく》期《き》になるとオスのしりびれが黒ずみます。

下あごが出ている受け口だと、流れてくるえさを効率よくとることができます。

日本の食文化に貢献《こうけん》

フナ

古くから日本人に親しまれてきたフナ。

ヒゲのないコイ!?

フナはコイ目コイ科フナ属全体を指す呼びかたで、河川中下流や池沼《ちしょう》、ため池などの止水域《しすいいき》に生息する淡水《たんすい》魚《ぎょ》です。コイと似ていますがヒゲはありません。体高があり、背中が光沢《こうたく》のある黒色、腹部が白っぽく見えます。日本では古くから食用、観賞用《かんしょうよう》に利用されてきました。琵琶湖《びわこ》にすむ固有種のゲンゴロウブナが改良されたのがヘラブナで、植物性プランクトンを食べるほか、アカムシや昆虫などもとる雑食です。

〔分　類〕
コイ目コイ科

〔大きさ〕
30cm

〔分　布〕
全国

〔時　期〕
通年

出会い率
★★★★☆

河川の中下流部、池沼、人工池

もっと知りたい

もっとも分布が広いギンブナ。

代表的なフナの仲間

マブナとも呼ばれるギンブナはフナの仲間でもっとも分布が広く、大半がメスの雌性発生《しせいはっせい》という方法で増殖《ぞうしょく》します。キンブナは、文字どおり金色がかったフナで、関東や東北地方に分布。ゲンゴロウブナは琵琶湖に生息しています。ヘラブナとニゴロブナは琵琶湖固有種です。

フナのえさになるアカムシは、カに似た姿形のアカムシユスリカの幼虫です。

「クチボソ」で知られるコイ科の小魚

モツゴ

クチボソとも呼ばれるモツゴ。

受け口が愛らしい小魚

河川の中下流部や、池沼《ちしょう》に生息する8cmほどの小さな魚です。口の先が前方にのび、先端《せんたん》が細い受け口になっているため、「クチボソ」の名のほうがなじみがあるかもしれません。銀白色の体には、側線《そくせん》が走っています。食性は、水底のよどみなどで、アカムシや藻類《そうるい》などを食べる雑食です。改修が進んだ河川や、富栄養化《ふえいようか》した池沼でも適応する力をもっているので、アユ（P.262）などの放流にまぎれこんで、分布域を広げています。

〔分　類〕
コイ目コイ科

〔大きさ〕
8cm

〔分　布〕
本州（関東以西）
〜九州

〔時　期〕
通年

出会い率
★★★☆☆

河川中下流部、
池沼、用水路

もっと知りたい

モツゴによく似た魚たち

頭が大きいタモロコ。

モツゴに似た魚にタモロコや近縁種《きんえんしゅ》のシナイモツゴ、ウシモツゴなどがいます。タモロコはモツゴよりも頭が大きく、口ヒゲをもっているのが特《とく》徴《ちょう》です。シナイモツゴ、ウシモツゴの側線はえらの後ろに少しあるだけで、よりずんぐりとした体のもち主です。

側線とは、体側にある水の流れや水圧などを感じる感覚器官のこと。ふつう一対あります。

ハエ、ハヤとよばれる身近な魚

カワムツ

しりびれが大きなカワムツ。

〔分　類〕
コイ目コイ科

〔大きさ〕
18cm

〔分　布〕
本州～九州

〔時　期〕
通年

出会い率
★★★★☆

ため池、河川中上流、用水路

水面に落下した昆虫を捕食《ほしょく》

コイ科の小魚をまとめて「ハヤ」と呼ぶことがあります。これは動きが「速い」といった意味の言葉をあてた名で、関西でカワムツはハエ、またはハヤと呼ばれています。体に比べて、ひれ全体は小さいですが、しりびれだけはほかの魚よりも大きくしっかりしています。体の色は背部が褐色《かっしょく》で、側部に紫色《むらさきいろ》の縦帯《じゅうたい》が走っています。川の流れのゆるやかな場所で水生昆虫や落下した昆虫を食べます。最近では移入が問題になっています。

もっと知りたい

婚姻色が現れたオス。

あざやかな婚姻色《こんいんしょく》をおびるオス

カワムツの成熟したオスとメスでは姿形が異なります。メスの銀白色の体に大きな変化はありませんが、オスはあざやかな婚姻色につつまれます。顔は黒ずみ、口下からしりびれまで赤味をおびて、口先や目のまわりに白い追星《おいぼし》が出ます。繁殖期《はんしょくき》は5～8月。

1
2
3
4
5
6
7
8
9
10
11
12

追星とは、繁殖期のオスの頭部に出る突起のこと。産卵時、外敵の妨害（ぼうがい）を防ぐそう。

あざやかさが増す繁殖期《はんしょくき》のオス

オイカワ

流れのゆるやかな場所に暮らすオイカワ。

〔分　類〕
コイ目コイ科
〔大きさ〕
15cm
〔分　布〕
本州〜九州
〔時　期〕
通年

出会い率
★★★☆☆
川の中上流部

体全体が銀白色のかがやき

オイカワを関東地方の一部ではヤマべと呼びます。全長15cmほどで、水の抵抗《ていこう》を受けにくい流線型をしています。体に対してひれが大きいのが特徴《とくちょう》で、オスのしりびれはとくに目立つ大きさです。体の色は背部が紺《こん》色、腹部が白く、淡い赤色の横紋《おうもん》が入り、全体が銀白色にかがやいています。繁殖期のオスはひれがさらに大きくなり、体が青や赤に色づきます。雑食で、珪藻《けいそう》や水草、アカムシ、水面に落ちた昆虫などを捕食《ほしょく》します。

1
2
3
4
5
6
7
8
9
10
11
12

観察のポイント

婚姻色の出たオイカワ。

琵琶湖《びわこ》産のオイカワ

闘争《とうそう》本能が強く、人気の友釣《ともづ》りに向いている琵琶湖産のアユ（P.262）を、ほかの地域に放流する際に混じって、分布を広げているのが琵琶湖産のオイカワです。オイカワは食用になりますが、ほかの地域では在来種を侵食《しんしょく》する恐れがあるため、問題になっています。

琵琶湖の名産「鮒寿司」のフナの代わりにオイカワを使った「ちんま寿司」というのがあるよ。

冷たい渓流《けいりゅう》に暮らすハヤの仲間

固

アブラハヤ

黒い縦帯が目立つ。

体側の黒い帯が目印

冷たくすんだ小川のゆるやかな流れにすむ小さなコイ科の仲間。流線型の体は全体的にうすい褐色《かっしょく》で、側部に黒い点が密集した縦帯が走っています。姿形がよく似た、西日本に多いタカハヤにこの帯はありません。ウロコは小さく、表面にぬめりがあり、さわるとべたつきます。このぬめりが名前の由来。アブラハヤの尾柄《びへい》はタカハヤと比べ細く短いのも特徴《とくちょう》です。雑食性で水生昆虫、底石に付着する藻《も》をえさとします。

〔分　類〕
コイ目コイ科
〔大きさ〕
13cm
〔分　布〕
本州
〔時　期〕
通年

出会い率
★★★☆☆
中小河川の
上流部、池沼など

観察のポイント

メスの見分け方

少しそり返ったメスの口先。

アブラハヤのメスは、ふつうオスよりも大きく成長します。メスは産卵するときに、砂底を口先で掘って、卵を産みつけるための穴をつくります。そのため、穴が掘りやすいように、口の先が少しそり返ってヘラのような形をしているのが特徴です。

尾柄とは、しりびれと尾びれのつけ根の間（ひれの基底間を結んだ）のこと。

えらと腸と皮ふで呼吸する

ドジョウ

口のまわりにひげが5対ある。

〔分　類〕
コイ目ドジョウ科

〔大きさ〕
12cm

〔分　布〕
全国

〔時　期〕
通年

出会い率
★★★☆☆

田んぼ、山間部の池、湿地、用水路

泥《どろ》から生まれる不思議な魚

ドジョウは、田植えの季節になると水路に現れ、泥まみれで泳ぎ回るため、「泥から生まれる（泥《ど》生《じょう》）」魚という意味の名がつきました。体は細い円筒状《えんとうじょう》で、5対ある口ヒゲは、においや味を感じるセンサーの役目をしています。体色は褐色《かっしょく》で背部に暗い斑《はん》紋《もん》があります。えら呼吸だけでなく、皮ふ呼吸、腸呼吸もする不思議な魚です。食性は、アカムシやミジンコなどを食べる肉食。水温が低くなると、泥の中で冬眠します。

もっと知りたい

腸で呼吸するって、本当？

浅い田んぼの水の中でも生きられる。

ドジョウは、水中の酸素が不足すると、水面に顔を出して口をあけ、空気を腸に取り込み、酸素を吸収して、二酸化炭素はおしりから出します。これを腸呼吸といいます。あくまでえら呼吸の補助で、腸呼吸だけでは生きられません。ちなみに冬眠のときは皮ふ呼吸をしています。

ドジョウは紹介したドジョウを含め、6属11種に分類されています。

さわやかな食味から「香魚《こうぎょ》」とも呼ばれる

アユ

背びれと尾びれのあいだに脂びれ（赤矢印）がある。

〔分　類〕
サケ目アユ科

〔大きさ〕
25cm

〔分　布〕
全国

〔時　期〕
通年

出会い率
★★★★☆
瀬が続く河川の上流部

川から海へ海から川へ

25㎝ほどの中型の川魚で、流線型の体に体色はオリーブ色、胸びれ後方に細い楕円《だえん》形の黄斑《おうはん》が現れますが、これがアユの大きな特徴《とくちょう》です。また、サケ科の親戚《しんせき》らしく、背びれの後方に脂びれがついています。日本のアユは、川で生まれた稚魚《ちぎょ》は海で冬を越し、春に再び川にもどり、川で産卵します。アユの故郷・琵琶湖《びわこ》には、川と湖を行き来するオオアユと、琵琶湖に留まり、大きくならないコアユがいます。

もっと知りたい

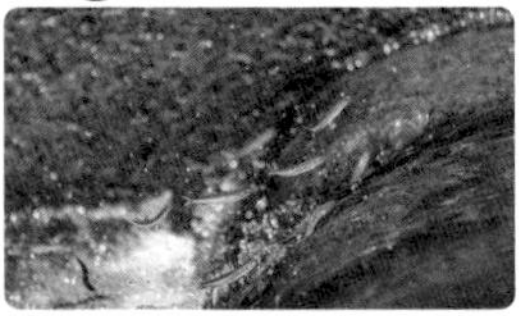
川をさかのぼるアユ。

アユの一生

川にもどった稚魚は、おもに水生昆虫を食べていますが、成長するにつれ石についた珪藻類《けいそうるい》を食べ、キュウリ臭を放つようになります。そのため「香魚」と呼ばれます。秋に入り背部が黒ずんでくると、腹部は橙色《だいだいいろ》の婚姻色《こんいんしょく》を帯び、産卵後に年魚《ねんぎょ》としての一生を終えます。

川で生まれ、海で成長、再び川に戻って成長し、産卵する魚の一生を「両側回遊」といいます。

扁平《へんぺい》頭のひょうきんな顔つき

ウキゴリ

写真：足立聡／アフロ

大きな口で水生昆虫などをつかまえる。

〔分　類〕
スズキ目ハゼ科

〔大きさ〕
13cm

〔分　布〕
北海道～九州

〔時　期〕
通年

出会い率
★★☆☆☆
河川中下流、湖沼の汽水域

何でもとらえる貪欲《どんよく》さ

ウキゴリは、10cmほどになるハゼの仲間です。頭部はエイの頭のように縦《たて》におしつぶれたような形で、しりびれのつけ根下方にはじまる尾部《びぶ》は、逆に横に平たい形をしています。体色はあわい褐色《かっしょく》で、体側中央に黒い斑《ぶち》と黒点が散らばっていますが、春の産卵期は全体が黒ずみます。頭部側の第1背びれのうしろと尾びれのつけ根に黒い斑点があるのも特徴《とくちょう》です。食性は水生昆虫や小魚などをつかまえる肉食で、何でも口に入れます。

もっと知りたい

スミウキゴリ。

ウキゴリによく似たスミウキゴリ

スミウキゴリはウキゴリとよく似た魚で、かつてはウキゴリの汽水型《きすいがた》と考えられていましたが、別の種と分かっています。第1背びれの後方に黒白の斑点があるのがウキゴリで、ないものがスミウキゴリです。スミウキゴリは、ウキゴリよりも少し早い時期に産卵します。

写真：高橋喜代治／アフロ

1
2
3
4
5
6
7
8
9
10
11
12

ウキゴリは石の裏に産卵床をつくると、オスが卵を見守ります。

汽水域《きすいいき》にすむハゼの仲間

チチブ

ずんぐりした姿のチチブ。

〔分　類〕
スズキ目ハゼ科
〔大きさ〕
8cm
〔分　布〕
本州～九州
〔時　期〕
通年

出会い率
★★★☆☆
河川の汽水域
湾内

オスがふ化まで卵を守る

チチブは、河川下流の汽水域にすむハゼの仲間です。体は円筒状《えんとうじょう》で、尾部《びぶ》は平たく、尾柄《びへい》が太いのでずんぐりとした体つきに見えます。褐色《かっしょく》の体に白斑点《はくはんてん》が散在、体側に黒い縦帯が入った個体が多く見られます。ふ化後に海や汽水域に下ると浮遊《ふゆう》生活に入り、成長。2cmほどになると底生《ていせい》生活に移り、その後、川を遡上《そじょう》します。1年で成熟《せいじゅく》し、オスは底石間に産卵床《さんらんしょう》をつくってメスを招き入れ、産卵後はふ化まで卵を守ります。

もっと知りたい

黄土色の横帯があるヌマチチブ。

チチブとよく似たヌマチチブ

ヌマチチブは、チチブとよく似ているため、分類確定前までは同一種としてあつかわれていました。チチブとのちがいは、胸びれのつけ根に黄土色の横帯があることで、チチブにはありません。また、胸びれには不規則な橙色《だいだいいろ》の線が走っているので、判断の目安になります。

汽水とは、淡水と海水が混じり、低塩分となった湾や河口の海水のことです。

メスのために産卵床《さんらんしょう》をつくる

シマヨシノボリ

頬の赤線が目立つシマヨシノボリ。

青みがかる繁殖期《はんしょくき》のメス

シマヨシノボリは、頬《ほお》に不規則な赤線があるのが特徴《とくちょう》で、体側に太い黒《こく》斑《はん》も並びます。繁殖期をむかえたメスの腹部は美しく青みがかります。シマヨシノボリは両側回遊魚《りょうそくかいゆうぎょ》で、初夏に産卵すると、ふ化後すぐに海に出て2~3カ月、暮らします。その後、再び河川にもどって成長し、翌年の春に成熟《せいじゅく》した個体は夏の産卵に備えます。オスは底石間に産卵床をつくってメスを招き、産卵後はふ化するまで卵を守りつづけます。

〔分　類〕
スズキ目ハゼ科
〔大きさ〕
6~7cm
〔分　布〕
本州～南西諸島
〔時　期〕
通年

出会い率
★★★★☆
河川中流域

もっと知りたい

魚たちが求める好生息地

魚が集まる瀬。

珪藻類《けいそうるい》がついた底石が重なっており、栄養が豊富で、砂礫底《されきてい》で酸素量も十分な瀬《せ》は、魚が好んで多く集まる場所です。渓流釣《けいりゅうづ》りでは、このような場所に竿《さお》を下ろします。シマヨシノボリはこうした瀬で、珪藻類や流れてくる水生昆虫をとらえて成長します。

珪藻とは、単細胞の光合成生物で、魚のえさとなる植物性プランクトンです。

外

メダカによく似た

カダヤシ

カダヤシのオス（上）とメス（下）。

〔分　類〕
カダヤシ目
カダヤシ科

〔大きさ〕
オス3cm
メス5cm

〔分　布〕
本州～南西諸島

〔時　期〕
通年

出会い率
★★★☆☆
田んぼ、水路、池

ボウフラ退治のために輸入

カダヤシは、アメリカのミシシッピ川流域原産の小魚です。日本には、明治時代の末に「蚊《か》絶《だ》やし」の名前の通り、ボウフラ退治のため徳島にもちこまれ、各地に広まりました。メダカ（P.255）によく似たカダヤシは、メダカよりも環境《かんきょう》悪化に強く、メダカに取って代わる恐れがあり、絶滅《ぜつめつ》が心配されるメダカへの影響《えいきょう》が問題視されました。また、カダヤシは確実に増殖《ぞうしょく》する卵胎生《らんたいせい》です。実際、メダカは大きく減少してしまいました。

観察のポイント

メダカのしりびれ。

カダヤシとメダカの見分け方

カダヤシとメダカの一番のちがいはしりびれの形です。カダヤシのしりびれはメダカよりも小さく、オスは先端がとがっていて、メスは丸みをおびています。これに対してメダカのしりびれは、胴にそうように美しい姿でついていて、大きいのが特徴《とくちょう》です。

卵で増えるのではなく、体内で卵が受精・ふ化して増えることを「卵胎生」といいます。

長い旅をして日本にやってくる

ニホンウナギ

毒

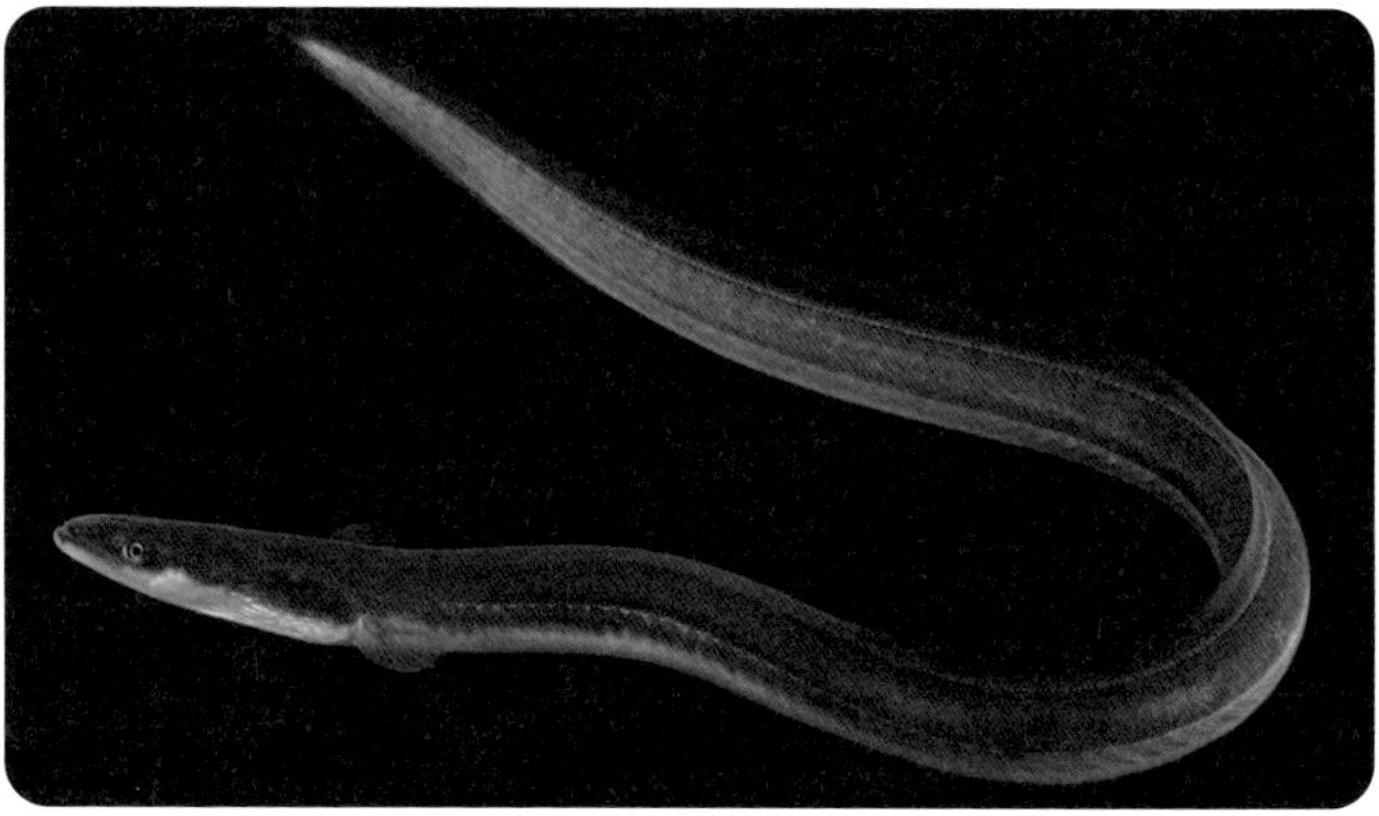

円筒形のニホンウナギ。

〔分　類〕
ウナギ目ウナギ科
〔大きさ〕
100cm
〔分　布〕
全国
〔時　期〕
通年

出会い率
★★★☆☆
河川中下流域、
湖沼

産卵は遠くマリアナ海域で

日本の川にいるウナギは1属4種、ふつうに見られるのがニホンウナギです。円筒形《えんとうけい》の体をもち、小さな目、大きな口で、背部は濃《こ》い灰色、腹部は白色ですが、個体によって異なります。体をおおうヌルヌルの粘膜《ねんまく》は、細菌や外敵から身を守るほか、皮ふ呼吸のために分泌《ぶんぴつ》されています。マリアナ諸島海域で産卵し、稚魚《ちぎょ》は遠く日本にたどり着くと川を遡上《そじょう》。川で身をかくせる穴などをすみかとして、小魚や甲殻類《こうかくるい》など食べて成長します。

もっと知りたい

調理する際には注意が必要。

ニホンウナギの血液に注意！

ニホンウナギの血液には「イクチオヘモトキシン」という血清毒《けっせいどく》がふくまれています。この毒に皮ふがふれると炎症《えんしょう》をおこしたり、口から入ると呼吸困難を引きおこすこともあるため、生で食べることはできません。毒は、60度で5分間加熱することでなくなります。

「山の芋うなぎになる」ということわざは、意外な出世をすることの例え。

ずんぐりした体にあいきょうのある顔

ナマズ

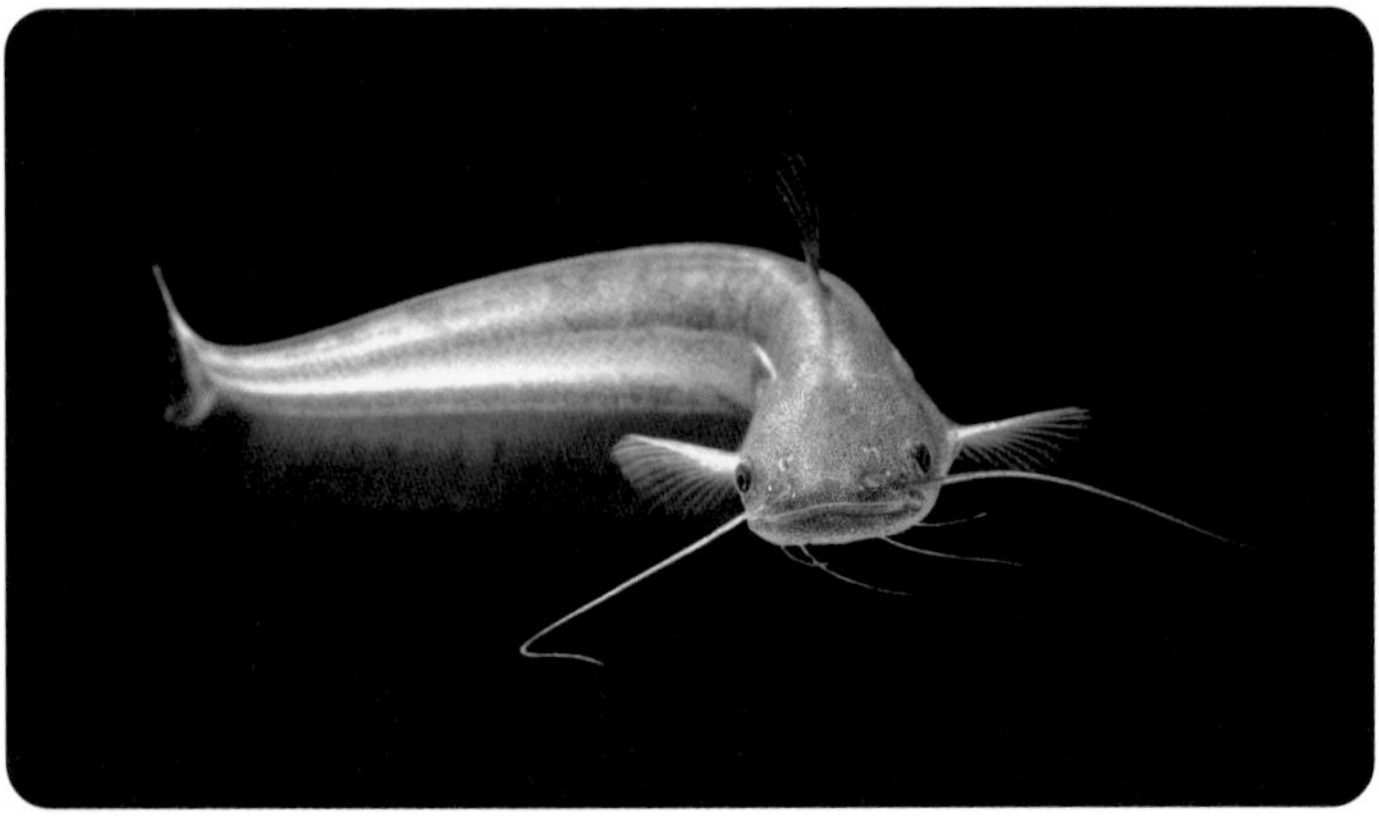

全国で見られるマナマズ。

何でも食べる大食漢《たいしょくかん》

日本には、全国分布するマナマズ、琵琶湖《びわこ》にいるビワコオオナマズ、イワトコナマズ、中部地方のタニガワナマズの4種のナマズがいることが知られています。マナマズの頭は上からおしつぶしたようなかたちで、胴へとつづく尾部《びぶ》は側面からつぶれたような形をしています。目は小さく、大きな口には2対のヒゲがあり、灰色の体は粘膜《ねんまく》でおおわれています。肉食で、ザリガニやカエル、小魚など何でも食べます。

〔分　類〕
ナマズ目
ナマズ科

〔大きさ〕
60～70cm

〔分　布〕
全国

〔時　期〕
通年

出会い率
★★☆☆☆
河川中下流域、
湖沼など

もっと知りたい

立派なヒゲが特徴。

ナマズのセンサー

成長したナマズには2対の口ヒゲ（幼魚のときは3対）があります。このヒゲの役割は何でしょう。ナマズは夜行性で、夜にえさを探して活動します。そのときにセンサーとなるのがこのヒゲです。さらに、味がわかる味蕾《みらい》の器官を20万そなえているといいます。

タニガワナマズは、東海地方の河川中上流にすむナマズで、2018年に発見された新種。

雑食性の特定外来生物

アメリカザリガニ

外

今や日本全国で見られるアメリカザリガニ。

〔分　類〕
エビ目
アメリカザリガニ科

〔大きさ〕
8～10cm

〔分　布〕
全国

〔時　期〕
通年

出会い率
★★★★★

田んぼ、池沼、用水路など

もとは食用ウシガエルのエサ

甲殻類《こうかくるい》の小動物で、10脚《きゃく》の脚《あし》をもつのでエビ、大きなハサミももつのでカニの遠縁《とおえん》にあたります。日本には1927年に北アメリカ南部から、ウシガエル（P.243）のえさとしてもちこまれ、定着しました。田んぼや池沼《ちしょう》をすみかに、10cmほどに成長します。成体はあざやかな赤色をしており、雑食性で、藻《も》や小魚、水生昆虫など何でも食べます。在来の水生昆虫や魚を捕食《ほしょく》する外来種の代表で、特定外来生物に指定されています。

もっと知りたい

すんぐりしたニホンザリガニ。

もとから日本にいたニホンザリガニ

ニホンザリガーは、東北地方北部から北海道にかけて生息するエビ目アジアザリガニ科のザリガニです。日本固有種で6cmほどに成長します。褐色《かっしょく》の体はずんぐりしていてハサミも大きく、低温でよくすんだ流れにいます。藻や小魚も食べる雑食性です。

「特定外来生物」とは、人によってもちこまれ、生態系や人命、産業に影響がある生物のこと。

ハサミの毛が名前の由来
モクズガニ

ハサミの部分についている毛は、オスにもメスにもある。

〔分　類〕
エビ目
モクズガニ科
〔大きさ〕
7～8cm
〔分　布〕
全国
〔時　期〕
通年

出会い率
★★★★★
河川中下流、
池沼、用水路など

河口で生まれて川をのぼる

モクズガニという名前は、はさみに密集して生えた毛が「藻《も》くず」に見えることからつけられました。ふだんは河川の中下流、用水路などをすみかとしていますが、雨が降る日には、道路沿いで見かけることもあります。秋になると川を下って、河口で産卵します。卵がふ化すると、成長しながら川をさかのぼり、夏前には淡水《たんすい》生活に入ります。肉食に近い雑食性で、魚類や貝類の死がいなども食べます。

もっと知りたい

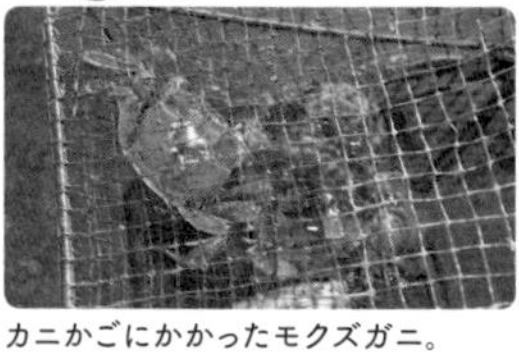

カニかごにかかったモクズガニ。

モクズガニ漁

寄生虫がいるため、生食はできませんが、食用に人気があるモクズガニ。秋に、全国の内水面漁協で漁が解禁されます。漁は、カニをさそうために魚のわたを入れたカニかごやウケを使った漁法が多く見られます。漁は雪の降る時期までつづけられます。

モクズガニの英名は「Mitten crab」で、「手袋ガニ」という意味です。

山間の美しい渓流《けいりゅう》に暮らす

サワガニ

渓流に暮らすサワガニ（右）と海に近い場所にすむサワガニ（左）。

アスファルトの路上にも出現

サワガニは、一生を山奥の渓流や湧《ゆう》水《すい》地《ち》で送る淡水性《たんすいせい》のカニ。甲羅《こうら》の幅《はば》は大きくて3cmほどで、濃《こ》い褐色《かっしょく》、脚《あし》は朱色《しゅいろ》、腹部は白みがかっています。海岸線に近い沢すじでは青白い体をしたものが多く見られ、生息場所によって個体差がかなりあります。水中から沢沿いの石のあいだなどをさかんに移動しますが、アスファルトの路上に現れることもあります。藻《も》や水生昆虫などの雑食で、冬は沢すじの砂礫《されき》の下や土の中で冬眠します。

〔分　類〕
エビ目サワガニ科

〔大きさ〕
2～3cm

〔分　布〕
本州～九州

〔時　期〕
4～10月

出会い率
★★★★★

川の上流や沢すじ、田んぼなど

もっと知りたい

感染症《かんせんしょう》の中間宿主

さわったら、よく手を洗いましょう。

サワガニなど淡水に生息する小動物が中間宿主となって、肺吸虫症《はいきゅうちゅうしょう》（肺ジストマ症）という肺に寄生する虫による感染症を引き起こすことが知られています。おもな寄生虫は、宮崎肺吸虫、ウェステルマン肺吸虫の2種で肺炎《はいえん》の症状《しょうじょう》を発症します。

寄生虫が2種類以上の生きものに寄生するとき、最初に寄生する相手を中間宿主といいます。

透明《とうめい》な胴体《どうたい》に黒いすじ

スジエビ

透けた体にすじがよく見える。

〔分　類〕
エビ目
テナガエビ科

〔大きさ〕
3.5〜5㎝

〔分　布〕
全国

〔時　期〕
4〜10月

出会い率
★★★★☆
川の中流、池沼、用水路

肉食で小魚も襲《おそ》う

数少ない淡水産《たんすいさん》スジエビの仲間。成長しても体長50㎜（メス）ほどで、体の色は透明です。透《す》けて見える胴には黒色のすじがあり、これがスジエビの名の由来です。5対の歩脚《ほきゃく》があり、前方の2対は先端《せんたん》がハサミになっているのが特徴《とくちょう》です。頭にあるツノのような突起《とっき》「額角《がっかく》」の先端には、鰓《さい》前棘《ぜんきょく》というトゲがあります。夜行性で、水生昆虫や貝類、ミミズ（P.203）などの小動物、ときには小魚をとらえてえさにします。

もっと知りたい

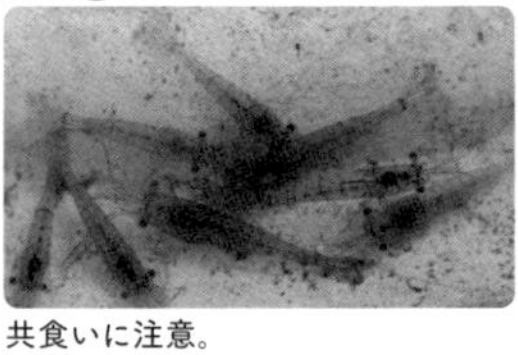

共食いに注意。

食いしん坊のスジエビ

スジエビは、日中は身を潜《ひそ》め、夜になると活動をはじめます。食欲がとても旺盛で、ミミズや貝などのほか、メダカ（P.255）を襲うことがあります。また、攻撃的《こうげきてき》な性格のため、共食いをすることもあるので、飼育する場合はえさをかかさぬよう注意しましょう。

スジエビは、一般に「川海老」という名で流通していますが、生食は厳禁です。

夜行性の淡水《たんすい》エビ

テナガエビ

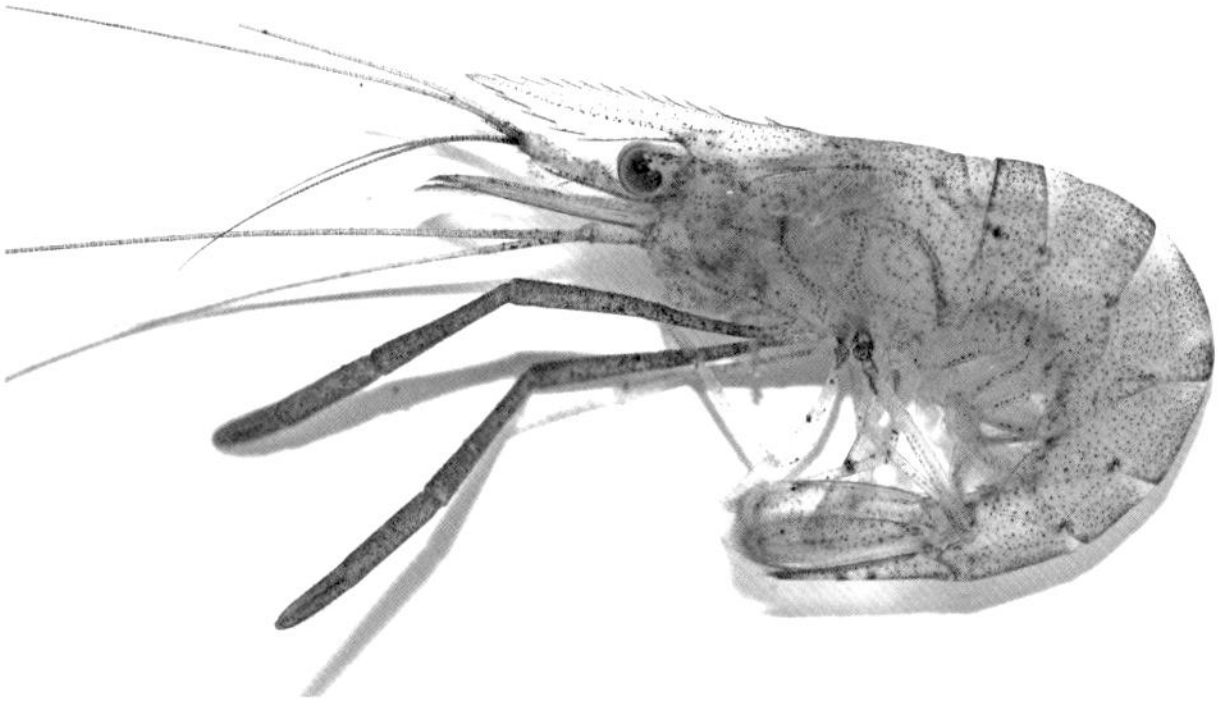

名前の通り、長い手をもつテナガエビ。

〔分 類〕
エビ目
テナガエビ科

〔大きさ〕
3〜10cm

〔分 布〕
本州〜九州

〔時 期〕
4〜10月

出会い率
★★★☆☆

川の下流、
汽水域、湖沼
など

細長い鋏脚《きょうきゃく》が名前の由来

名前の通りテナガエビには、先端《せんたん》がハサミになった細長い脚《あし》（鋏脚）が2本ついています。これは、第1歩脚《ほきゃく》が大きいザリガニやカニとは異なり、第2歩脚が大きくなったものです。内側にある小さな第1鋏脚とともに、両方をたくみに使ってえさをつかまえます。比較的温暖な川の下流や汽水《きすい》域《いき》で暮らし、雑食性でミミズ（P.203）のような小動物をつかまえて食べます。昼間も捕食《ほしょく》していますが、基本的には夜行性のエビです。

観察のポイント

頭胸甲におおわれたテナガエビの頭。

テナガエビの部位

エビの仲間は、頭部が頭胸甲《とうきょうこう》とよばれる殻《から》におおわれ、その後方に腹節が連なります。この頭胸甲の先端部、縁《ふち》にギザギザがあるのが額《がっ》角《かく》で、テナガエビの額角は縁が丸くギザギザは細かくなっています。ここに肝上棘《かんじょうきょく》があるのがテナガエビです。

水底を歩く時には、第1鋏脚と第2鋏脚を前に突き出して、後ろの3対の歩脚で歩きます。

南方にすむテナガエビの仲間

ミナミテナガエビ

テナガエビよりも頑丈《がんじょう》な鋏脚《きょうきゃく》

ミナミテナガエビは、河川中流域にすむテナガエビの仲間。体長10cmほどになり、第2鋏脚はテナガエビ（P.273）よりも太くて短く、テナガエビの鋏脚先端《せんたん》には毛が密集するのに、ミナミテナガエビにはあまり生えません。頭胸甲《とうきょうこう》に、3本の斜線《しゃせん》があるのも特徴《とくちょう》です。

〔分類〕エビ目テナガエビ科〔大きさ〕10cm
〔分布〕本州（千葉県以南）～九州〔時期〕4～10月

出会い率 ★★★☆☆ 川の中下流、汽水域など

胸部に縦じま模様

ヒラテテナガエビ

平らで太い鋏脚《きょうきゃく》が自慢《じまん》

ヒラテテナガエビは、河川中上流域でも、流れが速くきれいな瀬《せ》に生息するテナガエビです。体長は9cmほどで、名前の通り、ほかのテナガエビと比べて鋏脚が平たくて太く、がっしりとした体つきに見えます。胸部に縦じま模様が入っているのも大きな特徴《とくちょう》です。

〔分類〕エビ目テナガエビ科〔大きさ〕9cm
〔分布〕本州（千葉県以南）～南西諸島〔時期〕4～10月

出会い率 ★★★☆☆ 清澄な川の中下流など

1 2 3 4 5 6 7 8 9 10 11 12

テナガエビの仲間は強い肉食性で、ほかのエビと一緒に飼うと食べてしまいます。

3cmほどの日本固有種
ヌカエビ

固

3種のエビの統一種

ヌカエビは、かつてヌカエビ、ヌマエビ大卵《だいらん》型、ヌマエビA型と3種類に分類されていたエビの統一種です。成長すると3cmほどになる日本固有種の小さなエビで、体色はあわい褐色《かっしょく》をしています。ゆるやかな川のよどみや水草間に生息し、水草などをとる雑食性。

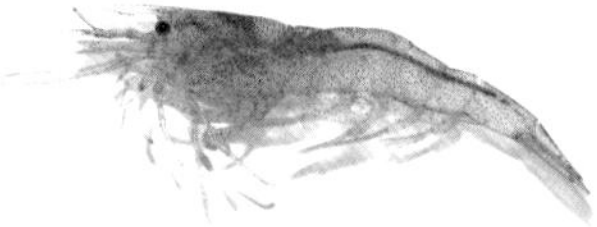

〔分類〕エビ目ヌマエビ科〔大きさ〕3cm
〔分布〕本州（東北～近畿）〔時期〕4～10月

出会い率 ★★★☆☆ 川の中下流、汽水域など

1 2 3 4 5 6 7 8 9 10 11 12

温帯から熱帯地域に生息
ヌマエビ

一生を淡水《たんすい》で暮らす

ヌマエビは、温帯から熱帯地域の川や湖沼《こしょう》に広く分布するエビの仲間です。成長しても3cmほどで、第1・第2歩脚《ほきゃく》は鋏脚《きょうきゃく》になっており、えさをつかまえるときに利用します。食性は動植物の死がいもえさとする雑食。近年、飼育を楽しむ人が増えています。

〔分類〕エビ目ヌマエビ科〔大きさ〕1～3cm
〔分布〕全国〔時期〕4～10月

出会い率 ★★★★☆ 河川、湖沼など

1 2 3 4 5 6 7 8 9 10 11 12

ヌマエビは食用には向かないけれど、観賞用に飼育されるのが流行っています。

生息域が広い淡水《たんすい》エビ

ミゾレヌマエビ

食べたものも透けて見える体。

〔分　類〕
エビ目
ヌマエビ科

〔大きさ〕
3.5㎝

〔分　布〕
本州～
南西諸島

〔時　期〕
4～8月

出会い率
★★★☆☆
河川中下流域
など

メスの体に現れるミゾレ

本州から南西諸島まで広く分布する小さなエビで、上から見ると紡錘《ぼうすい》形《けい》の体をしています。体色は食べたえさも透《す》けて見える透明《とうめい》。成熟し、灰色がかってきたメスの個体には白い点が現れるので「ミゾレヌマエビ」の名の由来となりました。ただ白点が現れる個体は別種にもいるので、同定の材料とはなりません。比較的《ひかくてき》流れのゆるやかな川の中下流域で水草の陰《かげ》にかくれ、植物や小動物の死がいを食べています。

もっと知りたい

脱皮《だっぴ》しながら大きくなる

脱皮したエビの抜け殻

動物は成長するために必ず表皮の更新《こうしん》をします。外側がかたい外皮（クチクラ）でおおわれているエビや昆虫などの節足《せっそく》動物は、成長の邪魔《じゃま》になる外皮をぬぎ捨て、同じ形をした新しい外皮をまといます。古い外皮をぬぎ捨てることを脱皮といいます。

表皮細胞が、その外側に分泌してつくったかたい膜（外皮）を「クチクラ」といいます。

本州からマリアナ諸島に生息
トゲナシヌマエビ

額角《かっかく》のトゲの数が少ない

トゲナシヌマエビは、本州からマリアナ諸島まで広く分布する小さなヌマエビの仲間です。体は丸みをおびた紡錘形《ぼうすいけい》で、複眼《ふくがん》と複眼のあいだにある額角にはふつう数多くのギザギザがありますが、トゲナシヌマエビは少なく、これが名前の由来になりました。

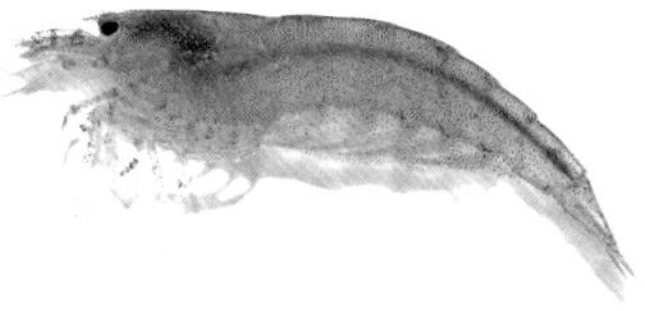

〔分類〕エビ目ヌマエビ科〔大きさ〕3.5cm〔分布〕本州（千葉県・石川県）～南西諸島〔時期〕4～8月

出会い率 ★★★☆☆ 河川中下流域など

東アジアに広く生息
カワリヌマエビ属

(外)

釣りえさ用などとして輸入

東アジアに広く分布する小さなヌマエビの仲間で、釣りえさや観賞《かんしょう》用に中国や韓国《かんこく》から輸入されました。日本にも在来種で同属のミナミヌマエビがいるため交雑が心配されていました。調査によると、すでに各地に侵入《しんにゅう》・交雑していたことがわかり、対策が待たれています。

〔分類〕エビ目ヌマエビ科〔大きさ〕2～3cm
〔分布〕全国〔時期〕4～8月

出会い率 ★★★☆☆ 河川中下流域など

釣りえさに使われる輸入活エビは生態系への影響の元凶となるため、放流は禁物！

生息数が減少中

マルタニシ

小石についた藻を食べるマルタニシ。

〔分　類〕
原始紐舌目
タニシ科

〔大きさ〕
6cm

〔分　布〕
全国

〔時　期〕
通年

出会い率
★★☆☆☆
田んぼ、用水路

かつては食用として捕獲《ほかく》

田んぼやその周辺をめぐる用水路、池沼《ちしょう》に好んですむ淡水産《たんすいさん》の巻き貝です。水をぬいた田んぼやため池などで泥の中に潜《もぐ》っても、たえることができる能力をもっています。殻長《かくちょう》が45～60㎜ほどになるため、かつては食用として捕獲《ほかく》されました。石についた藻類《そうるい》をけずり取ったり、水草を採食する草食性です。体内で卵を返す卵胎生《らんたいせい》で、5㎜ほどの稚貝《ちがい》を産みます。水質や環境の変化に弱いため、近年は生息数が減少しています。

もっと知りたい

田んぼで暮らすマルタニシ。

環境省レッドデータブック

水質を変えてしまうような圃場《ほじょう》整備や土壌《どじょう》改良で、マルタニシの生息環境は悪化の一途をたどり、生存があやぶまれています。その危機を救うために環境省ではマルタニシを絶滅危惧Ⅱ類（VU）に指定、保護方策の検討材料としています。

冬は殻にフタをして泥の中などで越冬します。

雑食性の小さなタニシ

ヒメタニシ

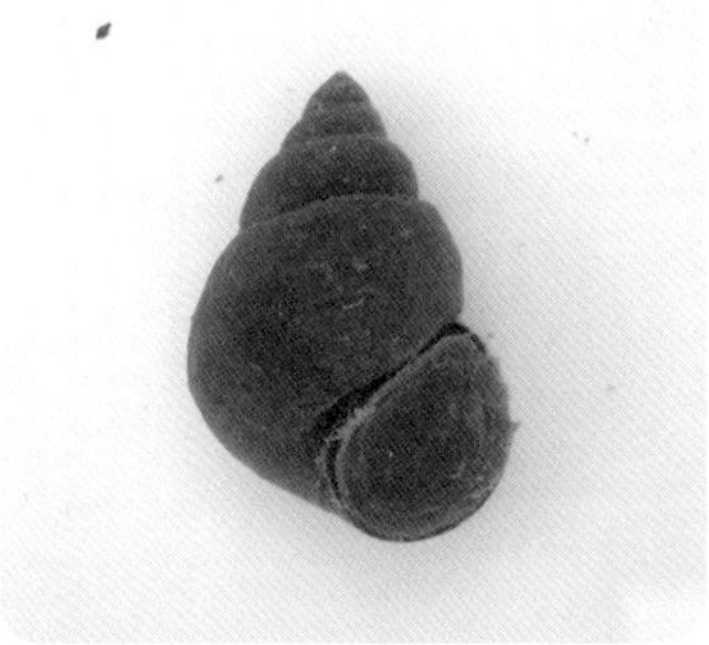

〔分類〕原始紐舌目タニシ科〔大きさ〕3.5cm
〔分布〕本州～九州〔時期〕通年

出会い率 ★★☆☆☆ 河川中下流域、池沼、用水路など

殻頂《かくちょう》がとがったタニシ

ヒメタニシはマルタニシ（P.278）よりも小さく、殻頂がとがった円錐形《えんすいけい》の貝がらをもっています。螺層《らそう》は直線的なのが特《とく》徴《ちょう》ですが、個体差があります。雑食性で付着藻《も》などを採って食べますが、水中のプランクトンを水ごと取り入れて、こしとって食べることもできます。

国内最大級のタニシ

オオタニシ

固

〔分類〕原始紐舌目タニシ科〔大きさ〕7.5cm
〔分布〕本州～九州〔時期〕通年

出会い率 ★★☆☆☆ ため池、用水路など

先の尖《とが》った円錐形《えんすいけい》の日本固有種

オオタニシは、その名のとおり殻長《かくちょう》が小さなサザエほどもあるタニシで、先端《せんたん》がとがった円錐形《えんすいけい》。きれいな水の流れる水路や、山中のため池にすみ、水草などを食べます。マルタニシ（P.278）同様、雌雄異体《しゆういたい》で、卵胎生《らんたいせい》の稚貝《ちがい》を産みます。日本固有種です。

巻貝のらせん状に巻いたひと巻き、ひと巻きのことを「螺層（らそう）」といいます。

外

めずらしい左巻の淡水性《たんすいせい》の巻貝

サカマキガイ

泥の中を進むサカマキガイ。

〔分　類〕
有肺目
サカマキガイ科
〔大きさ〕
1cm
〔分　布〕
全国
〔時　期〕
通年

出会い率
★★☆☆☆
ため池、田んぼ、池沼

強い生命力をもつ外来種

殻長《かくちょう》1cm、殻径《かくけい》が0.5cmほどになる小さな淡水性巻貝。貝の巻きが左巻きであるためサカマキガイという名がつきました。戦前に日本にやってきた外来生物です。殻《から》は褐色《かっしょく》でつやがあり、軟体《なんたい》部分は黒ずんでいます。有肺で水中呼吸で機能する擬鰓器《ぎさいき》官《かん》をもっていますが、皮ふ呼吸もできます。生物の死がいや排泄物《はいせつぶつ》が分解された有機物を食べ、雌雄同体《しゆうどうたい》で自家受精もできるため繁殖力《はんしょくりょく》が強く、分布は世界中におよんでいます。

もっと知りたい

驚異的《きょういてき》な繁殖力

ガラスに貼りついたサカマキガイ。

1匹でも繁殖できるサカマキガイは、冬をのぞいてほぼ1年中産卵します。ひとつの卵塊《らんかい》に卵が100個もあり、産みつけられた卵は2週間でふ化し、3～4カ月で成熟します。成熟した親はさらに毎日のように卵を産むので、ものすごい勢いで増えます。

写真：アフロ

擬鰓器官とは、水中から酸素をえる魚のえら（鰓）と同じ役割をする器官のことです。

1
2
3
4
5
6
7
8
9
10
11
12

逆さになって水面をはう

モノアラガイ

外

田んぼにすむモノアラガイ。

〔分　類〕
右肺目
モノアラガイ科
〔大きさ〕
2㎝
〔分　布〕
全国
〔時　期〕
通年

出会い率
★★☆☆☆
ため池、田んぼ、池沼

止《し》水《すい》域《いき》にすむ淡《たん》水《すい》性巻貝

モノアラガイは、殻長《かくちょう》2㎝、殻径《かくけい》も2㎝ほどの小さな淡水性巻貝の仲間です。ため池や田んぼの止水域にすんでおり、殻《から》の色はあわい褐色《かっしょく》で螺塔《らとう》は低く、黒いまだら模様の軟体《なんたい》は半透明です。落ち葉や藻類《そうるい》、生きものの死がいなどを食べます。逆さになって水面をはう行動が、サカマキガイ（P.280）とともによく知られています。強い生命力のもち主とされてきましたが、生息場所の破壊《はかい》が原因で、個体数は減少しています。

もっと知りたい

ヒメモノアラガイ。

ヒメモノアラガイ

モノアラガイ科に属する小さな巻貝で、殻長は12㎜、殻幅も8㎜ほどです。モノアラガイよりも高い螺塔の殻は褐色でつやをもち、軟体部には黒色斑《こくしょくはん》があります。田んぼやため池など止水域に生息し、水草などを食べて成長します。雌《し》雄同体《ゆうどうたい》ですが、交尾は別に相手がいます。

写真提供：（地独）大阪府立環境農林水産総合研究所

ヘイケボタル（P.131）の幼虫はモノアラガイやタニシを食べます。

名前どおりに泥くさい

ドブガイ

20cmにもなる淡水産《たんすいさん》の二枚貝

外観が巨大なシジミのようなドブガイは、殻《から》の色は灰緑色《かいりょくしょく》から黒色まで変化にとみ、殻長《かくちょう》が20cmにもなる個体もいます。この二枚貝には小さなタガイ、大きなヌマガイの2種類がいて、どちらも属名どおり泥くさく、あまり食用には向きません。

〔分類〕イシガイ目イシガイ科〔大きさ〕10cm
〔分布〕全国〔時期〕通年

出会い率 ★★☆☆☆ ため池、田んぼ、池沼

ゆったりとした湖底に暮らす

イシガイ

タナゴが産卵場所に利用

イシガイは、イシガイ科に属する中形の淡水《たんすい》産二枚貝。殻長《かくちょう》は9cmほどで、殻《から》色は黒色から茶褐色《ちゃかっしょく》をしていて、湖沼《こしょう》や河川下流のゆるやかな場所などの浅い砂礫《されき》の底にすんでいます。淡水魚のタナゴの仲間は、このイシガイを産卵場所に利用しています。

〔分類〕イシガイ目イシガイ科〔大きさ〕9cm
〔分布〕全国〔時期〕通年

出会い率 ★★☆☆☆ ため池、田んぼ、池沼、河川下流

1 2 3 4 5 6 7 8 9 10 11 12

ドブガイとよくまちがわれる貝にカラスガイがいます。こちらはイシガイ科カラスガイ属の二枚貝。

索引

この図鑑に掲載した生きものの名前を50音順に並べてあります。太字は見出し掲載種です。

ア

カ

監修:観音崎《かんのんざき》自然博物館《しぜんはくぶつかん》

神奈川県横須賀市の神奈川県立観音崎公園にある博物館。歴史は古く、1953年に開館した。「東京湾集水域と三浦半島の自然」をテーマに、淡水の生物、海の生物、海の博物学や環境、観音崎の自然を、標本や生体で展示しているほか、磯の生物や昆虫などの観察会を多数実施している。
公式サイト: https://kannonzaki-nature-museum.jimdofree.com
公式YouTube: https://www.youtube.com/@user-lq7nj5om5r

写真提供:大阪府立環境農林水産総合研究所、山田和彦、佐野真吾、岩槻秀明、米田雅人、真木隆、アフロ、PIXTA、フォトライブラリー
音源提供:NPO法人バードリサーチ

執筆:岩槻秀明、志賀桂子、村上裕也、村沢譲、真鍋高一、真木隆、今崎智子
装丁デザイン:西田美千子
本文デザイン:山本円香(株式会社アッシュ)
イラスト:tent
校正:菊池知香
編集:今崎智子、田口学、鈴木菜央(株式会社アッシュ)
編集協力:安田明雄
編集担当:梅津愛美(ナツメ出版企画株式会社)

[参考資料]
『探す、出会う、楽しむ 身近な野鳥の観察図鑑』(ナツメ社)、『ネイチャーガイド日本の水生昆虫』(文一総合出版)、『ネイチャーガイド日本のトンボ』(文一総合出版)、『身近な昆虫識別図鑑』(誠文堂新光社)、『野山の昆虫』(山と溪谷社)、『日本産クモ類成体図鑑』(東海大学出版部)、『クモハンドブック』(文一総合出版)、『カタツムリハンドブック』(文一総合出版)、『カタツムリ・ナメクジの愛し方 日本の陸貝図鑑』(ベレ出版)、『リス・ネズミハンドブック』(文一総合出版)、『新日本両生爬虫類図鑑』(サンライズ出版)、『日本の淡水魚』(山と溪谷社)、『水辺の生きもの ―トンボ・カエル・メダカの世界―』(全国農村教育協会)ほか

本書に関するお問い合わせは、書名・発行日・該当ページを明記の上、下記のいずれかの方法にてお送りください。電話でのお問い合わせはお受けしておりません。
・ナツメ社webサイトの問い合わせフォーム
https://www.natsume.co.jp/contact
・FAX(03-3291-1305)
・郵送(下記、ナツメ出版企画株式会社宛て)
なお、回答までに日にちをいただく場合があります。正誤のお問い合わせ以外の書籍内容に関する解説・個別の相談は行っておりません。あらかじめご了承ください。

ナツメ社Webサイト
https://www.natsume.co.jp
書籍の最新情報(正誤情報を含む)はナツメ社Webサイトをご覧ください。

親子《おやこ》で観察《かんさつ》する　身近《みぢか》な生《い》きもの図鑑《ずかん》

2023年8月2日　初版発行

監修者　観音崎自然博物館《かんのんざきしぜんはくぶつかん》
発行者　田村正隆

発行所　株式会社ナツメ社
東京都千代田区神田神保町1-52　ナツメ社ビル1F(〒101-0051)
電話 03-3291-1257(代表)　FAX 03-3291-5761
振替 00130-1-58661
制　作　ナツメ出版企画株式会社
東京都千代田区神田神保町1-52　ナツメ社ビル3F(〒101-0051)
電話 03-3295-3921(代表)
印刷所　ラン印刷社

ISBN978-4-8163-7407-4　Printed in Japan
＜定価はカバーに表示してあります＞　＜乱丁・落丁本はお取り替えします＞